숲 해설
시나리오
115

숲 해설
시나리오
115

펴낸날 2013년 4월 15일 초판 1쇄
2020년 1월 20일 초판 5쇄
2022년 10월 21일 개정판 1쇄
지은이 황경택
만들어 펴낸이 정우진 강진영 김지영
꾸민이 Moon&Park(dacida@hanmail.net)
펴낸곳 (04091) 서울 마포구 토정로 222 한국출판콘텐츠센터 420호 도서출판 황소걸음
편집부 (02) 3272-8863
영업부 (02) 3272-8865
팩 스 (02) 717-7725
이메일 bullsbook@hanmail.net / bullsbook@naver.com
등 록 제22-243호(2000년 9월 18일)
ISBN 979-11-86821-78-7 03480

황소걸음
Slow&Steady

ⓒ 황경택, 2022

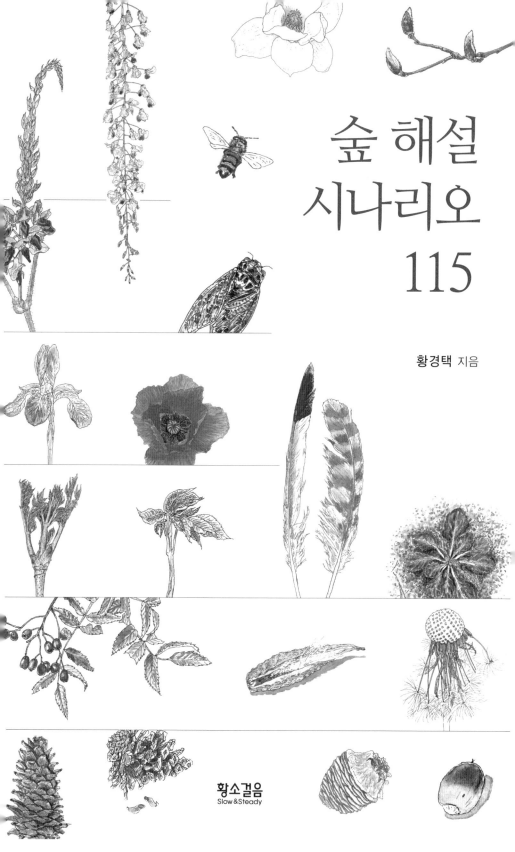

숲 해설 시나리오 115

황경택 지음

황소걸음
Slow & Steady

숲 해설이 낯설던 초기에는 명확한 의미를 잘 모르는 채 숲 해설을 하는 경우가 많았습니다. 그래서 숲해설가는 나무 이름을 알려주거나 이름의 유래와 전설, 어떤 성분이 들어 있는지, 무엇을 만드는 데 쓰는지 같은 내용으로 수업했습니다. 그러다 보니 식물과 곤충의 분류학 수업에 치중하는 경우가 많아, 탐방객은 해설을 어려워하고, 숲해설가 역시 공부하느라 힘들었습니다.

숲 해설은 '자연과학의 인문학적 해석'입니다. 우리가 만나는 자연에 어떤 이야기가 있는지 알아보고, 그것을 우리 사람들의 이야기로 들려주는 일이지요. 요즘은 "인문학적 숲 해설을 하라"는 말을 많이 합니다. 철학이나 예술, 역사가 아니라 사람 이야기를 하라는 겁니다.

우리가 인문학을 공부해야 하는 이유가 무엇인가요? 친구에게 지식을 자랑하기 위해서일까요? 아니죠. 통찰력과 지혜를 갖추기 위해서입니다. 숲에서도 지혜와 통찰력을 얻어야 합니다. 그것이 숲의 인문학이고, 인문학적 숲 해설입니다. 자연 이야기를 통해 뭔가 배우고 깨닫고 지혜로워지는 게 숲 해설의 목적이지요. 그러니 숲해설가는 지식을 나열하기보다 자연의 신비로움, 인간과 자연의 관계 등을 깨우치고 멋진 해설로 사람들에게 감동을 줘야 합니다. 자극과 감동이 사람을 변하게 합니다.

자극과 감동이 있는 해설을 위해서는 자신만의 '시나리오'가 필요합니다. 그래서 이 책을 만들었고, 어느새 10년이 흘렀습니다. 그사이 자연과학계에서는 새로운 사실이 밝혀지고, 저 역시 수업에 변화가 생겼습니다. 그래서 종전 《숲 해설 시나리오 115》를 수정·보완해 개정판을 냅니다. 이 시나리오는 제 수업을 예로 들었을 뿐, 숲해설가가 반드시 이대로 해야 하는 것은 아닙니다. 처음 숲 해설을 하는 분이 어떻게 수업을 해야 할지 막막할 때 도움이 되리라 생각합니다. 자연과 사람을 알아가며 자신만의 멋진 숲 해설 시나리오를 작성하시면 좋겠습니다.

2022년 가을

황경택

자연에 대해 공부를 많이 하고 아는 것이 많다고 해서 숲 해설을 잘하는 것은 아니다. 숲에 있는 동식물의 이름이나 쓰임새를 알려주는 것이 숲 해설이라고 할 순 없기 때문이다. 모름지기 숲 해설이란 숲 체험교육 참가자들에게 감동과 자극을 주어 마음의 변화를 일으켜야 한다.

그러기 위해서는 잘 준비된 숲 해설 시나리오가 필요하다. 시나리오가 있다 해도 수업이 언제나 숲해설가가 의도한 대로 진행되지는 않는다. 현장에서는 날씨와 지형, 참가자들의 반응 등 변수가 많아서 실수할 수 있다. 하지만 시작부터 마무리까지 탄탄한 시나리오가 있고, 그 시나리오에 따라 반복해서 해설하다 보면 실수에 당황하지 않고 의도한 목적을 달성할 수 있다.

숲 해설을 이제 막 시작하여 무슨 말을 어떻게 해야 할지 막막한 분들을 위해 《숲 해설 시나리오 115》를 내놓는다. 이 시나리오는 숲 해설을 할 때 특정 식물 앞에서 어떤 말을 해야 할지, 특정 장소에서는 어떤 말을 해야 할지, 어떻게 흐름을 유지하면서 자연스럽게 이어갈지 등 숲해설가가 현장에서 하는 말 부분만 정리한 것이다.

또 숲해설가에게 도움이 될 수 있도록 숲 생태놀이 진행 방법과 그 과정을 시나리오로 정리해서 덧붙였다. 이 책을 통해 숲 생태놀이가 단순한 게임에 머무르지 않고 놀이에 생태 철학과 연관 짓는 방법을 알 수 있다.

 이 책에 나오는 시나리오는 어디까지나 예시문에 불과하다. 꼭 그대로 하기보다 '이런 방법도 있구나' 느끼고, 자신이 하고자 하는 숲 해설 방향에 작은 힌트가 된다면 더 바랄 게 없다.

2013년 봄
황경택

차례

개정판 머리말 **4**

초판 머리말 **6**

I 숲 해설의 의미와 기획

1장 ◆ 숲 해설이란? **13**

1. 숲해설가의 조건 **14**

2. 숲 해설의 기술 **15**

2장 ◆ 숲 해설과 숲 생태놀이 프로그램 기획하기 **18**

1. 단계별 프로그램 기획하기 **19**

2. 숲 해설 시나리오의 원칙 **22**

II

숲 해설 시나리오

1장 ◆ 숲 해설 시나리오 27

    1. 숲에 들어설 때 해설 28

    2. 숲의 기능과 역할 해설 37

    3. 나무와 관련한 해설 46

        나무의 기본 전략과 현상에 대한 해설 46

        나무 종류별로 적합한 해설 80

    4. 풀과 관련한 해설 143

    5. 곤충과 관련한 해설 181

    6. 새와 관련한 해설 198

    7. 야생동물과 관련한 해설 205

    8. 토양 생태계에 대한 해설 219

2장 ◆ 숲 생태놀이 시나리오 229

    1. 숲에 들어서며 할 수 있는 놀이 230

    2. 숲에서 할 수 있는 유형별 놀이 244

        느끼기 244

        관찰하기 252

        생각하기 271

        되어보기 286

        교감하기 308

        함께하기 326

        발산하기 346

        감탄하기 369

I

숲 해설의
의미와 기획

숲 해설forest interpret에서 해설은 '통역' '번역'이란 뜻도 있다.

숲해설가는 자연이 하는 이야기를 사람들이 공감할 수 있게

통역하는 사람이다. 숲해설가가 하는 일은

'자연과학의 인문학적 해석'이라고 할 수 있다.

1장

숲 해설이란?

TV에서 야구 경기를 보면 중계방송을 진행하는 캐스터와 해설자가 있다. "3번 타자 ○○○ 선수, 지금 타석에 들어섰습니다. 타율 3할 2푼이고, 오늘도 안타를 한 개 쳤습니다." 이런 게 캐스터가 하는 말이다. 해설자는 "○○○ 선수는 빠른 볼에 강하기 때문에 투수는 느린 커브로 승부를 낼 겁니다. 그리고 무사 주자 1루인 상황에서 무리하게 안타 욕심을 내다가 더블 아웃 위험이 있으므로 희생번트를 대는 것이 좋습니다. 수비수들도 번트에 대비해야 합니다" 같은 말을 한다.

야구 해설자가 경기의 흐름을 읽고 시청자들이 야구를 이해하고 즐길 수 있게 도와주는 것처럼, 숲해설가도 참가자들이 숲을 이해하고 즐길 수 있도록 유도해야 한다. 자기가 아는 지식을 일방적으로 설명하는 게 아니라 참가자들이 프로그램에 참여하고 느끼도록 유도하기 위해 시나리오가 필요하다.

다양한 참가자들이 숲해설가가 의도하는 대로 따라주기를 기대하긴 어렵다. 숲해설가는 이론적인 내용 외에도 표정, 말투, 억양, 단어의 선택, 손짓과 몸짓, 순발력 등을 숙련해야 한다. 이 모든 것을 갖춰야 멋진 숲 해설을 할 수 있다. 숲 해설을 진행하면서 필요한 능력을 하나하나 쌓아가자.

1. 숲해설가의 조건

자기 삶이 행복해야 한다

자기 삶에 만족하지 못하고 행복하지 않으면 다른 이에게 그 정서가 전달된다. 숲해설가는 참가자들 앞에서 수업을 진행해야 하는데, 자기 삶이 행복하지 않다면 다른 이에게 전달할 메시지가 없다. 이는 숲해설가뿐만 아니라 강의하는 모든 사람이 갖춰야 할 조건이다.

자연에서 즐거워야 한다

삶이 만족스럽고 행복한 사람도 자연에서 즐겁지 않을 수 있다. 애벌레가 징그럽고, 낙엽 위에 눕기 싫고, 숲에 들어서면 무서운 사람은 숲해설가로 부적합하다. 숲해설가라면 모름지기 자연을 사랑하고 자연에서 즐거워야 한다. 숲해설가가 되기 전에 '나는 자연에서 즐거운가' 생각해보자. 여전히 애벌레가 징그럽고 무섭다면 잠시 숲 해설을 멈추고 두려움을 극복하는 것이 먼저다.

참가자부터 생각해야 한다

참가자가 원하는 방향이 무엇인지, 그들에게 도움이 되는 내용이 무엇인지 생각해서 수업을 진행해야 한다. 자기가 잘 아는 이야기를 자랑하듯 늘어놓거나, 자기가 가고 싶은 장소에서만 수업한다거나, 자기가 원치 않는 대상이 있으면 곤란해하는 해설은 안 된다. 숲 해설은 일종의 교육이므로 참가자들이 수업을 듣고 뭔가 얻을 수 있어야 한다.

자기만의 숲 해설 철학과 매력이 있어야 한다

유익하고 즐거운 수업뿐만 아니라 참가자가 무엇을 느끼고, 깨우치고, 얻기 바라는지 명확히 정해야 한다. 자연에 대한 객관적인 시각과 정보를 제공하는 것이 목적이라면 책이나 동영상 자료를 봐도 충분하다. 숲해설가가 자기만의 철학과 매력을 갖추고 참가자에게 다가갈 때 효과와 감동이 더 크다. 숲해설가가 끊임없이 공부해야 하는 이유다.

2. 숲 해설의 기술

장소에 맞는 수업을 하라

답사하면서 주변을 살펴보면 눈에 띄는 것들이 있다. 쓰러진 나무, 썩은 그루터기, 막 돋아난 새싹, 벌레 먹은 이파리…. 숲 주변에 있는 수많은 것에 대한 이야기를 준비하자.

왜 그래야 할까? 참가자들의 눈에도 그것이 보이기 때문이다. 참가자들이 찾지 못한 것을 찾아내서 보여주는 것도 필요하지만, 모든 이의 눈에 띄는 것을 이야기하는 것이 더 중요하다. 참가자들은 수동적으로 숲해설가의 말만 듣는 경우도 있으나, 자기 눈앞에 보이는 자연현상을 궁금해하고 질문하는 경우가 더 많다.

가끔 특이한 식물이나 동물에 대해서만 수업을 준비하는 숲해설가가 있는데, 그러다 보면 현장성이 떨어져서 참가자들이 지루해하기 쉽다. 눈앞에 보이는 것을 해설해야 한다.

시간(계절)에 맞는 수업을 하라

봄이 오면 새싹이 돋고, 여름이면 열매가 자라고, 가을이면 단풍이 들고, 겨울이 되면 잎이 지고 눈이 오고 추워지는 것이 계절의 흐름이고 자연의 이치다. 숲에 들어서면 계절감이 든다.

시간을 무시하고 숲에서 만나는 대상의 정보 전달에 급급한 해설을 하는 경우를 종종 본다. 숲에서 만나는 대상의 모습도 계절에 따라 조금씩 달라지므로, 그런 것을 찾아 해설해야 한다. 당시의 시간을 최대한 잘 느낄 수 있는 것을 선택해서 해설하면 더욱 좋다.

대상(참가자)에 맞는 수업을 하라

숲 해설 대상자는 자주 숲에 오거나 고정적으로 만나는 사람들이 아니라 일회성에 그치는 경우가 많다. 따라서 그들의 나이와 직업, 관심사 등을 미리 알고 대상에 맞는 수업을 할 필요가 있다.

청소년 수업을 어려워하는 숲해설가가 많다. 그들은 "이 나무는 버즘나무인데 이렇게 껍질이 벗겨지고, 나무껍질의 전체적인 모습이 버즘이 핀 것처럼 보여서 그렇단다"라고 하면 "아하! 그렇군요"라고 호응하기도 하지만, "그래서요?" "그런 이야기를 왜 저희에게 하는데요?"라고 반문하는 경우가 더 많다.

그들에게는 버즘나무 이름의 유래가 그리 중요하지 않기 때문이다. 자신에게 관심이 많은 시기이므로, 일반적인 숲 해설보다 자기 자신에 대한 이야기를 해주는 게 좋다.

이렇듯 대상마다 수업을 다르게 적용해야 하는데, 누구를 만나든 똑같이 진행하는 숲해설가가 있다. 상황에 따라 유연하게 대처하는 요령이 필요하다.

주제의 흐름을 유지하라

좋은 프로그램도 서로 떨어져 있고 연계성이 없으면 놀이를 산만하게 나열한 것에 불과하다. 초반 동기부여부터 관심 유발, 깊이 있는 관찰, 사고 등이 가능한 수업으로 유도할 필요가 있다. 그래서 전체적인 흐름을 고려해 프로그램을 짜야 한다. 이것이 어렵다면 동기유발 프로그램과 마무리 프로그램이라도 신경 써서 준비한다.

"오늘은 숲속에 신기한 생물이 얼마나 많이 사는지 알아보는 시간이 됐으면 좋겠다"고 시작하고 "집으로 돌아가서 가족과 행복하게 지내고, 늘 건강하기 바란다"고 마무리하면 전혀 다른 이야기가 된다. "오늘 관찰한 것 중에 어느 게 제일 신기했어? 그래, 맞아. 관심 있게 천천히 살펴보니 모르던 사실도 알고 신기한 게 많지? 우리 주변에는 이런 것이 아주 많단다. 돌아가서도 이런 관심을 잃지 않으면 좋겠다"는 식으로 하는 게 일관된 마무리다. 전체적인 수업을 일관성 있게 진행하되, 프로그램마다 참가자들이 반응이나 심리적인 태도의 변화가 보일 때 강도와 수위를 적절히 조절한다.

2장

숲 해설과 숲 생태놀이 프로그램 기획하기

숲 해설과 숲 생태놀이의 본질은 같다. 숲 해설은 말로 하고, 숲 생태놀이는 몸으로 하지만 궁극적으로 전달하려는 내용은 같다. 숲의 아름다움과 신비함, 고마움 등을 느끼고 숲과 친해지며, 숲에서 배우고 숲과 하나 되기 위해서다. 따라서 그 프로그램을 기획하는 방법도 비슷하다.

숲 생태놀이 프로그램은 숲 해설 프로그램을 놀이로 변환한 것이다. 시나리오를 쓰기 전에 프로그램을 만들고, 프로그램을 만들기 위해서는 어떤 메시지를 전달할지 생각해서 기획해야 한다. 그 순서가 어떻게 되는지 예시문을 통해 간단히 알아보자.

예시문은 하루 프로그램 중에서도 단일 프로그램이다. 이런 프로그램을 하나하나 엮어서 하루 프로그램을 만들고, 월간 프로그램과 연간 프로그램을 만들 수 있다.

1. 단계별 프로그램 기획하기

1단계

참가자에게 어떤 이야기를 해주는 게 좋을지 전체 기획에서 중요한 주제 하나를 정한다.

예 요즘 아이들이 개인적 성향이고, 친구들과 사이좋게 어울리지 못하니 '서로 돕고 이해하며 살아가자'는 내용으로 결정한다.

2단계

수업할 장소에 가서 그곳의 특징이나 눈에 띄는 것을 동선에 따라 점검한다.

예 답사할 때 큰 바위, 버섯, 칡덩굴, 쓰러진 나무 등이 눈에 많이 띄었다.

3단계

답사한 내용을 정리해서 펼쳐놓고, 주제에 걸맞은 이야기를 할 수 있는지 연결해본다.

예 큰 바위 : 원래는 더 컸으나 풍화작용을 일으켜 점점 마모되고 깨지고 갈라진다. 시간의 흐름과 자연의 변화에 대해 이야기할 수 있다.
버섯 : 버섯은 죽은 생물을 분해해서 자연으로 돌려보내는 일을 한다. 우리가 작고 보잘것없다고 여기던 것도 제 역할을 해서 건강한 숲을 만드는 데 보탬이 된다.
칡덩굴 : 덩굴식물은 햇빛을 보기 위해 나무를 감고 올라간다. 덩굴식물이 살려면 올라가야 할 나무가 필요하다.

쓰러진 나무 : 아무리 튼튼하고 오래 사는 나무도 언젠가는 병충해 때문에 죽는다. 그 죽음 이후 새로운 생명이 탄생하고, 새 생명이 다시 숲의 주인이 된다.

이 중에 협동과 관련 있는 이야기는 억지로 연결하면 모두 찾아볼 수 있으나, 특히 그런 점이 강하게 느껴지는 것은 칡덩굴이다. 칡은 부드러운 줄기로 된 덩굴식물이라 하늘 높이 올라가는 다른 나무들에 비해 햇빛을 보기 어렵다. 이때 주변에 큰 나무가 필요하다. 큰 나무는 곧 죽을 수도 있으나, 칡이 햇빛을 볼 수 있게 도와준다.

여기까지 단계를 거쳐 숲 해설할 내용을 정하고, 그것을 바탕으로 시나리오를 작성한다.

* *

칡을 도와주는 밤나무 이야기
여러분, 여기 죽어가는 나무가 보이지요?
이 나무는 왜 이렇게 됐을까요? 네, 맞습니다.
칡이 감고 올라가다 보니 몸이 조이고 햇빛을 못 받아
죽음에 이르렀어요. (……)
하지만 칡도 생명이고 살아가야 합니다.
칡은 이렇게 곧고 튼튼한 줄기 대신
부드럽게 휘는 줄기로 태어났어요.
칡이 살아남으려면 튼튼한 나무를 감고 올라가야 해요.
우리 주변에도 태어날 때부터 약하거나
장애가 있는 사람이 많아요.
그들을 약하다고 무시하고 이 사회에서 없애야 할까요?
아니죠. 우리가 도와야 합니다.

세상에 존재하는 것들이 모두 경쟁하는 게 아니라
이처럼 서로 돕고 자리를 내주며 희생하는 것도 있어요.

* *

　시나리오가 완성되면 이대로 현장에서 숲 해설을 해도 좋다. 참가자들이 어려서 말로 하는 숲 해설을 지루해할 것 같으면 다음 단계에서 놀이를 추가한다.

4단계

정리된 사항을 쉽게 이해할 수 있는 놀이를 찾아 접목한다.

예 칡덩굴 이야기를 쉽게 설명하고 이해할 수 있는 놀이를 찾는다. 칡덩굴이 마치 밤나무에 업혀서 올라가는 듯하고, 밤나무는 칡덩굴을 떨어뜨리지 않고 가만히 업고 있는 모습 같으니 업히는 놀이가 좋겠다. 두 친구끼리 짝지어 가위바위보 한 뒤 이긴 사람이 진 사람에게 업히는 놀이로 정한다.

5단계

결정된 사항을 강의안에 정리한다.

예 결정된 사항은 다른 사람이 봐도 이해할 수 있도록 쉽고 간단하게 순서대로 정리한다.

* 두 사람씩 짝짓는다.
* 가위바위보 한다.
* 진 사람은 다리와 팔을 벌려 나무처럼 선다.
* 이긴 사람은 진 사람 몸에 올라탄다. 대부분 업는 자세를 한다.
* 어느 팀이 바닥에 발이 닿지 않고 오랫동안 있는지 본다.

- 놀이를 마치면 주변에서 칡덩굴을 보여주며 큰 나무와 덩굴나무의 관계를 설명한다.

2. 숲 해설 시나리오의 원칙

글을 쓰고 싶어 하는 사람들은 소설, 연극 대본, 인문 서적 등 수많은 책을 보고 끊임없이 습작하는 과정을 거쳐서 자신의 글을 완성한다. 숲 해설 시나리오 역시 크게 다르지 않으니, 다양한 책을 참고하면 도움이 될 것이다. 숲 해설 시나리오를 쓸 때는 몇 가지 원칙이 있다.

전달하고자 하는 내용이 한 가지 이상 있어야 한다
다양성에 대해 이야기할지, 협동심에 대해 이야기할지 전달하려는 메시지를 정하고 이야기를 풀어가야 한다. 따라서 식물을 보고 여러 가지 정보를 취합한 뒤 가장 인상 깊은 내용이나 자신에게 와닿는 이야기를 하나 정한다.

전달하고자 하는 내용을 효과적으로 전달할 수 있어야 한다
역사에 대해 이야기하고 싶다면 역사책이나 일기, 타임머신 같은 단어가 떠오를 것이다. 그런 단어를 자연스럽게 연결해서 도입 부분에 적용하면 좋다.

뻔한 이야기보다 반전이 있는 이야기 구조를 만든다
그냥 이야기하듯 해도 나쁘지 않으나, 이왕이면 참가자들이 흥미진진하게 빠져들 수 있는 이야기 구조가 좋다. 마지막 부분에 반전이

있으면 금상첨화다.

예를 들어 "칡과 등나무가 갈등을 만들어내지만, 그런 얽힘이 있기에 더욱 탄탄한 밧줄이 된다. 우리 삶에도 우여곡절과 갈등이 있어야 더 단단해지고 관계도 돈독해질 수 있다"고 마무리하면 자연스럽고 메시지도 잘 전달된다.

자연을 보면서 덕德을 발견하는 연습을 해야 한다

자연의 장점 혹은 배울 점, 즉 '덕'을 찾아내는 것이 무엇보다 중요하다. 어떤 동식물이라도 우리가 배워야 할 점이 한 가지씩 있다. 그 점을 찾아내서 이야기로 만들어 참가자들에게 들려주는 것이다. 우리도 자연이다. 자연에서 배우고 자연과 함께해야 한다.

II

숲 해설
시나리오

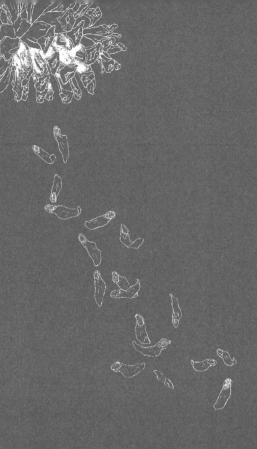

1장에 숲 해설 시나리오 63가지, 2장에 숲 생태놀이 시나리오 52가지를
준비했다. 숲 해설 시나리오는 해설가가 진행하는 형식으로 정리했고,
숲 생태놀이 시나리오는 진행 과정이 중요하므로 해설가와 참가자가
대화하듯 정리했다.

1장

숲 해설
시나리오

현장에서 진행하는 숲 해설 내용 가운데 참고가 될 만한 예를 몇 가지 들어 볼 것이다. 이런 방식으로 진행한다는 사실을 알고 상황에 맞게 살을 붙이거 나 다른 내용으로 변경하면 된다.

나무나 풀에 대한 정보보다 그 식물에서 얻은 이야기를 어떻게 전달하느 냐가 중요하므로, 식물에 대한 상세 정보는 싣지 않는다. 상황에 따라 책에 서 보거나 인터넷에서 검색한 자료 등을 사용하기 바란다.

1.

숲에
들어설 때
해설

초반 분위기 장악이 그날 수업에 큰 영향을 미친다. 밝고 경쾌하면서
도 너무 가볍지 않게 진행한다. 숲해설가나 참가자 소개, 참여 동기
공유, 아이스 브레이킹icebreaking(본격적인 이야기에 들어가기 전에 편안한
화제로 긴장된 분위기를 푸는 과정) 등을 하는 것이 좋다. 호기심을 유발
할 만한 것부터 진행하는 방법도 괜찮다.

인사말과 자기소개

숲해설가는 자신이 아는 숲에 대한 지식과 정보를 빨리 알려주고 싶어서 참가자를 만나자마자 숲에 대한 이야기, 나무나 풀에 대한 정보를 말하는 경우가 많다. 하지만 참가자는 한두 시간 동안 함께 숲을 거닐며 소중한 이야기를 들려줄 숲해설가가 어떤 사람인지 궁금하다. 따라서 짧게나마 자기소개를 하고 시작하는 것이 바람직하다. 숲해설가뿐만 아니라 참가자도 각자 자기소개를 하는 것이 좋다.

여러분, 안녕하세요?

저는 오늘 한 시간 동안 여러분을 살아 있는 식물의 세계로 안내할 숲해설가 ○○○입니다. 만나서 반갑습니다.

어디에서 오셨나요? 아! 모두 서울에서 오셨군요.

저는 스무 살 때 처음 서울에 올라왔는데요.

깜짝 놀랐답니다. 초록빛이 너무 안 보이더라고요.

알다시피 인간은 초록빛을 보면 편안해진다고 합니다.

온통 회색빛인 서울 풍경에 얼마나 당황했겠어요?

그런데 시내만 그렇지 주변을 둘러보니 북한산, 청계산, 관악산, 도봉산 등 의외로 산도 많고 공원도 많았습니다.

여러분이 지금 와 있는 청계산은 서울 근교에서 생태가 좋은 산으로 알려졌습니다.

그만큼 서울 시민에게 사랑받는 산이기도 합니다.

그런데 정상을 향해서 땀 흘리며 올라갈 뿐, 주변을 돌아보거나
발밑의 풀 한 포기에 관심을 두지 않는 경우가 많아요.
우리가 이렇게 자연을 찾고, 편안하게 숨 쉴 수 있는 것은
이런 숲이 존재하기 때문인데 말이지요.
그 고마움을 잘 모르고, 알려고도 하지 않아요.
그래도 여기 계신 분들은 숲이 궁금하고, 숲에 대해 뭔가 많이
알고 싶어서 오신 거죠?
모든 걸 알지 못하지만, 제가 아는 한에서 여러분의 궁금증을
풀어드리겠습니다.

현장 소개

교육하는 현장에 대해 설명하고 수업을 진행하면 참가자들이 숲을 이해하는 데 훨씬 도움이 된다. 사전에 지형과 지질을 조사하거나, 그 지역의 특징을 비롯해 전반적인 이야기를 해주면 좋다.

시나리오

이곳 청계산은 서울과 경기도의 경계에 있습니다.
맑은 계곡이 있어서 청계라는 이름이 붙었지요.
조금만 올라가면 정말로 맑은 계곡을 만날 수 있습니다.
청계산은 다른 산에 비해 나무가 더 우거졌는데, 이는 청계산이
편마암으로 구성됐기 때문이에요.
우리나라 산이 대개 화강암이 모암(기암)인 데 반해,
청계산은 편마암이 모암이에요.
바위는 오랜 세월 풍화작용을 거쳐 모래흙이 되지요?
화강암은 굵은 모래흙이 되는데, 편마암은 색이 조금 진하고 고운
모래흙이 됩니다.
식물이 자라기 더 좋은 환경이지요.
숲을 어떻게 가꾸느냐도 중요하지만, 본래 토양의 영향도
아주 큽니다.
가면서 흙이 어떻게 다른지 직접 보시기 바랍니다.
또 청계산은 다른 산에 비해 생태적으로 건강하다고 하는데,
얼마나 건강한지 올라가면서 느껴보시기 바랍니다.

숲 느끼기

교육 현장에 대한 소개가 끝나면 천천히 숲에 들어서며 숲을 느끼게 한다. 처음부터 깊이 있는 프로그램을 진행하거나 이해하기 어려운 이야기를 하는 것보다 참가자가 숲을 편안하게 오감으로 느끼며 마음의 준비를 하게 돕는다.

시나리오

숲에 왔으니 다 같이 숲을 느껴볼까요?

먼저 제자리에 선 채로 한 바퀴 돌며 주변을 보세요.

초록 숲이 보이지요?

인간은 초록빛을 보면 맘이 편안해진다고 해요.

정말로 편안한가요? 그 이유는 뭘까요?

한번 생각해보기로 하고요, 이제 눈을 감아볼까요?

숲에 오면 신선한 공기를 느낄 수 있어요.

숨을 깊이 마셔볼까요?

이 공기는 질소가 대부분이고, 산소와 이산화탄소가

일부를 차지하죠.

인간은 산소가 없으면 살 수 없어요.

그 산소를 만들어주는 것이 바로 숲입니다.

참 고마운 존재지요.

다시 한번 깊이 마셔보세요.

자, 이번에는 귀에 집중해볼까요?

가까운 데서 들리는 소리, 먼 데서 들리는 소리, 아주 작은 소리에
귀 기울여봅시다.

자동차 소리, 지하철 소리, 사람들이 떠드는 소리, 발소리,

기계 소리, 환풍기 소리…

도시에서 들리던 소리 대신 바람 소리와 새소리,

곤충 소리가 들립니다.

원래 우리는 이런 소리를 들으며 살아왔어요.

그러다 이 소리에서 점점 멀어졌지요.

본성에서 너무 오랫동안 멀리 떨어져 있으면 병들고 힘들어집니다.

가끔이라도 우리가 태어난 숲에 들어가야 건강해질 수 있지요.

오늘도 숲에서 편히 쉬고 돌아가면 좋겠습니다.

자, 이제 눈을 뜨고 다시 한번 주변을 보세요.

참으로 고마운 숲이죠?

오늘 저와 함께 좀 더 안으로 들어가서 재미난 이야기가

숨어 있는 식물도 만나고, 신기한 생존 전략을 구사하는 곤충도

살펴보시기 바랍니다.

간단한 과제 제시

본격적인 수업에 앞서 간단한 과제를 내주고, 찾아보게 한다. 참가자들의 긴장감을 풀고, 숲해설가가 참가자들의 성향을 파악하기에도 좋은 활동이다.

자, 이쯤에서 제가 과제를 하나 드릴까 합니다.
(주머니에 있는 카드 가운데 한 장을 꺼내며)
제가 들고 있는 이 카드를 잠깐 봐주시겠어요?
어떤 모양이죠? 네, 맞아요.
여기 보면 동그라미가 있어요.
지금부터 숲을 살펴보며 이 모양에 가장 가까운 자연물을 한 가지씩 가져오는 겁니다. 시간은 5분쯤 드릴게요.
제가 이 자리에 서 있을 테니 제 눈에서 벗어나지 않는 거리만큼 움직이세요.
5분 뒤 지금 말한 크기로 "모이세요!"라고 할 거예요.
이 목소리가 들릴 거리만큼 가시기 바랍니다.
"모이세요!" 하면 이곳으로 모여야 합니다.
(참가자들이 하나둘 자연물을 찾아 가져온다.)
"자, 이제 모이세요!"
(참가자들 자연물 들고 모인다.)
여러분이 가져온 자연물을 확인해볼까요?

둥글게 서서 오른 손바닥에 놓아보세요.

다들 잘 찾았습니다.

누가 가장 비슷한 것을 찾았는지 하나씩 볼게요.

(자연물을 하나씩 확인한다.)

죽 살펴보니 제가 생각할 때는 여기 계신 이분이 제일 비슷한 것을
찾았습니다. 심지어 크기까지 비슷해요.

그냥 지나치면 아무것도 아니지만, 관심 있게 살펴보면
눈에 들어오지요.

(주머니에서 준비한 솔방울을 꺼내며)

제가 지금 주머니에서 꺼낸 게 뭘까요?

(참가자들 여러 가지 의견을 제시한다.)

맞습니다, 솔방울이에요. 그런데 모양이 좀 이상하지요?

왜 이렇게 생겼을까요?

(참가자들 의견을 제시한다.)

네, 누군가가 먹고 버린 거예요.

여러분 발밑에서도 찾을 수 있습니다.

여러분이 동그라미에 해당하는 자연물을 찾으러 갔을 때
제가 여기 주변에서 발견한 건데요.

다들 한번 찾아보시겠어요?

(참가자들 청서가 먹고 남은 솔방울을 줍는다.)

누가 먹은 흔적일까요?

(참가자들 의견을 제시한다.)

네, 맞습니다. 바로 청서입니다.

청설모라고 아는 사람들이 많은데, 정확히 말하면 청설모는
청서의 털이지요.

요즘은 청설모, 청서 모두 표준말로 등록됐다고 합니다.

아무 생각 없이 지나치면 이것을 발견하지 못하고,
청서가 여기에 살고 있다는 생각도 못 합니다.
관찰이 그만큼 중요합니다.
여러분은 오늘 눈을 크게 뜨고 자세히 보며 조금 천천히
걸으면 좋겠어요.
아무리 멋진 풍경도 그냥 지나치면 소용이 없잖아요.
귀중한 시간을 내서 참가했으니 한 가지라도 느끼고 배우기
바랍니다.

　이 활동은 숲에 들어서며 동기를 유발하는 데 목적이 있다. 참가자 스스로 자연을 경이롭게 볼 수 있어야지, 숲해설가가 이끄는 대로 따라와선 안 된다. 또 참가자들의 성향을 파악하는 것은 숲해설가에게 필요한 부분이다. 과제를 수행하는 모습을 관찰하면 참가자 성향을 파악하는 데 도움이 된다. 자연물이 아닌 것을 가져오거나, 여러 개를 들고 오거나, 크기나 모양이 특이한 자연물을 찾은 참가자가 있으면 주의를 기울인다. 피하거나 경계하라는 것이 아니라 더 관심을 두라는 의미다.

　숲해설가의 말을 잘못 알아들어서 다른 것을 가져올 수도 있고, 사고가 독특해서 그럴 수도 있고, 다른 이에 비해 지적 능력이 떨어지는 사람일 수도 있다. 해설하는 동안 관심 있게 눈을 마주치거나 한 번 더 또박또박 말해서 그런 참가자가 소외되지 않도록 배려한다.

2.
숲의 기능과
역할 해설

숲에 들어서면 기본적으로 숲에 대한 이야기를 해야 한다. 참가자들은 숲을 잘 모르는 경우가 많으므로 숲에 대한 이해와 숲의 기능을 설명할 필요가 있다.

  숲은 산소를 만들고, 공기를 정화하며, 녹색 댐, 동물의 거주지, 의식주 제공, 휴양 등 다양한 기능을 한다. 이런 기능을 일일이 설명하기보다 대표로 한두 가지 설명해서 소중함을 느끼게 하고, 나머지는 간단히 설명하고 지나간다.

숲은 무엇인가?

다소 학술적이거나 이론적인 내용으로 흐를 가능성이 있지만 간단하게 숲이 무엇인지, 어떤 역할을 하는지 짚고 넘어가는 게 좋다.

시나리오

우리가 지금 밟고 있는 이곳은 숲일까요, 아닐까요?

(참가자들 대답.)

과연 숲이란 무엇일까요? 나무가 많으면 숲일까요?

나무 외에 풀도 있고, 동물도 있지요.

그렇다면 모두 빠지지 않고 있으면 숲일까요?

숲은 하나의 생태계입니다.

그럼 생태계가 무엇인지 의문이 생기지요?

자, 우리 모두 둥글게 서서 손을 잡아볼까요?

(참가자들 안을 보고 원을 그리며 손잡는다.)

제가 메뚜기라면 누구를 먹을까요?

(참가자들 대답.)

네, 맞습니다. 바로 풀인데요. 제 왼쪽에 계신 분이 풀이에요.

그렇다면 또 누군가는 저를 잡아먹겠죠, 누구인가요?

(참가자들 대답.)

네, 개구리가 메뚜기를 먹겠지요.

제 오른쪽에 계신 분이 개구리예요.

이렇게 많은 동물과 식물이 관계를 형성하며 사는 곳이 숲이고,

그게 생태계입니다.

식물은 햇빛을 받아 광합성 하고, 열매를 맺고, 그 열매를
많은 동물이 먹고 배설하면 그 자리에서 다시 생명이 자라고,
나무가 잎을 떨어뜨리면 그 잎이 썩어 토양이 비옥해지고,
다시 더 많은 생명이 탄생하고, 그 역시 죽어가고, 그런 생명과
연관된 일이 수없이 일어나는 삶 혹은 죽음의 공간이지요.

(자리에 앉아 풀 한 포기를 가리키며)

여기 보이는 풀 한 포기에 찾아오는 곤충도 수십 종이라고 합니다.
이 풀 한 포기가 곤충에겐 먹이고 집이지요.
이런 풀과 나무가 수없이 많아요.
작은 생태계 여럿이 뭉쳐서 만든 큰 생태계가 바로 숲입니다.
인간의 의식주도 모두 숲에서 얻을 수 있지요.
숲은 우리 삶과 떼려야 뗄 수 없는 관계입니다.
인간의 문화와 역사, 예술 등이 자연에 기초를 두고, 특히 숲에
바탕이 있음을 부정할 수 없습니다.
숲이 사라지면 인간도 살아갈 수 없을 거예요.
이런 관계를 이해하려면 숲에 대해 잘 알아야 합니다.
짧은 시간이나마 저와 함께 숲을 거닐면서 관찰하고 느껴볼 텐데요,
평소보다 적극적으로 다가가서 숲의 참모습을 발견하기 바랍니다.

산소를 만드는 숲

숲에 들어서면 신선한 공기를 느낄 수 있죠?

정말 그런지 숨을 깊이 마셔볼까요? 눈을 감고 해보죠.

(모두 눈을 감는다.)

코로 깊이 들이마실 땐 배가 불룩 나오고, 내쉴 때는 배가 쏙

들어가게 하세요.

숨을 들이마실 때는 주변에 있는 빛과 에너지도 들이마신다는

생각으로, 내쉴 때는 그 공기가 내 몸을 한 바퀴 돌고 빠져나간다는

생각으로 내쉽니다.

후~우! 후~우!

(몇 번 반복한다.)

자, 이제 눈을 떠보세요.

지금까지 숨쉬기했으니 숨 참기도 해볼까요?

제가 신호하면 모두 숨을 멈춘 다음 더 못 참을 것 같은 사람은

숨 쉬며 손을 들어주세요.

자, 그럼 시작해볼까요?

준비, 깊이 들이마시고 시~작!

(스톱워치나 휴대폰을 이용해서 시간을 잰다. 간혹 2분을 넘기는 경우가

있지만, 대개 1분도 못 되어 숨을 쉰다.)

산소 없이 견디려니 1분도 힘들지요?

우리 뇌에 산소가 4~6분만 공급되지 않으면

생명이 위태로워집니다. 산소는 그렇게 소중하지요.

그 소중한 산소를 누가, 어디에서 만드나요?

공장에서 만드나요?

산소는 자연이 만들죠. 특히 울창한 숲이 산소를 많이 만듭니다.
과학자들은 열대우림이 지구의 산소를 20퍼센트나
생산한다고도 하고, 바다에 사는 남조류가 지구의 산소를 절반가량
생산한다고도 합니다.

정확한 수치는 측정하는 방법에 따라 다르겠죠.

분명한 건 식물의 엽록소가 뿌리에서 올라온 물과 공기 중의
이산화탄소와 태양에너지를 합해 탄소동화작용을 하는데,
이때 산소가 만들어진다는 사실입니다.

그리고 나무가 만들어내는 양이 아주 많습니다.

자, 여기 이 나무가 몇 명을 살릴까요?

(참가자들 대답.)

앞에 계신 두 분이 이 나무를 껴안아보시죠.

(참가자들 나와서 나무를 껴안는다.)

큰 나무 한 그루가 하루 동안 만드는 산소가 어른 두 명이
숨 쉴 수 있는 양이라니, 나무 한 그루에 두 명이 얹혀산다고 해도
지나친 말이 아닙니다.

아마존의 열대우림이 산소를 많이 만든다는 것을 언론이나
책을 통해 보셨죠?

(나무를 껴안은 참가자들을 향해) 아, 이제 들어가셔도 됩니다.

(참가자들 모두 웃는다.)

그 열대우림이 개발 목적으로 2초마다 축구장 한 개 면적만큼
사라진다고 합니다.

우리나라 국민 한 사람이 평생 사용하는 종이 양을 나무로 환산하면

높이 18미터, 지름 22센티미터인 소나무 87그루나 된다고 합니다.

우리가 좀 편하기 위해 숲을 파괴하면 그 결과가 고스란히

우리에게 돌아옵니다.

잠깐 편리를 꾀하다가 영원히 재생할 수 없는 파괴가 되지요.

그러니 자연을 소중히 여기는 마음이 필요하겠지요?

공부하거나 외워서 그 소중함을 알기보다 여러분이 직접

자연의 소중함을 느끼기 바랍니다.

그러려면 자연과 친해져야 합니다.

오늘 저와 함께하는 동안 다른 때보다 자연과 친해지기 바랍니다.

녹색 댐 기능

등산로 옆쪽을 보면 계곡이 흐르고 있어요.

지금은 비도 오지 않는데 어떻게 물이 흐를까요?

(참가자들 대답.)

네, 맞습니다. 숲이 물을 잡고 있다가 천천히 내보내는 거지요.

무엇이 물을 잡고 있다가 내보낼까요?

나무뿌리요? 다들 그렇게 알고 있지만, 나무뿌리보다 흙입니다.

틈이 있고 푹신한 숲속 흙은 비가 오면 빗물이 잘 스며들고,

물을 잘 담고 있어요. 그 물이 계곡이나 지하수로 천천히 나오죠.

마치 물이 댐에 모였다가 천천히 흘러내리는 것과 같아요.

그래서 숲을 '녹색 댐'이라고도 합니다.

지구에 있는 물은 대부분 바닷물이죠.

우리가 먹을 수 있는 물은 바닷물이 아니라 숲이 품었다가

내놓은 물입니다.

세계 4대 문명의 발상지를 기억하시나요? 어디 어디죠?

(참가자들 대답.)

네, 맞아요. 황허강 유역의 황허문명, 나일강 유역의 이집트문명,

티그리스강과 유프라테스강 유역의 메소포타미아문명,

인더스강 유역의 인더스문명이죠. 모두 강과 연관이 있어요.

강이 범람하면 그 지역이 비옥해져서 곡식이 잘 자랐다고 해요.

식량을 확보하기 쉬우니 강 유역에 많이 살았지요.

무엇보다 식수를 확보할 수 있으니 강 유역에 거주하기 시작했고요.

제가 물통을 하나 준비했는데요, 저기 계곡에서 방금

물을 떠 왔습니다.

이곳에 부으면 어떻게 될까요? 흐를까요, 스며들까요?

일부는 스며들고 일부만 흐를까요?

(참가자들 대답.)

한번 부어보겠습니다.

(물을 숲속 토양에 붓는다. 대부분 흐르지 않고 스며든다.

참가자들은 이 광경을 보고 놀라거나 몇 마디씩 이야기할 것이다.)

이 통에 담긴 물이 모두 들어갔어요.

축구장만 한 숲은 5만 리터가 넘는 물을 저장할 수 있어요.

우리나라의 연평균 강수량이 얼마인지 아세요?

(참가자들 대답.)

네, 1200밀리미터 정도 되지요.

그 빗물을 모두 저장하지는 못합니다.

우리나라 숲은 그중 14퍼센트만 저장할 수 있다고 해요.

14퍼센트면 적은 것 같지만, 우리나라의 인공 댐이 저장할 수 있는

양을 모두 합한 것과 비슷해요.

왜 숲을 녹색 댐이라고 하는지 아시겠죠?

봄이 오면 누가 심거나 물을 주지 않아도 새싹이 돋아나지요?

나무는 가만히 서 있는 것 같지만 해마다 굵어지고,

동물은 옹달샘 물로 갈증을 풀어요.

이렇게 물은 생명과 바로 연결된답니다.

인간의 몸도 70퍼센트가 물이잖아요.

건강한 숲이 사라지면 동물과 식물, 인간까지 생명의 위협을

받을 거예요.

그래서 숲을 건강하게 유지해야 합니다.

신문이나 TV를 보면 자연을 개발하자는 사람들과 보호하자는

사람들의 갈등이 종종 소개되지요.

저처럼 숲 해설을 하는 사람들은 자연을 보호하자는 쪽이에요.

사람이 살면서 자연에 손대지 않을 수는 없습니다.

하지만 개발하려는 사람들도 무턱대고 개발하지 말고

그쪽으로 길을 내면 어떤 동물이 피해를 볼지,

건물을 지으면 어떤 식물이 사라질지 심각하게 고민해서

자연이 훼손되는 것을 최소화하도록 노력해야 합니다.

여러분도 오늘 저와 함께 숲이 얼마나 소중한 존재인지

체험하고 느낄 수 있으면 좋겠습니다.

자연과 인간의 관계에서 단순히 수치를 알려주거나 보호만 강조하기보다, 자연이 왜 우리에게 필요한지 몸으로 느끼도록 한다. 숨 쉬고 마시는 공기와 물만큼 우리 가까이 있으며, 간단하지만 자연의 소중함을 알게 해주는 것은 없다. 그래서 본격적인 수업을 하기 전에 이런 프로그램을 진행하면 동기부여에 도움이 된다.

숲은 이외에도 공기청정기, 천연 에어컨, 천연 비료, 경제적인 가치 등 여러 기능이 있다. 상세한 내용은 책이나 인터넷 자료 등을 통해 정리하고, 위와 같은 방식으로 풀어가면 좋다.

3.
나무와
관련한 해설

숲 해설은 나무 설명이 대부분이다. 동물처럼 움직이거나 풀처럼 겨울철에 사라지지 않고 사시사철 그 자리에 있으니, 공부하기 쉽고 해설하기 유리하다. 무엇보다 자연물 중에서 인간의 삶과 가장 밀접하기 때문에 이 책에는 다른 내용보다 나무 관련 해설을 많이 실었다.

나무의 기본 전략과 현상에 대한 해설

숲 해설을 할 때 곧바로 나무 분류를 하고 특정 나무 수업에 들어가기도 하지만, 전반적인 나무의 생태를 설명하면서 접근하는 게 좋다. 나무는 뿌리, 줄기, 잎, 꽃 등 각 기관이 저마다 역할과 기능을 하는데, 다른 나무의 각 기관도 형태는 다르지만 비슷한 작용을 한다. 예를 들어 꽃은 모양이 달라도 꽃가루받이하는 것이 목적이므로, 어떤 나무를 만나더라도 그 꽃에 대해서 말할 때는 "꽃가루받이가 잘되도록 이런 디자인을 하게 됐다"고 하면 된다. 그래서 기본적인 나무와 기관의 전략을 알아두면 숲 해설에 도움이 된다.

나무 이야기

시나리오

지금 우리 주변에 가장 많이 보이는 게 뭔가요?

(참가자들 대답.)

네, 나무가 아주 많습니다. 집에서 나왔을 때 고라니 보았나요?

(참가자들 대답. 아니요.)

커다란 느티나무가 있었나요?

(참가자들 대답. 아니요.)

키 작은 풀을 보았나요?

(참가자들 대답. 예 혹은 아니요.)

우리가 주변에서 가장 쉽게 볼 수 있는 자연은 바로 식물,

그중에도 풀이지요.

풀은 어디에서나 살 수 있습니다. 남극이나 북극 같은 지역이

아니면 거의 모든 곳에서 볼 수 있어요.

나무는 풀만큼 쉽게 볼 수 없지만, 도심에 가로수도 있고

집 마당에 정원수도 있지요.

그런데 우리는 숲이나 자연이라고 하면 나무부터 떠올라요.

왜 그럴까요?

(참가자들 대답.)

맞아요. 나무가 아주 크기 때문이에요. 문제 하나 낼게요.

우리가 사는 지구에서 키가 제일 큰 생물은 뭘까요?

(참가자들 대답.)

맞아요, 바로 나무죠. 100미터가 넘는 나무도 있어요.

그러면 지구에서 가장 오래 사는 생물은 뭘까요?

(참가자들 대답.)

맞아요, 나무는 수천 년을 살아요.

우리나라에도 1400년 된 주목이 있고, 세계적으로는 5000년쯤 된 나무가 가장 오래된 나무라고 해요.

이후 이웃 나라 일본에서 7000년 된 삼나무가 발견됐다 하고,

어느 나라에서는 1만 년이 넘은 나무도 발견됐다고 합니다.

아직 명확하게 확인되지 않아 공식적으로 인정받진 못했나 봐요.

어쨌든 수천 년을 사는 생명체는 나무뿐이지요.

나무는 이렇게 크고 오래 살아서 인간의 삶에 큰 영향을 미칩니다.

인간은 나무를 유용하게 사용하지만, 신성시하기도 합니다.

건국신화에 나무 이야기가 자주 등장하는 것도 그 때문일 거예요.

인간의 문화는 나무와 함께했다고 해도 지나친 말이 아니죠.

침대, 식탁, 책상 등 우리가 평소 사용하는 물건 가운데 나무로 만든 것이 많아요. 가장 대표적인 것은 종이입니다.

요즘은 종이를 아무렇지 않게 사용하지만 종이가 있어서 인쇄술이 발달했고, 인쇄술이 발달함에 따라 많은 책이 나오고,

그 책을 통해 우리의 지적 수준이 향상하고

문화를 누리는 것입니다.

그밖에도 나무가 인간에게 주는 영향과 도움은 아주 많아요.

숲속의 동물뿐만 아니라 우리도 나무에 감사해야 해요.

그런 의미에서 각자 마음에 드는 나무 한 그루를 골라

꼭 안아줄까요?

(참가자들 웃으며 나무를 안는다. 이후 느낌을 물어보며 마친다.)

큰키나무와 떨기나무에 대한 해설

처음 모인 곳에서 100미터 정도 올라왔는데요.

이곳은 숲일까요, 아닐까요?

(참가자들 대답.)

네, 사람마다 다를 수 있겠지요.

숲을 어떻게 정의하느냐에 따라 달라질 수 있을 텐데요,

문헌이나 학자마다 숲을 조금씩 다르게 정의합니다.

그러면 우리는 어떻게 바라봐야 할까요?

저는 이 나무가 나타나면 숲이 시작된다고 생각합니다.

그래서 이 나무에 꽃말도 하나 붙여줬어요.

'숲에 온 걸 환영합니다'라고.

실제 꽃말은 찾아봐도 잘 나오지 않더라고요.

이참에 이렇게 지어줘도 좋겠지요?

이 나무 이름은 국수나무입니다.

왜 국수나무일까요?

(참가자들 의견 듣기.)

책을 보니까 나무를 잘라 이 속을 가느다란 막대로 밀면 안에 있는

하얀 스펀지 같은 것이 국수처럼 나와서 붙은 이름이래요.

그런데 제 생각은 좀 달라요.

'나무 이름을 지을 때 그렇게 해봤을까?' 싶어서요.

그전에는 이 나무에 이름이 없었을까요?

식물 이름은 직관적으로 붙이는 경우가 많습니다.

이 나무의 전체 모습을 멀리서 보세요.

나무껍질이 희끗희끗한 게 국수 다발과 닮았죠?

국수나무는 봄이 되어 새순이 나오기 전에는 줄기만

허옇게 보입니다.

그러니 배고픈 사람이 멀리서 보면 국수 같지 않았을까요?

아마도 그래서 붙은 이름이 아닐까 생각합니다.

국수나무처럼 이렇게 생긴 나무를 떨기나무(관목)라고 부릅니다.

숲으로 좀 더 들어가면 키가 큰 나무가 보입니다.

키가 큰 나무와 작은 나무 중 누가 더 사는 데 유리할까요?

(참가자들 의견 듣기.)

햇빛을 많이 받으려면 키나 몸이 큰 게 좋겠지요?

그런데 큰 몸을 유지하려면 에너지도 많이 소모됩니다.

광합성 해서 만든 양분을 큰 몸을 유지하는 데 많이 사용하지요.

떨기나무는 가지를 위쪽보다 옆으로 뻗어서 틈새에 있는

햇빛이라도 받으려고 합니다.

이렇게 숲 언저리에 있으면 햇빛을 더 잘 받을 수 있어요.

그러니 자꾸 큰 나무 틈에서 빠져나와 이런 곳으로 오지요.

이런 곳을 임연부林緣部라고 합니다.

이곳에는 풀이나 떨기나무가 많이 자라요.

동물이 둥지를 틀고 몸을 숨기고 짝짓기와 먹이 활동을 하며

생태계가 활발하게 순환하는 장소가 임연부입니다.

그러니 살아 있는 숲의 모습을 띤 첫 번째 대문 같은 곳이에요.

국수나무가 나타나면 숲에 도착했다고 하는 것도 이 때문입니다.

'숲에 온 걸 환영합니다'라는 꽃말이 어울리지요?

국수나무처럼 생긴 떨기나무와 신갈나무 같은 큰키나무(교목)

가운데 어느 것이 생존에 유리하다고요?

(참가자들 대답.)

네, 사실 거의 비슷합니다.

에너지를 적게 만들어서 적게 쓰고, 많이 만들어서 많이 사용하고.

키를 키워 햇빛을 많이 보고, 옆으로 뻗어서 적은 햇빛이라도 받고.

광합성 총량과 생존에 필요한 에너지 비용을 계산하면

비슷할 거예요.

숲속엔 이렇게 다양한 식물이 있습니다.

형태는 다르지만 각자 환경에 적응한 결과이기 때문에

특별히 어느 게 유리하다고 말하기 어렵지요.

숲속 생태계는 이렇듯 다양한 양상을 띠고,

각자 자기 역할을 하며 살아요.

우리 삶도 마찬가지입니다. 모두 생긴 것이 다르고,

잘하는 것이 다르고, 좋아하는 것도 다르지요.

그런데 우리는 서로 다른 것을 잘 인정하지 않아요.

다른 사람처럼 해야 하고, 다른 사람처럼 좋은 학교에 가야 하고,

다른 사람처럼 살아야 하고… 모두 비슷해지려고 합니다.

아이들에게도 강요하지요.

숲에 오면 수많은 자연이 알려줍니다. 다르게 살아도 된다고.

숲에서 더 많은 것을 느끼고 배우기 바랍니다.

바늘잎나무와 넓은잎나무에 대한 해설

여러분의 성격을 한마디로 어떻게 표현할 수 있을까요?

(참가자들 각자 발표하기.)

네, 그럼 저는 어떨 것 같아요?

(참가자들 대답.)

저는 명랑하다, 까다롭다, 차분하다, 성실하다는 말을 들어요.

이렇듯 우리는 성격이 있어요.

집에서 키우는 동물도 잘 보면 성격이 있습니다.

그럼 나무도 성격이 있을까요?

(참가자들 의견 이야기.)

동물은 움직이고 인간에게 반응하니 관찰하면서 알 수 있는데,

나무는 참 어렵습니다. 인간적인 관점에서 하는 말이지만

나무도 성격이 있다고 하더군요.

오른쪽에 보이는 전나무는 바늘잎나무(침엽수)입니다.

왼쪽에 있는 벚나무는 넓은잎나무(활엽수)입니다.

나무 형태를 보면 좀 다르다는 것을 알 수 있지요?

여기 바닥에 나뭇가지를 이용해서 두 나무의 형태를

간단히 표현해볼까요?

(두 모둠으로 나눠서 한쪽은 바늘잎나무, 다른 쪽은 넓은잎나무

모양 만들기를 한다.)

잘 만들어주셨어요. 확실히 다르네요.

바늘잎나무는 곧게 올라가는 한 줄기가 있고,

가늘게 곁가지가 나면서 전체적으로 원뿔형에 가깝습니다.

넓은잎나무는 어느 지점까지 한 줄기로 올라가다가

둥그렇게 옆으로 퍼진 모양입니다.

나무마다 자라는 성격이 다르기 때문이죠.

자, 그렇다면 바늘잎나무와 넓은잎나무는 무엇으로 구분하나요?

(참가자들 대답.)

맞아요, 잎 모양으로 나눕니다.

바늘잎나무는 전 세계적으로 약 500종이 있습니다.

주로 북반구 온대 지방에 많아요.

추위에는 강하지만 더위에는 약하기 때문이지요.

겉씨식물은 속씨식물인 넓은잎나무보다 먼저 지구상에 나왔는데요,

점점 사라지고 있습니다.

그래도 아직 500여 종이 살아남았어요.

환경이 열악하면 바늘잎나무가 모두 사라지고 넓은잎나무만

남아야 하는데, 그렇지 않아요.

한겨울 눈 덮인 산에는 소나무와 잣나무만 푸른빛을

간직하고 있지요.

왜 잎을 떨어뜨리지 않을까요?

(참가자들 대답.)

잘 아시는군요. 바늘잎나무도 잎을 떨어뜨리긴 합니다만,

잎의 수명이 넓은잎나무보다 길어 겨울에도 남아 있습니다.

그런데 어떻게 얼지 않을까요?

(참가자들 대답.)

좀 어렵지요? 소나무나 사철나무처럼 겨울에도 푸른빛을 띠는 것이

늘푸른나무(상록수)입니다.

늘푸른나무는 잎 안에 당분 농도를 높여서 어는점을 낮추지요.

웬만한 추위에는 얼지 않고, 햇빛이 있을 땐 광합성도 합니다.

바늘잎나무와 넓은잎나무의 다른 점이 이 부분이에요.

겨울에 광합성을 과감하게 포기하고 쉬는 넓은잎나무와

적은 양이지만 광합성을 하는 바늘잎나무.

즉 다른 전략을 취한 겁니다.

동식물을 관찰하면 이런 현상이 많아요.

저마다 생존 전략이 있지요.

환경에 적응해서 자기에게 맞는 방법을 만든 것입니다.

식물은 잎, 나무껍질, 꽃, 열매 등이 다양한 모습을 보이는데,

이 모든 것이 살아남기 위한 전략이에요.

"강한 종이 살아남는 것이 아니다. 살아남은 종이 강한 종도 아니다.

환경에 적응한 종이 살아남는다."

유명한 생물학자 찰스 다윈이 한 말입니다.

자기가 처한 상황에 최대한 적응해서 살아남는 것이

생명의 본능이 아닐까요?

동식물이 어떤 방식으로 삶의 터전에서 적응했는지 관찰하면

숲속 생물을 이해하는 데 큰 도움이 됩니다.

각자 움직이면서 찾아볼까요?

잎의 형태에 대한 해설

여기부터 저기 바위가 보이는 곳까지 자유롭게 걸으면서

숲을 느껴볼 텐데요. 한 사람이 세 장씩 나뭇잎을 가져오세요.

각자 세 장씩 줍되, 이왕이면 다른 것으로 줍기 바랍니다.

(참가자들 이동하며 낙엽 줍기. 참가자들이 도착할 때쯤 보자기나 손수건을

바닥에 깔고 나뭇잎을 놓게 한다.)

한 분씩 가져온 나뭇잎을 여기 놓아볼까요?

앞사람과 겹치는 나뭇잎은 빼겠습니다.

(간단히 나뭇잎을 놓으면서 겹치지 않게 정리한다.)

생각보다 많은 나뭇잎이 있네요.

여러분이 걸어온 길가에 자라는 나무에서 떨어진 것들입니다.

몇 종류나 되지요?

(참가자들 대답.)

네, 열두 종류입니다.

짧은 시간에 가까운 곳에서 주웠는데도 열 종류가 넘는 나뭇잎이

모였습니다. 생각보다 많은 나무가 살지요?

(그중 한 장을 들면서) 지금 제가 들고 있는 나뭇잎이 보이죠?

어떤 나무의 잎일까요?

네, 맞습니다. 바로 옆에 있는 생강나무 잎이에요.

(다른 나무라면 뒷부분 이야기가 조금 달라질 수 있다.)

그런데 잘 보면 같은 나무인데도 잎 모양이 조금씩 달라요.

같은 나무의 잎인데 왜 이렇게 모양이 다른지 정확한 원인은
아직 알 수 없다고 합니다.
광합성의 양과 관련 있을 것으로 추측할 뿐이지요.
생강나무 옆에 다른 나뭇잎을 보세요.
(겹잎〔복엽〕인 나무를 하나 고른다.)
이 나무는 생강나무와 많이 다르게 생겼죠? 개옻나무입니다.
예민한 사람들은 옻이 오르기도 합니다만,
대부분 옻이 오르지 않습니다.
자세히 보면 잎이 한 장인데, 작은 잎 여러 장이 뭉쳐 있죠?
이런 것을 겹잎이라고 합니다.
겹잎과 생강나무처럼 한 개가 달린 홑잎〔단엽〕은
왜 모습이 다를까요? 장단점이 무엇인지 얘기해볼까요?
(참가자들 대답.)
잎의 가장 큰 역할은 광합성을 해서 양분을 만드는 것이죠.
잎마다 광합성에 좋은 방향으로 변했을 겁니다.
작은 공장을 여러 군데 운영하거나, 큰 공장 하나를
제대로 운영해서 효율을 높여보려고 한 거예요.
면적으로 따지면 홑잎이 겹잎보다 효율이 높다고 합니다.
하지만 잎은 광합성뿐만 아니라 증산작용도 하지요.
잎의 표면 온도가 높으면 증산하는 양도 많아집니다.
여름에는 잎의 온도를 낮춰야 해요.
그렇지 않으면 뿌리가 빨아들이는 물보다 잎을 통해 증산하는 물이
많아질 수 있거든요.
미루나무는 잎자루가 길어서 바람이 조금만 불어도
팔랑팔랑 흔들리며 잎의 온도를 낮춥니다.
겹잎은 오토바이 엔진 옆에 주름이 많이 잡힌 냉각기처럼

공기와 마찰하는 면이 넓어서 잎의 온도를 빨리 떨어뜨릴 수
있어요. 그런 면에선 홑잎보다 유리하겠지요?
곤충 피해 측면에서도 겹잎이 홑잎보다 유리해요.
작은 잎 여러 장 가운데 한 장이 뜯어 먹혀도 다른 잎은 건강하게
살 수 있으니까요.
나무는 이런 여러 가지 요소를 종합해서 잎 모양을 다양하게
만들었을 거예요.
인간의 몸도 마찬가지입니다.
운동경기를 보면 키가 작은 농구 선수나
호리호리한 씨름 선수는 드물지요.
운동선수라는 직업만 봐도 알맞은 신체 조건이 다릅니다.
세상에는 수만 가지 직업이 있다고 합니다.
남보다 돈을 많이 번다고, 남들 보기에 멋있다고 따라 하는 것보다
자기가 무엇을 좋아하는지, 무엇을 잘할 수 있는지 알기 위해
노력하고 열심히 하는 게 중요하지 않을까요?
그게 진정한 자기 모습이기 때문입니다.
여러 가지 잎을 보면서 다양성에 대해 고민해보기 바랍니다.

- 잎이 갈라지는 다른 나무 : 담쟁이덩굴, 뽕나무, 황칠나무, 개나리 등.
- 다양한 잎을 볼 수 있도록 수종이 풍부한 곳에서 진행하면 좋다.

나무껍질 모양에 대한 해설

숲에 들어오면 나무가 참 많지요?

제자리에서 천천히 한 바퀴 돌며 주변의 나무를 볼까요?

(참가자들 제자리에서 한 바퀴 빙 돈다.)

몇 그루나 될까요?

(참가자들 대답.)

네, 나무가 세기 어려울 정도로 많습니다.

그럼 나무 종류는 얼마나 될까요?

(참가자들 대답.)

나무의 종류를 판단할 때는 여러 가지 정보를 종합해야 합니다.

나무는 주로 꽃과 열매, 겨울눈, 어린 가지 등 환경에 따라

변하지 않는 기관을 보고 분류합니다.

그런데 꽃이 지고 열매가 안 보이고 분류하는 방법도 모를 땐

어떻게 나무를 알아봐야 할까요?

정확하진 않지만, 나무껍질 모양을 보면 어느 정도

구분할 수 있습니다.

한번 둘러보면서 몇 종류인지 세어볼까요?

(참가자들과 함께 다르다고 생각되는 나무를 찾아본다.)

둘러보니 나무가 열 종류쯤 있네요.

나무는 저마다 특징이 있어서 모습이 달라요.

살아가는 전략도 모두 다르지요. 그래서 모양이 다른 거예요.

(이때 참가자가 나무껍질 모양이 왜 다른지 질문할 수 있다.
아무도 질문하지 않으면 숲해설가가 묻는다.)

제가 질문 하나 할까요?

어떤 꽃은 벌을 부르기 위해 색깔을 선명하게 하고,

어떤 꽃은 향을 진하게 만들기도 해요.

어떤 잎은 잎자루를 길게 만들어 바람에 잘 흔들리게 해서
표면 온도를 떨어뜨립니다. 이렇듯 식물의 형태에는
각각 이유가 있습니다.

그러면 나무껍질은 왜 생김새가 다를까요?

(참가자들 대답.)

다양한 의견이 나왔는데요,

아직 아무도 정확한 원인을 모른답니다.

자연에서 일어나는 현상을 우리가 모두 알진 못해요.

해마다 동물과 식물이 새롭게 발견되고 분류됩니다.

새로 발견되는 종류는 땅속 생물이 많아요.

그동안 우리가 관심이 없어서 잘 몰랐죠.

이제 좀 더 관심을 기울이면서 자연의 비밀이 하나씩
밝혀지고 있습니다.

나무껍질에도 크게 관심을 두지 않았어요.

너무나 당연하게 생각했기 때문이지요.

새는 왜 알을 낳을까?

너무나 당연한 내용이라 질문하지 않았지요.

나무껍질의 모양은 그 역할을 들여다보면 어느 정도 답을
알 수 있을 것 같아요.

나무껍질은 껍질눈(피목)으로 호흡하고,

두툼한 외투를 입어서 햇빛에 수분이 증발하지 않게,

추위에 얼지 않게, 곰팡이나 버섯 등 외부 환경에서
물관과 체관 같은 내부 조직을 보호하는 역할을 합니다.
특히 하늘소나 바구미 같은 침입자에게서 나무를 지키는
갑옷과 같은 역할을 해요. 이런 역할을 종합적으로 주변 환경과
나무의 특징에 맞게 선택해서 지금의 모습이 됐을 거예요.
나무와 친해지고 싶다면 호기심을 가지고 다가가서
관찰하면 됩니다. 좀 더 친해지고 싶다면 "나무야 고맙다"
"나무껍질아 고맙다" 하고 껴안아보세요.
마음이 따뜻해질 겁니다.

꽃에 대한 해설

(현장에 꽃 핀 나무가 있어서 참가자들이 사진을 찍거나 예쁘다고 감탄할 때)

꽃은 아무리 봐도 예쁘죠?

어제 수업을 하나 마쳤는데, 아이들이 꽃을 주더라고요.

종이로 접은 꽃이지만 기분이 참 좋았어요.

여러분도 꽃을 받거나 선물한 적이 있지요?

(참가자들 대답.)

꽃은 왜 필까요?

우리가 주고받아서 기분 좋게 해주려고 필까요?

인간을 위해서 예쁘게 만들었을까요?

(참가자들 대답.)

그럴 리 없지요? 그럼 모든 식물은 꽃이 필까요?

모든 나무는 꽃이 필까요?

(참가자들 대답.)

참나무 꽃을 본 적이 있어요? 은행나무 꽃은요?

메타세쿼이아 꽃을 보신 분? 대나무 꽃은요?

(참가자들 대답.)

본 적 없지요? 그럼 꽃이 안 필까요?

모든 식물은 꽃이 핍니다.

우리가 흔히 생각하는 화려한 꽃이 아닐 뿐이지요.

꽃은 식물의 중요한 생식기입니다.

형태는 다르지만 모든 식물에 있는 기관이죠.

생식기라고 하니까 조금 어색하다고요?

'아, 내가 진달래의 생식기를 코에 대고 냄새를 맡았구나.'

'야, 난 그걸 먹었다니까?'

이렇게 생각하면 참 민망합니다.

식물과 인간의 생식기 개념은 좀 다르지요.

그래도 암수가 만나서 열매를 만드는 것은 같습니다.

다른 질문을 해볼까요?

동물은 사람처럼 암수가 있습니다.

식물도 암수가 따로 있는 게 있나요?

(참가자 대답, 은행나무요.)

맞아요. 은행나무는 암나무와 수나무가 따로 있어요.

암수가 하나인 나무는 암꽃과 수꽃이 따로 있기도 하고,

암수가 하나인 꽃은 암술과 수술이 따로 있기도 해요.

어쨌든 동물이나 식물은 대부분 암수가 구분됩니다.

왜 그럴까요?

하나만 있고 거기에서 이듬해 다른 개체를 만들어도 될 텐데,

왜 불편하게 떼어놨을까요?

(참가자들 대답.)

네, 인간을 생각하면 쉽게 알 수 있습니다.

인간은 염색체 수가 반으로 줄어드는 감수분열을 했다가

둘이 합쳐지며 완벽한 하나가 되지요.

이렇게 복잡한 과정을 거치는 까닭이 뭘까요?

(참가자들 대답.)

네, 살아남기 위해서입니다.

인간이 한 사람의 복제품처럼 모두 유전자가 같다면

어떤 일이 벌어질까요?

(참가자들 의견.)

전염병이 발생했을 때 한 사람이 죽으면 다른 사람도
모두 죽습니다. 유전자가 똑같으니까요.

한 사람이 면역 체계가 없으면 다른 사람도 없겠지요?

그래서 유전자를 다양하게 섞는 겁니다.

섞어놓으면 병이 생겼을 때 누구는 죽을지 몰라도
누구는 살 확률이 있으니까요.

"어떤 질병이나 바이러스가 나타나도 인류를 몰살할 순 없다."
과학자들이 이렇게 말하는 까닭은 인류의 유전자가
그만큼 다양하기 때문이지요.

식물도 다양한 유전자를 위해 꽃가루받이(수분)합니다.

그런데 식물은 손발이 없으니 도움을 받아야 해요.

매개체가 필요하죠. 중매쟁이란 말 들어보셨죠?

그때 '매' 자가 바로 매개체의 매媒입니다.

꽃은 꽃가루를 매개해줄 무엇이 필요한데, 꽃이 피는 식물이
생겨날 때 지구에는 곤충이 있었습니다.

꽃이 도움을 받으려면 곤충을 불러야 합니다.

어떤 방법을 썼을까요?

(참가자들 대답.)

네, 맞습니다. 멋진 색과 향기로 곤충을 불러들이지요.

꽃은 누구를 위해 핀다고요?

(참가자들 대답.)

맞아요. 곤충을 위해서 피어요.

곤충도 여러 종류가 있어요. 우리가 흔히 아는 벌과 나비 말고도
등에, 나방, 딱정벌레, 파리, 모기 등 다양한 곤충이 있지요.

꽃 역시 곤충에 따라 다양한 방법으로 유혹합니다.

파리는 썩은 것을 좋아하죠? 썩은 냄새가 나는 꽃도 있습니다.

어떤 꽃은 다른 곤충이 아무리 건드려도 꽃가루가 담긴 통이
열리지 않다가 특정한 호박벌의 날갯짓 진동에 공명이 일어날 때
꽃가루 통이 열립니다.

희망봉용담이라는 꽃인데, 우리나라에는 없어요.

아주 신기하죠?

여러 곤충이 와야 꽃에 유리할 것 같지만, 특정한 종만 와도
꽃에 유리합니다. 꽃가루받이 확률이 높기 때문이죠.

아시다시피 곤충은 꿀이나 꽃가루를 얻어서 좋고,

식물은 꽃가루받이가 되니 좋아요.

공생이나 협동의 관계로 볼 수 있습니다.

꽃 한 송이도 핀 이유가 있고, 협동하며 살아갑니다.

이외에도 우리가 알지 못하는 이야기가 많을 거예요.

좀 더 열린 눈과 마음으로 자연을 대하면 좋겠어요.

그럴 때 비로소 자연이 말을 걸고, 내가 좀 더 슬기로워지도록
조용히 속삭일 겁니다.

"자세히 보니까 많은 게 보이지? 내게 좀 더 관심을 기울여줘."

이 루페를 가지고 꽃을 찬찬히 들여다볼까요?

잘 모르던 걸 알 수 있어요.

(꽃을 관찰하고 감상한 느낌을 이야기하며 마무리한다.)

씨앗에 대한 해설

영화 〈반지의 제왕〉 보셨어요?

거기 걷는 나무가 나오죠? 사루만의 지시로 오크들이 나무를 베어

대장간에 불 피우는 데 사용해요.

그때 베인 나무를 보고 나무 요정이 슬퍼하며 말합니다.

"도토리 때부터 알고 지낸 사이인데….".

전 그 대사가 우스우면서도 인상 깊었어요.

제가 도토리를 하나 주웠습니다.

여러분도 둘러보세요. 바닥에 도토리가 있을 겁니다.

이 도토리는 어디에서 왔을까요?

(참가자들 대답.)

네, 맞습니다. 먼 데서 온 게 아니지요.

바로 위를 보면 도토리가 열리는 나무가 있어요.

도토리가 열리는 나무를 모두 참나무라고 하는데,

이 나무는 그중에서 신갈나무입니다.

여러분은 어릴 적 꿈이 뭐였어요?

(참가자들 대답.)

저도 대통령, 과학자, 의사, 조종사 등 꿈이 많았습니다.

그리고 조금씩 바뀌더니 중학생 때는 화가가 되고 싶었고,

고등학생 때는 외교관이 되고 싶었지요.

대학생 때는 연극배우 겸 연출가가 되고 싶었고,

지금은 이렇게 숲해설가가 됐습니다.

꿈은 모두 변하죠.

이 도토리의 꿈은 뭘까요?

(참가자들 대답.)

네, 도토리는 부모 나무인 신갈나무가 되려고 합니다.

신갈나무가 되면 어떤 꿈을 꿀까요?

(참가자들 대답.)

신기하게도 신갈나무는 도토리를 많이 만들고자 합니다.

키가 크게 자라는 것은 햇빛을 많이 보기 위해서죠?

햇빛을 많이 보려는 것은 광합성을 열심히 하기 위해서고요.

광합성을 열심히 하는 건 꽃을 많이 피우고 열매를 많이

만들기 위해서입니다.

열매가 뭐예요? 도토리지요.

그 도토리를 튼튼하게 많이 만들어서 멀리 보내는 게

신갈나무의 꿈입니다.

숲에서 만나는 모든 동식물은 살아가는 목표가 있어요.

인간도 그런 목표가 있습니다.

여러분은 살아가는 목표가 무엇인가요?

(참가자들 대답.)

요즘 학생들은 이런 꿈, 목표가 없다고 합니다.

꿈이 너무 크거나 내가 잘하는 것과 거리가 멀어도 괜찮아요.

변하고 발전할 수 있으니까요.

하지만 꿈이 없는 것은 문제입니다. 삶의 목표가 없기 때문이죠.

안타까운 일이에요. 우리 아이들에게 꿈을 주고,

행복하게 살도록 하기 위해 이런 자연 체험이 필요합니다.

아이들에게 시간을 주세요. 자연을 찾도록 기회를 주세요.

이 작은 도토리에 나뭇잎, 줄기, 겨울눈, 뿌리, 꽃, 열매가
모두 있습니다.
작지만 우리보다 수십·수백 배 커다란 나무가 될 준비를 했어요.
지금 여러분의 꿈은 작을지 몰라도 한 해 두 해 지나며
그 꿈을 키워갈 수 있습니다.
우리 아이들에게도 그런 희망을 주기 바랍니다.

이쯤에서 마쳐도 좋고, 씨앗이 다양한 방법으로 번식하는 이야기를
추가해도 된다.

각자 꿈을 이루기 위해 사는데, 그 꿈이 모두 같은가요?
다르지요. 방금 보여드린 도토리는 데굴데굴 굴러서 멀리 가요.
이 단풍나무 열매는 어떻게 자신을 멀리 보낼까요?
(참가자들 대답.)
네, 맞아요. 양옆에 날개가 있어서 바람을 타고 갈 수 있어요.
여기 보이는 건 도꼬마리라는 풀인데요.
(준비된 샘플이나 사진 자료를 보여준다.)
나무 열매 중에는 동물의 몸에 붙어서 이동하는 것이 거의 없고,
풀에 많아요.
나무에 비해 키가 작은 도꼬마리는 기어 다니는 동물 털에 붙어
이동하는 전략을 세웠죠.
그래서 털에 붙을 수 있도록 열매에 갈고리가 달렸어요.
혼자 멀리 가는 열매도 있을까요?
(참가자들 대답.)
네, 맞아요. 봉숭아, 등, 콩 같은 열매는 씨앗을 싸는 부분이
마르면서 안쪽과 바깥쪽이 다른 힘을 받아 용수철처럼 터져요.

그때 그 힘으로 씨앗이 멀리 간답니다. 그래 봤자 몇 미터지만요.
물가에 사는 식물은 물의 도움을 받아 씨앗을 멀리 보내요.
동물을 이용하는 식물도 있어요.
새가 따 먹거나 너구리 같은 동물이 바닥에 있는 걸 주워 먹고
멀리 가서 배설하면 그곳에서 싹이 나지요.
어떤 식물은 개미를 이용하기도 해요.
개미가 좋아하는 성분을 씨앗에 붙여두면 개미가 통째로
가져갔다가 먹을 것만 먹고 나머지 씨앗은 개미집 밖에 내놓아요.
그러면 거기에서 싹이 나지요.
제비꽃이나 애기똥풀, 괭이밥 같은 풀이 여기에 속해요.
다람쥐나 청서, 들쥐 같은 설치류나 어치 같은 새가 겨울을 나려고
먹이를 모아둔 곳에서 싹이 돋아 나무가 되기도 해요.
잣이나 호두, 밤, 도토리 등인데요. 생각보다 많이 볼 수 있답니다.
이렇듯 자연에서는 여러 방법으로 자기 씨앗을 멀리 보내려고 해요.
자연에서는 꽃가루받이나 씨앗의 번식뿐만 아니라
동물과 식물의 관계, 빗물과 식물의 관계 등 우리가 모르는 일이
다양한 방식으로 일어납니다.
자연을 가만히 관찰하다 보면 나도 다양한 시도를 해야겠다는
생각이 들어요. 이게 바로 자연이 알려주는
다양성에 대한 생각입니다.
인구가 많아지고 시대가 급변하지만, 자기의 생각과 개성을
계발하는 것이 중요해요. 다른 사람의 시선을 신경 쓰거나
다른 사람이 하는 대로 따라 하는 것은 자신을 잃는 지름길입니다.
숲에서 식물이나 곤충을 보며 여러 가지를 생각하고
느끼기 바랍니다.

단풍이 드는 이유

가을이 되니 단풍이 멋지지요?

이런 때 산에 오시다니 운이 좋은 분들입니다.

오늘 어떤 이유로 숲 해설을 들으러 오셨는지요?

(참가자들 몇 명의 의견을 들어본다.)

네, 모두 계기가 있을 겁니다.

평소 숲에 가고 싶어서 오신 분, 누가 추천해서 오신 분,

단체로 다녀오라고 보내서 오신 분도 계실 거예요.

동기가 어떻든 와보니 좋지요?

(참가자들 대답.)

저는 가끔 평소 주량보다 많이 마실 때가 있어요.

그런 다음 날은 집에서 쉬고 싶지만, 조금 무리해서 산에 갑니다.

힘들 거 같아도 오히려 개운하고 속도 좋아지더라고요.

확실히 숲에는 치유 효과가 있는 모양이에요.

일상에서 힘들고 지치는 일이 있으면 자연을 찾아

휴식을 취하는 것도 좋은 방법입니다.

우리는 방학이나 휴가 때 바쁜 일상에서 한숨을 돌리는데요.

혹시 나무도 쉴까요?

(참가자들 대답.)

네, 나무도 쉽니다. 언제 쉴까요?

(참가자들 대답.)

맞습니다. 겨울에 쉬지요. 개구리가 겨울잠을 자듯이
나무도 겨울이면 활동을 멈추고 쉽니다.
그리고 이듬해 봄에 다시 물을 빨아들이고 활동을 시작하죠.
나무는 겨울 동안 쉬기 위해 준비를 하는데요, 어떻게 할까요?
(참가자들 대답.)
네, 낙엽이 집니다. 그 전에 단풍이 들고요.
간혹 단풍이 아름다우니 나무가 단풍을 만들기 위해
뭔가 하는 것처럼 보이지만, 낙엽을 만드는 과정이 단풍입니다.
왜 낙엽이 되기 전에 단풍이 들까요?
(참가자들 대답.)
너무 어려운가요? "단풍이 왜 들까?" 질문하면
대부분 "가을이니까"라고 대답합니다.
겨울이면 기온이 떨어져 수분이 가득한 나뭇잎이 얼죠.
하지만 그보다 중요한 이유가 있습니다.
가장 큰 이유는 수분 공급이 원활하지 않기 때문이에요.
증산작용이라고 들어보셨죠?
잎 표면에서 수증기 형태로 물을 내보내고, 다시 뿌리로
물을 빨아들이면서 양분도 함께 빨아들입니다. 그런 작용을
쉬지 않고 반복하는데, 겨울에는 땅이 얼어 나무가 수분을 제대로
빨아들이지 못해요.
윗부분을 살려두면 공연히 에너지를 소모할 뿐만 아니라,
생명에 지장을 줄 수도 있지요. 그래서 물이 필요한 나뭇잎을
떨어뜨리는 것입니다. 나무는 잎을 떨어뜨리기 전에 유용한 물질을
줄기 쪽으로 흡수하고, 몸 안에 쓸모없는 물질을 잎으로 보냅니다.
나무에게 낙엽은 노폐물을 배출하는 의미도 있죠.
이 과정에서 잎에 남은 성분에 의해 색깔이 달라지는 게

바로 단풍입니다.

엽록소가 파괴되며 그 안에 있는 크산토필(엽황소),

카로티노이드, 타닌, 안토시아닌 같은 효소에 의해 노랑, 주황,

갈색, 빨강 같은 색이 나타나지요.

최근에 등장한 새로운 가설도 있습니다.

윌리엄 해밀턴은 나무가 진딧물 같은 곤충을 막기 위해

단풍을 만든다고 주장했습니다.

가을이면 나무에 알을 낳아 겨울을 넘기려는 곤충에게 밝은 빛으로

'아직 건강하다'는 느낌을 주기 위해 단풍을 만든다는 거예요.

실제로 해충의 피해를 많이 받은 나무일수록 단풍이 진하고

화려하다고 합니다. 아직 가설일 뿐이지만요.

어쨌든 이 계절이면 숲에서 멋진 단풍을 감상할 수 있어요.

나무가 의도하진 않았지만, 우리에게 근사한 풍경을 선사하지요.

잎이 지기 전에 잠깐 정열적인 색을 띠는 단풍, 할 일을 다하고

물러나는 뒷모습 같아요.

우리도 할 일을 다하고 물러날 때 아름답다는 말을

들을 수 있을까요? 시작할 때의 패기도 중요하지만, 물러날 때의

뒷모습도 생각해야 할 것 같습니다.

모든 나무가 단풍이 들고 낙엽이 질까요?

(참가자들 대답.)

모든 나무는 잎을 떨어뜨립니다. 그러니 단풍도 있겠죠.

그런데 이런 소나무는 여전히 푸르지요?

언제나 이 모습을 유지하진 않습니다.

바늘잎나무나 넓은잎나무 중에도 늘푸른나무는 다른 나무보다

잎의 수명이 길어요.

잎의 수명은 보통 6개월인데, 늘푸른나무는 1년 6개월에서

길게는 7년 정도 됩니다. 그러니 겨울에도 잎이 붙어 있지요.

얼지 않을까요?

소나무는 잎이 가늘다 보니 증산하는 양도 적어서

수분에 대한 부담을 느끼지 않고, 잎에 부동액 같은 당분이 있어서

추위에 잘 얼지 않습니다.

그리고 적은 햇빛이라도 이용해 에너지를 얻으려고

잎을 떨어뜨리지 않는 거예요.

잎을 떨어뜨리거나 떨어뜨리지 않거나 에너지를 효율적으로

이용하려는 전략입니다.

나뭇잎은 지면 끝나는 것이 아닙니다.

노폐물을 담고 바닥으로 떨어져 수명을 다하지만,

그때부터 새로운 역할이 시작되지요.

낙엽은 지렁이를 비롯한 여러 곤충에게 먹이가 되고

미생물에 의해 분해돼서 흙을 비옥하게 합니다.

그리하여 나무 자신뿐만 아니라 다른 새로운 생명이 움트는 것을

도와주지요. 늙어도, 죽어도 쓸모 있음을 알려줍니다.

상처에 대한 해설

(상처 난 나무를 발견하고 이야기를 시작한다.)

여기 이 부분은 왜 이렇게 됐을까요?

(참가자들 대답.)

네, 맞습니다. 상처예요.

사람만 상처가 나는 게 아니고 나무도 상처가 생깁니다.

왜 이런 상처가 났을까요?

(참가자들 대답.)

네, 이 상처는 사람이 낸 것 같아요.

이 등산로를 만들 때 생긴 상처로 보입니다.

나무는 사람이나 동물에 의해 상처가 날 수도 있고, 얼거나 벼락,

산불 등으로 상처가 날 수도 있습니다.

물론 산불이나 벼락으로 죽는 경우가 많지만요.

여러분, 동물이 병이나 상처를 스스로 치유한다는

이야기 들어보셨나요?

고양이는 소화가 안 되거나 속이 좋지 않으면 괭이밥이라는 풀을

뜯어 먹었답니다. 그래서 풀 이름도 그렇게 붙었지요.

나무는 상처가 나면 어떻게 할까요?

(참가자들 대답.)

맞아요, 나무도 스스로 상처를 치유합니다.

여기 상처 난 부분을 자세히 보세요.

(다 같이 다가가서 상처 부위를 관찰한다.)

소나무를 자르면 뭐가 나오죠?

(참가자들 대답.)

맞아요, 송진. 일본이 태평양전쟁 말기에 연합국과 싸울 때
식민지에서 많은 물자를 수탈했어요. 할아버지 할머니들에게
들어보면 놋그릇까지 가져가서 전쟁 물자로 사용했다고 합니다.
그중에서 제일 부족한 자원이 석유였고, 전투기 연료를 대신하려고
송진을 강제로 채취했습니다.

큰 소나무에 'V 자' 모양으로 난 상처를 본 적이 있지요?
송진을 채취한 흔적입니다.

(현장에서 송진 채취 자국을 발견하면 더욱 좋다.)

바늘잎나무는 송진이 상처를 감싸서 곤충이나 버섯 균이
침투하는 것을 빨리 막을 수 있어요.

하지만 넓은잎나무는 새살이 생기면서 상처를 덮기 때문에
시간이 오래 걸리고, 상처 주변이 도톰하게 부풀어 오릅니다.

살이 도넛 모양으로 부풀어 상처를 메우는 것을
새살 고리라고 하지요. 여기 보이는 것이 새살 고리입니다.

(참가자들과 나무의 새살 고리를 관찰한다.)

시간이 지나면 상처 부위를 모두 덮어서 매끈매끈해집니다.
나무 스스로 상처를 치료하는 것이죠.

(옆에 리기다소나무가 있을 때) 여기 보이는 리기다소나무는
줄기에서 바로 잎이 나옵니다. 다른 나무에 비해 스트레스를
잘 표현하기 때문이래요.

나무는 생존의 위협을 느낄 때 스트레스를 받는데,
그것이 외부로 표출되는 증거죠.

소나무가 다른 해보다 솔방울을 많이 만든다거나

가로수가 리기다소나무처럼 줄기 중간에서 내는 잎도
스트레스를 표현한 것입니다.

나무의 스트레스를 이용하는 사람들이 있지요.

(옆에 상처 난 상수리나무가 있으면 더욱 좋다.)

숲에서 만난 상수리나무는 대부분 상처가 있어요.

익어서 저절로 떨어지는 도토리를 주우면 되는데,

덜 익은 도토리를 따려고 나무줄기를 돌이나 떡메로 칩니다.

그때 상처가 생기는데, 나무는 생존의 위협을 느끼고
이듬해 도토리를 많이 만들지요.

식물은 한 해 열매를 많이 만들면 이듬해에 조금 덜 만드는데요,
이를 해거리(격년결실)라고 합니다.

사람들이 해마다 풍년이 들기를 바라는 욕심으로 나무에
상처를 냅니다.

숲속에서 상처 난 상수리나무를 보면 인간의 이기심과
나무의 괴로움이 동시에 느껴집니다.

상처 난 나무를 보면 안타깝지만, 달리 생각할 수도 있어요.

곤충에겐 잔칫상이기 때문입니다.

(참가자들은 보통 의아해한다.)

바람에 부러지거나 추위에 얼어 상처가 난 부위에는
수액이 흐르는데, 이것을 먹으려고 수많은 곤충이 찾아옵니다.

개미, 네발나비, 왕오색나비, 장수풍뎅이, 사슴벌레, 쌍살벌, 말벌,
나방, 파리, 등에…. 이런 곤충을 잡아먹으려고 청개구리, 참개구리,
두꺼비 같은 동물도 오고, 지네 같은 육식성 벌레도 옵니다.

주변에는 거미가 거미줄을 치지요.

수액 하나 때문에 숲속 생태계가 시끌벅적 살아 움직입니다.

나무에게는 아픈 상처지만, 숲 생태계는 생동감이 넘칩니다.

그렇다고 숲에 있는 나무를 다 베어 상처를 만들 필요는 없습니다.

우리가 베지 않아도 자연현상에 따라 상처 나는 나무가
꾸준히 생기니까요.

어떤 현상은 우리가 눈으로 본 것 외에 또 다른 이야기가
숨어 있을지도 모릅니다.

내 앞에 일어난 일, 사건을 다양한 시각으로 볼 필요가 있지요.

자연을 자주 만나면서 이해의 폭을 넓히면 좋겠습니다.

나무의 죽음에 대해서

제 나이가 몇 살인지 맞혀보시겠어요?

(참가자들 대답.)

저보다 나이가 많다고 생각하시는 분, 손을 들어보세요.

(참가자 손든다.)

그럼 저보다 어리다고 생각하시는 분, 손을 들어볼까요?

(참가자 손든다.)

손을 안 드신 분은? 아, 동갑이라고 생각하시는군요.

저는 그렇게 생각 안 하는데….

(참가자들 웃음.)

네, 좋습니다. 저는 ○○ 살입니다.

여기 참가하신 분 가운데 최고령은 누구세요?

(참가자 손든다.)

실례가 안 된다면 올해 연세가?

(참가자 대답.)

앞으로 100년은 더 사시겠는데요?

(참가자들 웃음.)

모든 사람은 생로병사의 과정을 거치지요.

생명은 언젠가 죽습니다. 건강하던 사람이 갑자기 죽기도 하지만,

대부분 늙고 병들어 죽지요.

나무도 마찬가지입니다. 간혹 수천 년을 살아온 나무들이

소개되는데, 1000년을 살기는 여간 어렵지 않아요.

지금부터 1000년 전이라면 고려 시대지요?

강감찬 장군이 귀주대첩에서 거란족을 무찌른 게 1019년이니까
그즈음이 되겠네요. 그렇게 오래된 나무가 아직 살아 있다고
생각하면 느낌이 묘해요.

나무는 나이가 많고 커질수록 많은 양분이 필요합니다.

뿌리에서 빨아들인 수분을 가지 끝까지 보내야 하고,
상처라도 생기면 양분을 멀리 보내서 치료해야 하니까요.

나무도 시간이 지나면 늙고 결국은 죽습니다.

나무는 수명이 다해서 죽는 경우보다 병충해로 죽는 경우가 많아요.
하늘소가 산란하기 위해 나무껍질을 뚫고 들어오면 그 틈으로
다른 세균이 침입하고, 버섯이 자라면서 물관과 체관을
막기도 하고, 약해지면 다른 곤충이 더 많이 몰려오고,
그 곤충을 먹으려고 딱따구리도 옵니다.

이런 악순환이 계속돼서 죽지요.

하지만 나무가 죽어간다는 표현은 적합하지 않아요.

나무는 95퍼센트 이상 죽은 조직이기 때문이죠.

(참가자들 놀란다.)

생각보다 많은 부분이 죽었다고요?

인간은 어느 정도 죽었을까요?

(참가자들 대답.)

네, 맞습니다. 손톱, 머리카락, 각질 등은 모두 죽은 조직입니다.
나무와 비교하면 죽은 조직의 비율은 낮지요.

머리카락이 긴 분은 저보다 죽은 조직이 많은 셈이에요.

(참가자들 웃음.)

300년 된 나무는 1년이 된 마지막 부름켜를 빼고 299개 나이테가

있는 곳이 모두 죽은 조직입니다.

나무는 이런 식으로 죽을 때까지 자라요.

인간도 세포가 죽고 새롭게 만들어집니다.

어찌 보면 비슷하게 자란다고 할 수 있지요.

숲속에는 의외로 죽은 나무가 많아요.

예전에 국립공원에서는 쓰러지거나 죽은 나무가 있으면

미관상 좋지 않다고 잘라서 밖으로 빼냈는데,

요즘에는 그냥 두거나 잘라서 주변에 쌓아놓지요.

나무는 죽어서도 곤충을 키우거나 땅을 비옥하게 하거든요.

죽은 나무가 적당히 있는 것이 건강한 숲의 모습입니다.

수백 년을 살던 나무가 쓰러진 자리에 햇빛이 들면

그동안 햇빛을 잘 못 봐서 살기 어렵던 풀도 자랄 수 있고,

죽기 전에 떨어뜨린 씨앗에서 새싹이 돋아날 수도 있지요.

(이때 고사목 주변에서 새롭게 자라는 풀이나 나무를 찾아

보여주면 더 좋다.)

나무의 죽음을 대할 때 끝이나 마지막, 이별, 안타까움이 아니라

새로운 생명의 탄생, 시작, 희망으로 보시면 좋겠습니다.

인간의 삶도 마찬가지고요.

숲속 생물의 삶을 통해 그런 눈과 생각으로 살아가는 자세를

배우면 어떨까요?

나무 종류별로 적합한 해설

특정 나무에 대한 숲 해설을 할 때도 전달하고자 하는 메시지가 있어야 한다. 단순히 나무의 이름, 이름의 유래, 쓰임새 등을 설명하는 것은 그다지 의미 있는 숲 해설이 아니다. 그 나무 이야기를 통해 어떤 메시지를 전달할지 고민할 필요가 있다. 숲에 온 탐방객은 나무의 정보가 아니라 이야기를 듣기 원한다. 정보와 이야기는 다르다.

일반적인 해설에서는 분류 키워드를 제공하는 것이 대부분이다. 열매나 잎의 생김새가 어떻게 다른지 등을 설명하면서 숲 해설을 마치는 경우가 많다. 다시 한번 강조하지만, 숲 해설은 식물분류학이나 식물 정보를 다루는 학문이 아니다. 사람 이야기를 해야 한다. 사람에게 도움이 되는 메시지여야 한다는 뜻이다. 그 나무를 통해 우리는 무엇을 배워야 할까? 듣는 이에게 도움이 되지 않는 숲 해설은 큰 의미가 없다.

앞으로 제시하는 내용은 그 나무에 해당하는 숲 해설의 정답이 아니다. 나무 한 그루에 담긴 이야기가 한두 가지일 리 없다. 다양한 도서와 자료를 통해 그 나무에 담긴 이야기를 찾고, 대상이나 시간, 장소에 맞게 바꿔서 사용한다.

우리 삶과 밀접한 관계를 맺어온 소나무

올라오면서 본 나무 중 특별히 기억에 남는 나무가 있나요?

(참가자가 대답하면 그 이유까지 들어본다.)

좋습니다. 그럼 제가 문제 하나 낼게요.

우리나라 사람들이 가장 좋아하는 나무가 뭘까요?

각자 좋아하는 나무를 말해보세요.

(참가자들 여러 가지 대답.)

네, 우리나라 사람들은 소나무를 가장 좋아한다고 합니다.

왜 그럴까요? 아시다시피 겨울에도 잎을 떨어뜨리지 않고

푸른 기백을 유지하기 때문에, 강인한 선비의 기상을

나타낸다고 해서 좋아한답니다.

장수를 상징하는 열 가지를 그린 '십장생도' 아시지요?

해, 구름, 산, 바위, 물, 학, 사슴, 거북, 소나무, 영지(불로초)가

대표적이에요. 구름 대신 달을, 바위 대신 대나무를 그리는 등

문헌마다 조금씩 다르게 표현하기도 합니다.

이 십장생도에도 소나무가 있지요.

사람들이 뭔가 좋아할 때는 정신적인 부분만 따지는 경우는

별로 없습니다.

실질적으로 생활에 도움을 주기 때문이기도 합니다.

소나무는 아시다시피 건축자재로 많이 쓰여요.

단단하면서 가공하기도 쉽고, 송진 성분 때문에

벌레가 잘 먹지 않아서 집을 지으면 오래가니까요.

혹시 조선백자 구울 때 장작으로 어떤 나무를 쓰는지 아세요?

(참가자들 대답.)

맞아요. 소나무입니다.

소나무로 불을 때서 구워야 순백색이 나온대요.

기근이 들면 소나무 껍질을 벗겨 먹었고,

지금도 아주 좋은 환금작물인 송이버섯이 소나무에서 나며,

송편을 찔 때 솔잎을 넣지요.

초가지붕에 벌레가 많이 오지 못하게 솔잎을 던져놓기도 했어요.

사람이 태어나면 대문에 치는 줄이 뭔지 아시는 분?

(참가자 대답.)

네, 금줄이라고 하지요. 금줄을 칠 때 솔가지와 숯도 겁니다.

사람이 죽으면 사용하는 관도 소나무로 만든 것을 높이 쳤지요.

태어나서 죽을 때까지 인간과 긴밀하게 연결된 나무가

바로 소나무입니다.

나무 한 그루에서 의식주가 다 해결되는 셈이지요?

참 고마운 나무입니다.

그런데 소나무를 좋아하다 보니 다른 나무를 베어내기도 합니다.

솔잎에는 다른 식물이 싹 틔우기 힘들게 하는 물질이 있어

솔숲에서 다른 식물은 자라기 어려운데요,

관찰해보면 몇몇 나무는 자랍니다.

그런데 사람들이 그걸 다 잘라요. 왜 그럴까요?

소나무는 햇빛을 아주 좋아하는 양지나무(양수)입니다.

햇빛이 없으면 죽지요.

(산등성이를 가리키며) 저기 보세요. 산등성이에 소나무가 보이는데,

북쪽 사면에는 거의 신갈나무입니다.

북쪽 사면에는 햇빛이 잘 비치지 않아 소나무가 자라기 어려워요.
솔숲에 다른 나무의 새싹이 돋으면 제거하는 것도 이 때문이죠.
그러나 소나무만 있으면 홑숲(단순림)이 되어 생태계가 단순해지고,
무엇보다 건조한 시기에 산불이 나면 일순간에 타버립니다.
소나무는 송진이 있고, 나무마다 간격이 떨어져 있어서
불이 쉽게 번지거든요.
넓은잎나무나 떨기나무가 우거진 숲에는 불이 잘 나지 않고,
불길도 쉽게 번지지 않습니다.
소나무를 보호하려다가 오히려 산불로 다 태우는 경우가 생기죠.
우리와 가까이 있고 아끼는 것일수록 생태와 환경을 잘 이해하고,
객관적으로 바라보는 태도가 필요합니다.
소나무뿐만 아니라 자연을 너무 인간적인 관점으로
바라보지 않으면 좋겠습니다.

참나무에 대한 해설

(주머니에서 도토리를 꺼내 보여주며) 이게 뭘까요?

(참가자들 대답.)

네, 도토리예요. 그러면 이것은 어떤 나무의 도토리일까요?

너무 어려운가요? 모두 위를 보세요.

이 나무가 참나무 종류인데요, 이름은 신갈나무입니다.

이 도토리도 신갈나무의 도토리입니다.

참나무 종류는 아주 많아요.

도토리가 열리는 나무는 모두 참나무라고 하지요.

제가 준비한 도토리를 보며 설명해드리겠습니다.

(도토리 여러 개를 꺼내 보여주며 설명한다.)

비슷비슷해서 많이 헷갈릴 거예요.

숲에 자주 와서 자꾸 봐야 눈에 들어오지요.

오늘 모든 것을 기억하지 않아도 됩니다.

자, 퀴즈 하나 낼게요.

우리나라에는 원예종을 제외한 토종 나무만 700종 가까이 됩니다.

우리나라 숲에 가장 많은 나무는 뭘까요?

소나무? 물푸레나무? 참나무?

네, 참나무 종류입니다. 그중에 무슨 나무일까요?

눈치가 **빠른** 분은 아실 텐데요.

(참가자 대답.)

맞아요, 좀 전에 본 신갈나무예요.

신갈나무가 우리 숲에 가장 많은 까닭이 뭘까요?

생명력이 강하기 때문이겠지요.

우리나라의 숲은 일제강점기와 한국전쟁을 겪으며

거의 파괴됐어요. 해방되고 전쟁이 끝났다고 숲이 바로

건강해진 것은 아닙니다.

건강한 숲에 대해 이야기하면서 빼놓는 경우가 많은데요,

지금처럼 숲이 우거진 것은 우리가 잘 심고 관리한 면도 있지만,

더 큰 원인은 바로 연탄입니다.

연탄을 사용하면서 나무가 보존될 수 있었어요.

그 과정에서 참나무도 살아남았지요.

생명력이 강한 참나무가 그늘이 지면 잘 못 자라는

소나무를 덮어서, 결국 소나무는 죽고 말아요.

우리 민족 하면 떠오르는 게 소나무와 진달래인데,

둘 다 산성토양에서 잘 자랍니다.

황폐한 숲에서 잘 자란다는 얘기죠.

우리나라의 산은 일제강점기나 한국전쟁 전에도

우거지지 않았습니다. 그때도 어느 정도 황폐한 상태였지요.

숲의 건강 측면에서 보면 조선 시대보다 지금이 좋다고

할 수 있어요. 우람한 나무가 적어도 빽빽하게 들어찬 식물이

숲을 푸르게, 동물이 잘 살 수 있게 합니다.

호랑이가 없는 것은 모두 잡아버렸기 때문이지요.

지금 숲에 호랑이를 풀어놓으면 잘 자랄 겁니다.

우리가 무서워서 산에 못 가는 일이 생기겠지요.

참나무는 여러 종류가 있어요.

지금 참나무 종류를 일일이 구분하진 않겠습니다.

가면서 도토리가 열린 나무를 잘 보세요.

어떤 부분이 다른지 관찰해도 재미있으니까요.

저에게 얘기하면 확인해드리겠습니다.

참나무는 우리 역사를 고스란히 담아내는 듯해서 친근감이 들어요.

오죽하면 이름이 진짜 나무란 뜻에서 참나무라고 할까요.

쓰임새가 많고 아름답지만, 무엇보다 동물에게 자신의 열매를

아낌없이 주는 나무입니다.

인간도 배고플 때 도토리로 죽이나 묵을 쑤어 먹었지요.

참나무 한 그루에 신세 지는 동물이 100종 가까이 된다고 합니다.

수액을 먹고, 알을 낳고, 도토리를 먹고, 나뭇잎을 먹고, 숨고…

다양한 동물이 갖가지 방법으로 참나무를 사용합니다.

참나무는 이제 나무 한 그루가 아니라 숲속 작은 생태계입니다.

큰 몸으로 수많은 동물을 끌어안는 참나무를 보며

진정한 베풂이 무엇인지 배웁니다.

살아 있는 화석, 메타세쿼이아

시간 여행을 해볼까요? 자, 모두 눈을 감아보세요.

지금부터 우리는 타임머신을 타고 과거로 떠납니다.

먼저 작년 이맘때로 가볼까요? 어디에서 뭘 하고 있나요?

(참가자들 대답.)

이번에는 100년 전으로 가봅시다. 그때는 일본이 우리나라를

침략한 상태였어요. 우리 땅을 활보하는 일본군이 보이네요.

좀 더 멀리 1000년 전으로 가볼까요? 고려 시대죠.

사람들의 복장이 지금과 완전히 달라요.

이번에는 1만 년 전으로 가봐요. 돌멩이를 도구로 사용하네요.

자, 1억 년 전으로 가봅시다.

사람은 보이지 않고, 동물과 빽빽한 숲만 보여요.

2억 년 전으로 가봐요.

수많은 공룡이 땅이 흔들리도록 쿵쿵 걷고 있어요.

브론토사우루스와 함께 육상동물 가운데 가장 컸다는

브라키오사우루스, 꼬리가 아주 긴 알로사우루스, 뿔이 세 개 달린

트리케라톱스, 가장 사나운 사냥꾼 티라노사우루스도 보입니다.

이제 고개를 하늘로 향하고 서서히 눈을 떠봅시다.

뭐가 보이나요?

(참가자들 대답.)

네, 맞아요. 저 나무는 공룡시대에 살던 그 나무입니다.

공룡도 우리처럼 저 나무를 봤겠죠?

'살아 있는 화석'이라고도 하는데요, 발견된 지는 얼마 안 됐답니다.

양쯔강 유역에서 발견됐는데요.

세쿼이아와 같은 것으로 알았으나 다르다고 판명됐어요.

세쿼이아 이후에 발견돼서 학명도 '나중에'라는 뜻이 있는 '메타'를

붙여 메타세쿼이아입니다. 학명이 나무 이름이 됐지요.

체로키족의 문자를 정리한 세쿼이아의 이름을 따서 지었대요.

인디언 말로 '돼지 발'이라는 뜻인데, 제가 보기에는 깃털을

더 닮은 것 같아요.

그렇게 오래전부터 있던 나무가 아직 살아남았죠.

우리가 밟고 있는 흙도 한때는 엄청 큰 바위였을 거예요.

시간이 흐르면서 차츰차츰 변했어요.

이렇게 모습을 잃지 않고 살아남은 나무가 참 대단하지요?

분명히 이 시대에도 살아남은 까닭이 있을 겁니다.

세상은 늘 변한다지만, 완벽하면 굳이 변하지 않아도 되겠죠.

메타세쿼이아나 은행나무, 상어, 투구게 등 오랫동안 변하지 않는

생물을 보면 완벽한 자연이 감탄스러워요.

공룡과 함께 살았다고 생각하면 신기하고요.

이렇듯 자연에는 우리가 잘 모르는 이야기, 곁에 있지만

생각해본 적 없는 사실과 놀라운 이야깃거리가 아주 많답니다.

- 이후 메타세쿼이아를 보면서 생김새와 잎의 구조, 낙우송과 구별하는 법 등을 설명해도 좋다.
- 메타세쿼이아 말고도 '살아 있는 화석'이라 불리는 나무가 있다. 소철이 나 은행나무 등 역사가 오래된 나무에도 비슷하게 적용할 수 있다.

공자의 나무, 은행나무

여러분은 돈이 많이 생기면 어떻게 하세요?

(참가자들 대답.)

네, 은행에 저금하지요.

돈나무를 많이 모으면 무슨 나무가 될까요?

(참가자들 대답.)

맞습니다, 은행나무.

(참가자들 웃음.)

하하, 농담이고요. 이때 은행은 그 은행과 다르지요?

은행銀杏은 '은색 살구'라는 뜻입니다.

여러분, 혹시 성균관대학교에 가보신 적 있나요?

거기 명륜당에 있는 400살이 넘은 나무 보셨어요?

천연기념물로 지정된 '서울 문묘 은행나무'입니다.

여기 있는 은행나무보다 훨씬 크죠.

경기도 양평 용문사에 가면 우리나라에서 가장 크고 오래된

은행나무가 있어요. 1100년이나 된 것으로 추정하며,

높이도 42미터에 이르지요. 아직 건강하게 자라고 있답니다.

은행나무는 오래 살아서 수백 년 된 나무는 노거수 축에도

못 낀대요. 그럼 제가 문제 하나 낼게요.

왜 성균관이나 향교에 가면 은행나무가 있을까요?

(참가자들 대답. 의견을 잘 들어준다.)

네, 말씀하신 의견 중에 답이 있습니다.

은행나무 원산지는 중국이에요. 우리나라에 들어온 연대는
알 수 없지만, 불교나 유교와 연관이 있으리라 추측합니다.
문묘나 향교, 절 등에 많이 심어요.

중국에서 공자의 행단에 많이 심는 것을 따라 하는 게
아닌가 합니다.

공자의 가르침이 유학이고, 공자를 섬기는 곳이 향교입니다.
그래서 향교에 공자를 상징하는 은행나무를 심었지요.

공자가 언제 적 사람인지 아세요? 지금부터 몇 년 전?

(참가자들 대답.)

공자와 부처, 예수, 소크라테스 중 누가 제일 형일까요?
신격화되어 형 동생 따지기 좀 그렇지만, 출생 연도로 보면
누가 큰형이고 누가 막내일까요?

(참가자들 대답.)

소크라테스가 막내, 그다음이 공자, 그다음이 부처,
큰형이 예수라고요?

아닙니다. 막내가 예수입니다.

석가모니가 기원전 624년, 공자가 기원전 551년에 태어났고,
소크라테스는 기원전 469년에 났습니다.

예수는 기원전 6년경 태어났다니 막내도 한참 막내지요.

공자가 강연할 때 제자들이 나무 그늘에 앉아 들었는데,
그곳을 '행단'이라고 부릅니다. 이때 '살구 행杏' 자를 써요.
즉 살구나무 아래 모여서 강의를 들었다는 얘기인데,
살구나무는 작으니 은행나무였으리라고 추측하는 거예요.
은행의 '행'도 '살구 행'을 쓰고, '행' 자 하나로 은행을
나타내기도 했으니까요.

성균관이나 향교에 은행나무를 심은 것도 이 때문입니다.

어떤 사람들은 은행 냄새가 얼마나 고약한데, 그 나무 그늘에서
어떻게 수업을 했겠느냐고 합니다.

은행나무는 암수가 따로 있으니 수나무 밑에서 수업했겠지요.

그래서 성균관과 향교에는 수나무를 심습니다. 이해되세요?

자, 이제 반전입니다.

제가 얼마 전 경복궁에 갔는데, 엄청 큰 살구나무가 있더라고요.

그 그늘에 수십 명은 앉을 수 있겠어요.

오래된 살구나무가 아니고, 훨씬 더 커질 것 같았지요.

나무 모양도 옆으로 퍼지는 형태고요.

은행나무는 바늘잎나무라 위로 자랍니다.

제 생각에는 행단이 살구나무 그늘이 아니었을까 싶어요.

요즘에 다른 학자들도 의문을 제기한다고 합니다.

은행나무라고 부른 것은 1000년 남짓 됐고,

그전에는 잎 모양을 따서 '압각수鴨脚樹'라고 불렀답니다.

잎 모양이 오리발을 닮은 나무라는 뜻이지요.

'공손수公孫樹'라고도 했는데, 나무를 심으면 손자 대에 열매를
먹을 수 있다는 데서 유래한 이름입니다.

참 재밌죠? 1000년 가까이 이어온 이야기가 뒤집힐 수도
있다는 사실이. 이런 게 역사 아니겠어요?

은행나무는 스스로 번식하지 못하고 인간의 도움을 받아야 한다는 말이 있
는데, 2억 년 전에는 인간이 없었으니 옳지 않다. 학자들은 당시 초식 공룡
가운데 은행을 먹고 번식하는 종이 있었을 것이라고 한다. 현대에는 너구
리가 공룡을 대신해 자연 번식에 도움을 준다.

역사 속 주인공 벚나무

퀴즈 하나 낼게요.

'81258'이라는 숫자의 비밀이 뭘까요?

(참가자들 어려워한다.)

제가 힌트 드릴까요?

불교와 관련 있고, 맨 앞 숫자를 잘 생각해보세요.

(참가자들 대답.)

네, 팔만대장경 판의 숫자입니다.

팔만대장경이 뭔지는 다들 아실 거예요.

고려 시대 몽골의 침입을 부처의 힘으로 막기 위해

만든 대장경이지요. 1231년 몽골이 고려를 침입하자,

강화도로 천도하고 항전을 결심합니다.

그리고 부처의 힘으로 나라를 구하고자 강화도 선원사에서

1237년부터 1248년까지 팔만대장경을 조판했는데,

그 수가 8만 1258판이에요. 정말 대단하지요.

팔만대장경은 방대한 규모와 정교한 내용뿐만 아니라

독특한 보존 방법으로도 감탄을 자아냅니다.

임진왜란이나 한국전쟁 때 소실 위험이 있었지만,

운 좋게도 760여 년이 지난 지금까지 잘 보관됐습니다.

국보로 지정된 '합천 해인사 대장경판'은 2007년 세계기록유산에

등재됐어요. 이 대장경판을 새긴 나무가 궁금하지 않아요?

(참가자들 대답.)

지금 우리 옆에 있는 나무입니다.

(참가자들 두리번거린다.)

네, 바로 그 나무예요. 껍질에 가로무늬가 있는 벚나무입니다.

경판을 만든 나무는 산벚나무가 62퍼센트로 가장 많고,

돌배나무(13퍼센트), 자작나무(8퍼센트), 층층나무(6퍼센트),

단풍나무류와 후박나무(각 3퍼센트) 등을 사용했대요.

왜 산벚나무가 제일 많을까요?

(참가자들 대답.)

네, 일단 흔한 나무였겠지요.

산벚나무를 현미경으로 보면 물관이 골고루 흩어져 있는데,

이는 수분 함유율이 일정하다는 의미입니다.

그런 나무가 단단하거나 무르지 않고, 잘 썩지도 않아

글을 새기기에 좋다고 합니다. 산에서 베어 1년간 그대로

말린 다음 판자로 만들어서 소금물에 삶았대요.

왜 그랬을까요?

(참가자들 대답.)

벌레들이 못 먹게 한 것도 있지만, 말리는 과정에 갈라지는 것을

막기 위해서입니다. 그다음에 햇빛이 잘 안 드는 곳에서 말리고

정성 들여 새겼겠지요.

우리가 보는 건축물이나 예술품이 대부분 구하기 쉬운 재료로

만들었어요. 새들도 주변에 있는 재료로 둥지를 짓습니다.

꽃이 없는 계절이라 제가 꽃이 그려진 그림을 준비했는데

한번 보시겠어요?

(참가자들 대답.)

바로 보여드릴게요. 제가 주머니에 넣어뒀어요.

(주머니에서 화투를 꺼내며) 짜잔!

(참가자들 놀라며 웃는다.)

숲에서 웬 화투인가 싶지요? 화투 좋아하세요?

(참가자들 대답.)

저도 화투를 좋아하거나 잘하는 편은 아닙니다.

명절에 조카들이랑 즐기는 정도지요.

왜 화투인 줄 아시죠? 화투花鬪는 '꽃 싸움'이란 뜻입니다.

꽃 그림이 그려진 딱지로 놀이를 즐긴다는 의미에서

그런 이름이 붙은 모양이에요.

화투는 18세기 포르투갈의 영향으로 일본에서 만들어졌고,

19세기 쓰시마섬對馬島의 상인들이 우리나라에 들여왔다는

설이 있습니다. 지금은 거의 국민 놀이가 된 듯해요.

사람들이 화투를 즐기면서도 화투에 동물과 식물, 계절,

시가 숨어 있다는 사실은 잘 모르지요. 시를 빼놓고 봐서 그렇지,

시와 함께라면 더 운치 있는 그림입니다.

3구(5·7·5) 17자로 된 일본 전통 정형시 하이쿠俳句입니다.

우리나라에도 시조라는 정형시가 있지요?

세계적으로 정형시가 있는 나라가 많지 않대요.

화투 이야기가 길어졌습니다.

나중에 기회가 되면 자세히 알아보기로 하고요,

화투에 계절마다 대표되는 식물 그림이 있는 건 아시죠?

벚꽃은 무슨 달일까요?

(참가자들 대답.)

맞습니다, 3월이에요.

(3월을 상징하는 벚꽃 그림을 뽑는다.)

일본어로 '사쿠라'라고 하지요. 벚꽃 하면 무엇이 떠오르나요?

(참가자들 대답.)

네, 일본의 국화로 알고 있지요? 하지만 일본은 국화가 없습니다.

국가에서 지정한 꽃이 없는 나라도 많습니다.

미국도 주화州花는 있지만, 국화는 없잖아요.

그래도 많은 사람이 벚꽃을 일본의 국화로 알고,

일본인 중에도 그렇게 아는 사람이 많다고 합니다.

일본인은 벚꽃을 좋아합니다. 주로 왕벚나무 꽃을 좋아하는데요,

왕벚나무 원산지가 제주도라는 거, 다들 아시죠?

(참가자들 대답.)

1908년 제주 한라산 일대에서 프랑스 신부 에밀 타케가

450살이나 된 왕벚나무 두 그루의 자생지를 발견했고,

1932년 교토대학교 고이즈미 겐이치 박사가 한라산 600미터

고지에서 왕벚나무 자생지를 발견해 제주도가

원산지임을 인정했습니다. 이후 일본에서는 수십 년간

아무런 반응이 없다가 2016년에 양국의 왕벚나무 유전자가

다르다고 발표합니다. 제주도의 왕벚나무는 올벚나무와 산벚나무가

자연 상태에서 교배된 것이고, 일본의 왕벚나무는 올벚나무와

오시마벚나무를 인공 교배한 것이라는 주장입니다.

2018년 국립수목원도 자체 조사를 통해 제주도의 왕벚나무와

일본의 왕벚나무가 유전적으로 다르다고 인정했는데,

여전히 많은 사람이 그 사실을 인정하지 않고 있습니다.

어디가 원산지면 어떻습니까?

무궁화도 원산지는 우리나라가 아니잖아요.

그 식물이 많이 자라고, 국민이 사랑하면 그만이지요.

일본인이 벚꽃을 사랑하듯, 우리도 무궁화를 사랑하잖아요.

벚꽃은 한꺼번에 흐드러지게 피었다가 지는데, 일본인은 단결과

희생의 표상으로 삼는다고 합니다.

벚꽃은 왜 일제히 필까요?

(참가자들 대답.)

네, 근방에 있는 수많은 곤충을 한꺼번에 불러 모으기 위한

작전입니다. 꽃이 크고 화려한 나무에 곤충이 몰리지요.

그러면 꽃가루받이 확률이 높아요.

한꺼번에 피고 한꺼번에 꽃가루받이하고, 한꺼번에 지는 것이지요.

이와 반대로 무궁화나 백일홍처럼 한 송이씩 오래 피는

식물도 많습니다.

어느 쪽이든 꽃가루받이를 최대한 많이 하려는 꽃의 작전입니다.

생물을 가만히 보면 살아가는 방식은 조금씩 다르지만,

결국 생존을 위해 그런 방법을 생각해냈다는 걸 알 수 있어요.

더 놀라운 사실 하나 알려드릴게요.

바닥에 떨어진 벚나무 이파리 한 장씩 주워보시겠어요?

(참가자들 벚나무 잎을 줍는다.)

잘 살펴보면 다른 나무의 잎과 다른 부분이 있을 거예요.

(참가자들 관찰하고 의견을 말한다.)

방금 한 분이 말씀하셨네요.

잎몸과 잎자루 사이에 동그랗고 작은 게 뭘까요?

(참가자들 대답.)

네, 꿀샘(밀선)입니다.

늘 나오진 않고, 개미가 살살 건드리면 꿀이 나와요.

꽃이 아니라 잎이 꿀을 만들다니 생소하지요?

복사나무, 백당나무, 봉숭아 잎에도 꿀샘이 있습니다.

꿀샘이 왜 있을까요?

(참가자들 의견.)

네, 개미를 불러서 잎을 보호하려는 의도지요.

5월이면 애벌레의 천국이 되는데요.

잎도 부드러워서 애벌레가 먹기 좋아요.

애벌레의 가장 큰 천적은 하늘을 날아다니는 새고요,

다음이 개미입니다. 뱀이나 개구리도 개미를 싫어하지요.

사람도 개미는 싫어하잖아요.

개미를 불러들여 꿀을 조금 주고, 애벌레를 막으려는 작전이에요.

작은 것을 주고 큰 것을 얻는다는 말도 있잖아요.

벚나무와 개미가 서로 돕는다고도 볼 수 있어요.

벚나무 열매도 너구리가 먹고 배설하면 멀리 이동하게 돼서

도움을 받아요. 너구리는 배가 불러서 좋고요.

서로 돕는 관계는 생태계에서 많이 볼 수 있어요.

생태계에 약육강식만 있는 게 아니라 이처럼 서로 도우며

살아가는 존재도 많습니다.

한꺼번에 피는 벚꽃, 버찌(벚나무 열매), 벚나무 잎에 있는 꿀샘.

벚나무 한 그루에 다양한 이야기가 담겨 있네요.

많은 숲속 생물에게 다양한 이야기가 있을 거예요.

그 이야기마다 배울 점도 있고요.

가만히 생각해보면 자연이 하나씩 우리를 일깨운답니다.

친구같이 정겨운 싸리

혹시 두루미 이름이 왜 두루미인지 아세요?

(참가자들 대답.)

네, 두루두루 하고 울어서 그런 이름이 붙었다고 해요.

개구리는 개굴개굴하니까 개구리지요. 꿩은요?

(참가자들 대답.)

네, 꿩도 울음소리 때문에 꿩이 됐어요.

그럼 나무 중에도 소리로 이름 지은 게 있을까요?

(참가자들 대답.)

나무는 소리를 안 내니까 그럴 리 없겠지요?

그런데 바람이 불 때 싸르락싸르락 소리가 나서 이름 붙은

나무가 있답니다. 뭘까요?

(참가자들 대답.)

네, 싸리입니다. 어릴 적 아버지에게 싸리 회초리로 종아리를

맞아본 적이 있지요? 싸리는 회초리 나무로 유명해요.

어사 박문수가 젊었을 때 산골에서 어느 여인을 희롱하려다가

싸리 회초리로 맞고 정신 차려서 공부했다는 이야기도 있습니다.

저도 어린 시절에 누나랑 싸워서 같이 맞은 기억이 납니다.

학교 선생님도 잘못하면 회초리로 종아리를 때려서

매 맞은 자국이 몇 가닥씩 나곤 했어요.

저는 다행히 선생님께는 맞지 않았답니다.

(참가자들 웃음.)

여러분 주변에 싸리가 있는데요, 한번 찾아볼까요?

(참가자들 찾는다.)

잘 찾는 걸 보니 어릴 때 종아리깨나 맞은 모양이에요.

(참가자들 웃음.)

아니면 마당을 많이 쓸었나?

(참가자들 웃음.)

싸리는 마당비 재료로도 사용했지요. 청소하는 나무여서 그런지
한자로는 소조掃條(쓰는 가지)라고 부릅니다.

싸리의 어원은 바람 불 때 나는 소리 때문이라고 했는데요,

나무 이름이 대부분 그렇듯이 그 어원은 정확하지 않습니다.

어떤 문헌에는 화살과 연관 있을 거라고 나와요.

《삼국사기》에 고구려 미천왕이 중국 후조의 왕에게

싸리 화살을 선물했다는 구절이 있고요,

이성계도 싸리 화살을 좋아했대요.

그런데 싸리 화살은 대부분 광대싸리로 만들었다고 합니다.

광대싸리는 싸리와 다른 나무입니다.

싸리는 콩과, 광대싸리는 대극과거든요.

싸리를 닮아 광대싸리라는 이름이 붙었지요.

드라마를 보는데 산에서 몰래 숨어 밥해 먹을 때 싸리로
불을 피우는 장면이 나왔습니다. 싸리는 건조하고 수분이 적어
화력이 강하고, 연기가 잘 나지 않아요.

싸리에 대한 오해도 있습니다. 부석사를 비롯한 유명 사찰의
기둥이나 송광사 구유를 싸리로 만들었다는 이야기인데요.

싸리는 떨기나무라서 크게 자라지 않습니다.

아마도 '사리 나무'가 와전된 것 같아요.

불가에서는 스님이 입적하면 화장을 하고, 그때 나온 사리를 함에
담아 봉안하지요. 사리함을 느티나무로 만들었다고 해요.
그래서 느티나무를 사리 나무라고 불렀겠지요?
느티나무는 궁궐이나 사찰의 기둥으로 많이 사용했으니 사리 나무,
즉 느티나무로 만들었다는 얘기일 겁니다.
시골에서는 싸리로 마당비, 삼태기, 통발, 회초리, 곶감을 말리는
꼬챙이도 만듭니다. 이렇듯 싸리는 일상생활에 깊숙이
들어온 나무입니다. 참, 사립문도 싸리를 엮어서 만들었지요.
싸리는 느티나무처럼 우람하고 크진 않지만, 늘 곁에 있는
소박한 친구 같은 나무입니다.

쓸모가 많은 대나무

옆에 보이는 게 무엇인지 다 아시죠?

(참가자들 대답.)

맞아요, 대나무입니다.

대나무도 여러 종류가 있습니다. 현재 우리나라에는 4속 14종이
자생하고, 도입종까지 54종이 있다고 합니다.

세계적으로는 동남아시아에 많은데, 약 1250종이라고 하지요.

지금 보는 대나무는 조릿대입니다.

요즘은 씻은 쌀까지 나오지만, 예전에는 밥을 지으려면
쌀에 있는 돌이나 불순물을 걸러내야 했습니다.

그때 쓰는 도구가 뭐죠?

(참가자들 대답.)

네, 조리 맞아요.

조리를 만들 때 주로 사용하는 대나무가 이 조릿대입니다.

그럼 질문! 대나무는 풀일까요, 나무일까요?

(참가자들 대부분 나무라고 한다.)

나모도 아닌 거시 풀도 아닌 거시

곧기는 뉘 시키며 속은 어이 비었는가

저렇게 사시에 푸르니 그를 좋아하노라

고산 윤선도의 '오우가' 중 일부입니다.

윤선도 역시 풀인지 나무인지 헷갈린 모양이에요.

대나무는 분류학적으로 벼과의 여러해살이풀입니다.

종류마다 다르지만 수십 년에 한 번 꽃이 피고, 열매를 맺은 뒤
주변에 있는 대나무가 한꺼번에 죽어요.

어떻게 그런 일이 일어날까 싶지만, 인근의 대나무는 뿌리를 통해
연결된 한 개체이기 때문입니다.

우리가 아는 풀도 한해살이, 두해살이, 여러해살이가 있지요.

대나무는 더 긴 여러해살이풀입니다.

우후죽순이란 말 들어보셨지요?

비 온 뒤에 죽순이 올라오는 모양을 말하는데, 무슨 일이 한꺼번에
많이 생기는 것을 뜻합니다. 실제로 하루에 1미터 가까이 자라는
대나무는 자라는 모습이 눈에 보일 정도래요.

한번 자라면 더 굵어지거나 키가 더 자라지 않습니다.

양분은 저장해서 다음 세대를 위해 사용하고요.

다른 풀처럼 해마다 꽃 피우고 열매 맺어서 번식하지 않고
땅속으로 뿌리를 뻗어 영역을 넓히는 방식을 사용하니,
자주 꽃을 피우지 않아도 되는 모양입니다.

히로시마廣島에 원자폭탄이 떨어졌을 때 대나무만 죽지 않았다는
이야기도 있지요.

무엇보다 대나무는 쓰임새가 다양해요.

뿌리부터 땅속줄기(지하경), 줄기, 가지, 잎, 어린싹(죽순)과
그 껍질까지 버릴 게 없습니다.

섬유질과 규소로 구성돼 탄성이 뛰어나고요.

잘 꺾이지 않아 사다리, 깃대, 낚싯대, 활, 화살 등을 만들었고,
건축재나 농업 용구, 어업 용구, 문방구, 완구 등 일상에 사용하는

많은 것을 대나무로 만들 수 있습니다.

종이가 없던 시절에는 종이 대용으로 가장 널리 사용했고요.

비단이나 양피지는 비싸서 구하기 쉬운 대나무를 엮어

책을 만들었는데, 이를 '죽간竹簡'이라고 합니다.

'남아수독오거서男兒須讀五車書'라는 말도 있어요.

남자라면 모름지기 다섯 수레에 실을 만큼 책을 읽어야 한다는

뜻인데요. 다섯 수레면 꽤 많은 양이겠지요?

하지만 생각보다 많지 않아요.

이 말이 나온 때는 죽간을 읽었기 때문이에요.

지금은 어린이도 그 정도는 읽지 않을까요?

요즘에는 대나무로 종이도 만들어요.

대나무는 광합성 양이 많아서 숲으로 가꾸면 좋은 식물이지요.

사군자가 뭔지 아시는 분?

(참가자들 대답.)

네, 대나무도 사군자의 하나입니다.

곧게 뻗어 올라가는 강직함을 배우고자 군자로 뽑았는지

모르겠습니다만, 오히려 단단하면서도 부드러워 사군자가 된 게

아닌가 싶습니다.

대나무를 보며 자신을 가다듬은 옛 선비들의 자세를

우리가 배워야 하지 않을까요?

멀리서 온 아까시나무

시나리오

5월이네요. 주변을 봐도 온통 초록으로 가득하죠?

이렇게 녹음이 짙을 때는 흰 꽃이 많습니다.

흰 꽃 하면 무엇이 생각나세요?

(참가자들 대답.)

네, 많이 아시네요. 그럼 혹시 이 노래 아시나요?

'동구 밖 과수원 길 아카시아 꽃이 활짝 폈네….'

(참가자들 대답.)

다 같이 불러볼까요?

(다 같이 노래한다.)

방금 우리가 함께 부른 노래의 주인공 이름이 뭐죠?

(참가자들 아카시아라고 대답한다.)

맞습니다, 아카시아. 그 꽃도 흰색이지요.

그런데 이름이 틀렸다는 거 아세요?

(의아해하는 참가자도 있고, 아는 참가자도 있다.)

아카시아는 오스트레일리아나 동남아시아, 아프리카에 있고요,

지금 우리가 부른 노래의 주인공은 아까시나무입니다.

아카시아와 닮아서 혼동한 건데요, 아까시나무 꽃이 맞습니다.

많은 사람이 이 나무를 오해하는데요, 사실은 고마운 나무입니다.

일본이 패망하면서 우리나라를 힘들게 하려고 전국 산천에

뿌리고 갔다는 이야기, 목재가 아무 데도 쓸모없다는 이야기,

베어도 계속 살아난다는 이야기, 뿌리가 조상의 무덤을 파고든다는

이야기 등 아까시나무에 대한 부정적인 이야기가 많지요.

그러나 사실은 좀 다릅니다.

아까시나무를 한자로 적으면 양괴洋槐, 자괴刺槐, 덕국괴德國槐,

즉 '서양 회화나무' '가시 있는 회화나무' '독일 회화나무'라는

뜻입니다. 회화나무와 비슷하지요.

아까시나무가 우리나라에 들어온 계기가 있습니다.

일제강점기에 초대 총독 데라우치 마사타케寺內正毅가

독일 총영사에게 경인선 변에 심을 만한 나무를 상담했는데,

아까시나무를 추천했답니다. 프랑스어 교사 에밀 마텔은

번식력이 강하니 다른 나무를 심으라고 조언했으나,

총독부는 독일 총영사의 말대로 아까시나무를 심었습니다.

해방 후 한국전쟁을 겪으며 온 국토가 민둥산이 돼서 비가 오면

산사태가 많이 났지요. 정부에서 산사태를 막는 사방砂防 사업의

일환으로 전국에 아까시나무를 심었습니다.

아까시나무는 뿌리가 얕지만, 옆으로 넓게 퍼져서 흙을 붙잡는

능력이 좋거든요. 게다가 콩과 식물이라 뿌리혹박테리아가 있어서

공기 중의 질소를 토양에 고정하는 역할을 합니다.

질소는 식물에게 빼놓을 수 없는 영양소입니다.

덕분에 다른 식물도 잘 자랄 수 있지요.

아까시나무가 정말 경제적인 가치가 없을까요?

목재도 고급 소재는 아니지만 단단하고 잘 썩지 않아서

울타리를 만들거나 농촌에서 버팀목으로 사용하고,

작은 배나 술통, 가구의 다리를 만듭니다.

무엇보다 벌꿀 채취로 올리는 소득이 5000억 원이 넘어요. 다 자란

20년생 나무 한 그루에서 연평균 30만 원어치 벌꿀을 딸 수 있대요.

이래도 경제적 가치가 없다고 할 수 있을까요?

베어도 계속 맹아지가 나와 죽지 않는 것은 다른 나무도

마찬가지입니다. 생나무를 베면 그루터기에서 맹아지가 나와

새로운 나무로 자라죠. 농가에서 아까시나무 맹아지를

버팀목으로 쓰려고 일부러 자르기도 했대요.

게다가 아까시나무는 100년도 안 돼 죽습니다.

뿌리가 깊지 않아 태풍이라도 오면 잘 쓰러지고요.

비 온 뒤 숲에 쓰러진 나무는 대부분 아까시나무입니다.

토양을 비옥하게 하고 짧은 생을 마감하는 나무를 미워하고

일부러 베어낼 필요가 있을까요?

우리나라 사람들은 왜 아까시나무를 싫어할까요?

아마도 외래종이라 미움을 받는 것 같습니다.

그런데 가만히 생각해보면 우리 주변에 외래종이 많아요.

나라꽃 무궁화도 원산지는 인도입니다.

그것들은 너무 오래돼서 토종으로 봐도 된다고요?

토끼풀이나 냉이도 우리나라에 들어온 지 얼마 안 됩니다.

사람들이 아름답다며 우리 나무로 여기는 백송도 외래종입니다.

추사 김정희가 1800년대에 중국에서 가져와 고향 예산에

심었다고 해요. 수령이 200년 정도 되지요.

헌법재판소에 있는 '서울 재동 백송(천연기념물)'은 600년이나

됐지만, 조선 시대 중국을 왕래하던 사신들이 가져온 것입니다.

명백하게 외래종이지요.

이화여자대학교에 가면 150년쯤 돼 보이는 양버즘나무가 있는데,

역시 외래종이에요. 하지만 백송이나 양버즘나무는 크고 멋지게

자라서 보는 이에게 감동을 주기 충분합니다.

같은 외래종인데 어떤 나무는 멋지다 하고, 어떤 나무는 싫어하고…

불공평하지 않아요?

외래종도 언제 우리나라에 들어왔는지 따지고,

특히 일제강점기에 들어온 것을 싫어하는 경향이 있습니다.

아픈 역사 때문에 당시 들여온 나무를 더 싫어하는 모양이에요.

나무는 그냥 나무입니다. 씨앗이 바람을 타고 멀리 이동해서

경계도 없지요. 그 지역의 균형적인 생태계를 위해 조절하거나

관리할 필요는 있습니다.

하지만 외래종이라고 무조건 싫어하는 태도는 지양해야 해요.

지금도 다문화 가정을 바라보는 시선이 곱지 않습니다.

혼혈인에게 '튀기'라며 멸시하는 눈빛을 보내기 일쑤지요.

세상은 변하게 마련이고, 다른 것을 수용할 줄 알아야 합니다.

우리가 단일민족이라지만 정말 그런가요?

그런 사고가 외부에서 들어오는 것을 막아요.

공동체는 한편으로 외부의 침입을 경계하죠. 자기들끼리 공동체를

형성하려 하고, 추가적인 유입은 원치 않습니다.

생태는 보수적이고 폐쇄적인 면도 있으니, 생명이라는 말로

접근하는 게 좋다고 생각합니다.

멸종 위기종인 수달은 보호하고, 외래종인 뉴트리아는 죽이는 건

매몰찬 태도가 아닐까요?

전체적인 균형을 중시해야 하지만, 사냥으로 개체 수를 줄이는 것은

비인간적인 행동이라고 생각합니다.

옳고 그름을 떠나 생명을 사랑하는 마음이 중요하니까요.

단풍나무

(단풍나무 아래에서) 이 나무를 모르는 분은 없을 겁니다.

(참가자들 대답.)

네, 단풍나무 하면 제일 먼저 단풍이 떠오르지요?

가을이면 온 산이 울긋불긋 물드는데요, 다른 나무에 비해

유독 색이 진하고 아름다워서 단풍나무라는 이름을 얻었어요.

바람을 타고 가는 'ㅅ 자' 모양 열매도 떠오르고요.

문제 하나 낼까요?

(참가자들 대답.)

지구가 탄생하고 맨 처음 하늘을 난 생물이 무엇일까요?

(참가자들 대답.)

네, 객관식입니다.

(참가자들 웃음.)

1번 익룡, 2번 까치, 3번 잠자리, 4번 단풍나무 열매.

(참가자들은 단풍나무 열매라고 말할 것이다. 하지만 정답이 아니다.)

단풍나무 열매요? 아닙니다. 정답은 3번 잠자리입니다.

곤충이 속씨식물보다 일찍 탄생했거든요.

공룡은 2억 5000만 년 전에, 잠자리는 3억 년 전에

나타났다고 해요. 화석도 잠자리 화석이 공룡 화석보다

아래에서 발견됩니다.

(단풍나무를 가리키며) 여기 단풍나무 열매에 달린 날개를

보세요. 무엇을 닮았지요?

(참가자들이 주로 곤충의 날개를 닮았다고 대답한다.)

맞아요, 곤충의 날개를 닮았어요.

식물이 곤충을 흉내 냈다고 볼 수 있을 겁니다.

단풍나무과 열매에는 모두 이렇게 날개가 있습니다.

한자로 '날개 달린 열매', 시과翅果라고 부르지요.

늦가을에 잘 마른 열매는 바람을 타고 멀리 이동할 수 있습니다.

단풍나무 종류마다 열매의 크기와 각도가 달라요.

여기 보이는 이 단풍나무는 ○○네요.

국내에는 단풍나무가 약 20종 있습니다.

단풍나무, 당단풍나무, 섬단풍나무, 신나무, 부게꽃나무,

네군도단풍, 복자기, 복장나무, 청시닥나무, 시닥나무, 산겨릅나무,

고로쇠나무, 공작단풍(세열단풍), 홍단풍, 설탕단풍, 은단풍,

중국단풍 등입니다.

단풍나무 종류는 나무껍질이 얇고 수액이 많아서

이른 봄에 동파되는 일이 잦아요.

얼어서 터지는 것을 말하는데요, 겨울보다 봄에 동파된답니다.

껍질이 얇은 나무는 꽃샘추위에 동파될 수 있지요.

그런데 그 방향이 대부분 남쪽이에요.

남쪽이면 햇볕 때문에 따뜻할 텐데 왜 얼까요?

여러분, 뜨거운 물과 차가운 물을 냉동실에 넣으면 어느 게

먼저 어는지 아세요?

(참가자들 "당연히 차가운 물 아닌가요?"라고 대답.)

네, 찬물이 빨리 얼 거라고 생각하시죠?

그런데 뜨거운 물이 빨리 얼어요. 신기하죠?

이런 현상을 '음펨바 효과'라고 합니다.

처음 발견한 탄자니아의 고등학생 이름을 딴 거예요.

남쪽 면의 물관이 따뜻하니 갑자기 영하로 내려가면 북쪽 면의 물관보다 빨리 얼어서 터지죠.

공원에 있는 단풍나무는 줄기가 세로로 갈라진 게 많아요.

그렇게 줄기가 터져서 상처가 나면 수액이 흘러요.

단풍나무 종류는 다른 나무보다 수액이 많고 단맛이 납니다.

여러분, 메이플 시럽이라고 들어보셨죠?

설탕단풍의 수액으로 만든 시럽인데, 아메리칸인디언의 전통 기호 식품이 캐나다의 특산품이 됐습니다.

캐나다에 다녀오신 분들이 선물로 주곤 하지요.

캐나다 국기에 무엇이 그려졌나요?

(참가자들 대답.)

네, 그게 바로 설탕단풍 잎이에요.

간혹 양버즘나무 잎으로 아는 분도 계신데, 아닙니다.

설탕단풍 얘기가 나온 김에 좀 더 말씀드리면 설탕단풍의 학명이 *Acer saccharum*인데요, acer는 '갈라지다'라는 뜻으로 단풍나무를 의미합니다. 뒤에 나오는 saccharum이 귀에 익지요?

사카린이라고 어릴 때 물에 녹여서 먹던 인공감미료입니다.

설탕을 뜻하는 사카룸이란 단어는 네로 시대에 처음 등장해요.

당시 로마에는 꿀이나 소금이란 단어는 있었으나,

설탕이란 단어는 없었답니다.

네로 시절에 비로소 '인도와 아라비아 지방의 사탕수수로 만든 딱딱하게 굳힌 꿀의 일종으로 사카룸이라 부른다.

소금과 질감이 비슷하며 입속에서 쉽게 녹는다'고 적었다지요.

당시에는 사치품이나 귀한 약품으로 사용했대요.

귀한 약품을 가리키던 라틴어 사카룸이 세월이 흘러

설탕의 대체물(사카린)을 뜻하는 단어가 된 것입니다.

우리나라에서도 단풍나무에 'V 자' 모양 홈을 파고,

고로쇠나무에 드릴로 구멍을 내서 수액을 채취하지요.

고로쇠나무 수액이 뼈에 좋아 '골리수骨利水'라는 말에서

나무 이름이 유래했대요.

이 수액은 아마 인간보다 곤충이 먼저 먹어봤겠지요?

나무에 상처가 나면 곤충은 잔칫상이 벌어져요.

그런 면에서 동파되기 쉬운 단풍나무는 곤충에게 단골 식당인지

모릅니다. 곤충의 날개 모양을 흉내 낸 보답으로 달큼한 수액을

주는 게 아닐까요? 단풍나무와 곤충이 대화할 수 있다면

그런 이야기를 나누겠다는 상상도 해봅니다.

(참가자들 웃음.)

숲에 오니 재미난 이야기가 많지요?

요즘은 창의적인 인재가 주목을 받는 세상인데요,

창의성은 많은 독서와 경험을 통해 발현됩니다.

자연에 대해 많이 알아가다 보면 재미난 동화도 나올 수 있고,

새로운 약품도 개발할 수 있어요.

그것이 우리가 자연을 알아야 하는 또 다른 이유입니다.

단풍나무 이야기를 통해 그런 의미를 되새기는 기회가 되면

좋겠습니다.

모과나무

공원을 걷거나 동네 뒷산에 오르다가 나무에 붙은 이름표를
본 적이 있지요?

(참가자들 대답.)

지금도 저기 이름표가 하나 있네요.

글씨가 잘 안 보이는데 무슨 나무인지 아시겠어요?

(참가자들 대답.)

음, 제가 볼 때 저것은 모과나무입니다.

(참가자들 의견.)

나무껍질을 보고 알았습니다. 껍질 무늬가 좀 특이하지요?

(참가자들 의견.)

가까이 가서 볼까요?

(다가가서 나무를 보며 이야기한다.)

모과나무를 생각하면 나무껍질부터 떠오릅니다.

여기 보시면 군복에 있는 무늬 같지요?

사람으로 치면 밀리터리 룩으로 한껏 멋을 낸 모양이에요.

이렇게 얼룩무늬 나무가 몇 종류 있습니다. 무엇이 떠오르죠?

(참가자들 대답.)

네, 우리가 거리에서 자주 보는 양버즘나무가 그렇죠?

흔히 플라타너스라고 하는 나무요.

모과나무와 같진 않지만, 그 나무도 얼룩무늬 껍질이에요.

소나무 중에도 있는데요, 바로 백송입니다.

백송은 나무껍질이 모과나무처럼 얼룩무늬를 띠다가

해가 지날수록 흰색으로 변합니다.

노각나무나 육박나무 껍질에도 얼룩무늬가 있습니다.

왜 이런 무늬를 띠는지 정확히 알 수 없으나, 나무를 알아볼 때

꽃이나 열매 말고도 나무껍질이 중요합니다.

여러분, 《흥부전》에 모과나무가 등장하는 걸 아세요?

(참가자들 대답.)

놀부를 묘사하는 장면에서 '놀부 심사를 볼작시면 초상난 데

춤추기, 불붙는 데 부채질하기, (……) 곱사장이 엎어놓고 발꿈치로

탕탕 치기, 심사가 모과나무 아들이라'는 부분이 나옵니다.

모과나무 아들은 모과죠.

울퉁불퉁하니 심술스럽게 생겼다고 여긴 모양이에요.

제가 아는 어떤 분이 시어머니와 사이가 안 좋아요.

아기를 낳았는데 시어머니가 "넌 애를 낳은 게 아니라

모과를 낳았구나" 했다는 거예요.

미운 며느리가 낳았으니 손자도 미웠겠지요.

이렇듯 모과는 못생긴 것을 의미합니다.

《흥부전》에서 흥부가 부자 됐단 말을 듣고 놀부가 찾아가,

뭔가 하나 얻어서 지고 오지요? 뭔지 아세요?

(참가자들 대답.)

네, 화초장입니다. 그 화초장을 모과나무로 만듭니다.

그래서 모과나무를 '화초목'이라고도 불렀대요.

나무줄기가 미끈하고 윤기가 나며 색이 아름다워서 장을 짜기

좋았나 봐요. 단단해서 칼자루나 칼집을 만들기도 했다지요.

모과를 보면 네 번 놀란다는 말, 들어보셨어요?

(참가자들 대답.)

못생겨서 놀라고, 향이 좋아서 놀라고, 맛이 너무 써서 놀라고,
차를 만드니 아주 맛있어서 놀란답니다.

모과나무를 보면 선입관에 대해 생각합니다.

방금 이름표를 보고 모과나무라는 사실을 아셨지요?

멀리서 보고 '저렇게 아름다운 꽃을 피우는 나무는 무슨 나무일까?'
궁금해서 다가갑니다.

그러다가 '모과나무'라고 적힌 팻말을 보면 더는 가지 않아요.

우리는 이름을 알면 궁금해하지 않는 경향이 있습니다.

그 팻말이 없었다면 나무껍질이나 잎을 살펴보았겠지요.

어설프게 아는 사실이 깊이 있게 알아가는 것을 방해하는 일이
종종 있습니다.

모과를 보고 네 번 놀라는 이유도 선입관 때문입니다.

향이 좋아 맛있을 거란 선입관으로 먹었는데 맛없어서 놀라죠.

선입관 없이 사물을 대하기가 쉽지 않습니다.

하지만 사물이나 사람의 진짜 모습보다 선입관으로 판단하면
그릇된 정보나 과장 혹은 생략된 정보를 얻기 쉬워요.

사람을 대할 땐 특히 선입관을 버려야 합니다.

자연이 우리에게 정답을 말하진 않습니다.

내가 스스로 찾아야죠.

자연을 자주 만나고, 자신에게 질문하고 답을 찾으며
새로운 생각을 하세요.

모과나무는 그런 것을 생각하게 해줍니다.

자연은 우리에게 깨달음을 주지요. 부디 남은 시간 많은 것을
느끼고 깨닫기 바랍니다.

느티나무에 대한 해설

제가 종이를 준비하지 못했는데요, 마음속으로 나무 한 그루
그려보시겠어요? 손가락으로 허공에 그려도 됩니다.

(참가자들 잠시 나무를 그린다.)

종이를 주고 나무를 그려보라고 하면 사람들이 대부분
느티나무를 그린답니다. 느티나무의 형태가 전형적인 나무의
모습이라고 여기는 것이지요.

(참가자들 의견.)

정말 그런지 확인해볼게요.

여러분 바로 옆에 느티나무가 있습니다. 비슷한가요?

(참가자들 의견.)

왜 느티나무라는 이름이 붙었을까요?

열매 이름도 아니고, 한자 이름도 아니고, 어떻게 그런 이름이
붙었는지 궁금합니다. 왜 느티나무라고 하는지 아시는 분?

(참가자들 대답.)

여러 가지 설이 있습니다. 싹이 늦게 튼다고 해서
'늦틔나무'라고 부르던 것이 느티나무가 됐다고도 하고,
어릴 때는 별로 멋지지 않은데 늦게야 티가 나서 '늦티나무'라고
하다가 느티나무가 됐다고도 해요.

널리 받아들여지는 견해는 누런 회화나무, 즉 '눌회나무'에서
유래했다는 설입니다. 한자어로는 괴목槐木이라고 해요.

충북 괴산 아시죠? 그 괴가 바로 '느티나무 괴'입니다.

그래서인지 괴산에는 멋지고 오래된 느티나무가 많아요.

괴槐는 회화나무를 뜻하기도 합니다.

나무 목木에 귀신 귀鬼가 붙었으니, '나무귀신' 혹은 '오래 살아 신처럼 느껴지는 나무'란 의미로 그런 한자가 만들어졌겠지요.

예부터 느티나무를 신목神木으로 여겼다는 뜻도 담긴 듯해요.

궁궐 기둥으로 쓰는 나무를 소나무로 알고 있지만,

고려 시대까지 느티나무를 많이 사용했다고 합니다.

궁궐이나 유명한 사찰의 기둥을 싸리로 만들었다는 말도 있으나 이는 '사리 나무', 즉 사리함을 만드는 느티나무입니다.

느티나무는 단단해서 밥상, 가구, 불상 조각을 만들 때도 많이 사용했다고 합니다.

혹시 느티나무 씨앗을 본 적이 있나요?

(참가자들 대답.)

거의 없을 거예요. 지금은 가을이 아니라 보기 어렵지요.

(가을에 직접 보며 설명해도 좋다.)

메밀과 크기가 비슷한 씨앗이 달리는데요,

느티나무 씨앗이 이동하는 방법이 신기합니다.

씨앗이 멀리 이동하는 방법에 어떤 것이 있지요?

(참가자들 대답.)

네, 바람을 이용하는 방법, 동물을 이용하는 방법, 물을 이용하는 방법, 스스로 터져서 멀리 가는 방법 등이 있습니다.

느티나무는 어떤 방법을 쓸까요?

(참가자 대답.)

느티나무는 바람을 이용합니다.

메밀처럼 생긴 열매가 어떻게 바람을 타고 날아갈까요?

(참가자 대답.)

바람을 이용하는 씨앗은 날개나 털로 바람을 타는데,

느티나무 열매는 주변에 있는 잎을 이용합니다.

잎이 대여섯 장 붙은 줄기가 뚝 떨어져서 날아가지요.

잎을 날개 삼아 씨앗이 멀리 이동하는 겁니다.

열매가 달리는 줄기는 보통 줄기와 좀 달라요.

느릅나무과 잎은 '짝궁뎅이'라고 부르는 데서 알 수 있듯이

잎자루에 가까운 부분이 대칭을 이루지 않습니다.

느티나무 잎도 짝궁뎅이인데, 열매가 달린 잎은 대칭입니다.

크기도 일반 잎보다 조금 작아요.

그 잎이 달린 가지가 뚝 떨어져서 바람에 날아가지요.

날개를 만들지 않고 잎을 이용해서 날아갈 생각을 하다니,

참 영리한 나무입니다.

우리나라에는 마을마다 정자나무가 한 그루씩 있었지요.

제 고향에도 큰 정자나무가 있습니다.

가장 뛰어난 기능을 발휘한 정자나무가 느티나무입니다.

왜 그럴까요?

(참가자 의견.)

네, 수관樹冠(나뭇가지나 잎이 달린 부분)이 크고 사방으로 퍼져서

여름에 그늘이 넓게 지고, 병충해가 없으며, 가을에는 단풍이

아름다워 보기도 좋습니다.

무엇보다 오래 살기 때문일 거예요.

정자나무는 마을 사람들이 모여서 이야기하고, 낮잠 자고,

일도 하는 사랑방 같은 역할을 했습니다.

그대로 마을의 당산나무가 되기도 합니다.

우리 민중의 삶과 깊은 관계가 있는 나무지요.

그래서 나무를 그리라면 느티나무를 그리는 걸까요?

사람도 자주 보면 닮는다고 하는데요. 느티나무를 자주 보면
언제나 고향 같은 느티나무를 닮아갈까요?

왠지 그럴 수 있으리라 믿고 싶습니다.

주변에서 닮고 싶은 나무가 있는지 찾아봐도 좋을 듯합니다.

팥배나무

숲을 걷다 보면 어디에선가 커다란 눈이 나를 뚫어지게 보는
느낌이 들 때가 있는데, 여러분은 어떤가요?

(참가자 대답.)

지금도 저쪽에서 큰 눈이 우리 쪽을 보고 있어요. 보여요?

(참가자 의견.)

진짜 눈이 아니고요, 나무에 눈처럼 생긴 거 말이에요.

(참가자들 그제야 발견한다.)

정말 눈처럼 생겼죠? 가까이 가서 볼까요?

(나무 가까이 이동한다.)

왜 이런 모양이 있을까요?

(참가자 의견.)

맞습니다, 가지가 있던 곳입니다.

나뭇가지는 사람이 가지치기를 해주기도 하지만,

스스로 떨어지기도 합니다.

그렇게 나뭇가지가 있던 자리에 이런 무늬가 남은 거예요.

다른 나무도 가지가 떨어지는데, 이 나무는 껍질이 회백색이고
매끈해서 이런 무늬가 남았습니다.

혹시 이 나무 이름을 아시는 분?

(참가자들 의견.)

그럼 힌트를 드릴게요. 열매가 작고 붉어서 팥알을 닮았고,

꽃은 배꽃과 닮았다고 해서 붙은 이름입니다. 뭘까요?

(참가자 대답.)

팥배나무, 맞습니다.

어떤 이는 열매가 배 맛이 나서 팥배가 됐다고도 하는데요,

배나무와 같은 과지만 팥배나무 열매는 시고 떫습니다.

우리가 먹기에는 적합하지 않고 주로 새들이 먹지요.

꽃과 열매가 예뻐서 공원이나 산 입구에 관상용으로 심고요.

한국과 중국, 일본에 분포하는데, 원산지는 한국입니다.

팥배나무를 한자로 '두杜'라고 합니다.

이성계가 조선을 건국하고 왕위에 오르자, 고려의 문신 72명과

무신 48명이 송악산 두문동에 틀어박혀 나오지 않았어요.

불을 질러 모두 타 죽고 두 명만 살아남았는데, 그들은 다시

강원도의 두문동에 들어가서 나오지 않았지요.

어딘가 틀어박혀서 나오지 않는 것을 사자성어로 뭐라고 할까요?

(참가자 대답.)

맞아요, 두문불출杜門不出이라고 합니다.

춘추전국시대 역사를 기록한 《국어國語》,

사마천이 쓴 《사기史記》에 두문불출이란 표현이 나온다니

우리나라에서 만들어진 말이 아니지요.

杜는 '팥배나무 두' '막을 두'로, '문을 닫고 나가지 않는다'라는

뜻입니다.

중국 주周나라의 소공김公 석奭은 문왕文王부터 강왕康王까지

4대에 걸쳐 정사를 돌본 인물입니다.

소공은 관청 밖 감당甘棠(팥배나무) 아래에서 송사를 듣고

공정하게 해결했답니다. 후대 사람들이 그가 죽은 뒤에도

감당을 베지 않고 가꾸며 시까지 지어 덕을 기렸다고 해요.

이를 '감당지애甘棠之愛' '감당유애甘棠遺愛'라고 합니다.

좋은 정치를 하는 관리에 대한 깊은 믿음을 나타내는 말이지요.

다산 정약용은 《목민심서》에서 '떠나간 뒤에도 사모하여 사람들이

그가 노닐던 곳의 나무까지 아끼는 것은 감당의 유풍이다'라며

관직을 맡은 사람이 떠난 뒤에도 칭송이 그치지 않는 것을

성공과 실패의 잣대로 제시합니다.

요즘 그런 정치인은 찾아보기 어렵지요.

겨울이 와도 열매를 떨어뜨리지 않아 새들이 먹게 해주는

팥배나무를 보며 어진 정치인이 그립습니다.

회양목

주변에서 키 작은 사람이 야무지고 재주 많고 성실한 경우를
자주 봅니다. 작은 고추가 맵다는 말도 있지요.
나무 중에도 작지만 야무지고, 외부의 충격에 뒤틀리지 않는
녀석이 있습니다. 학교나 길가, 공원 등에서 산울타리로
눈에 띄는 나무인데요, 바로 이 녀석입니다.
이름을 아시나요?
(참가자 대답.)
맞아요, 회양목입니다.
회양목은 1년에 둘레가 1밀리미터 정도 자랍니다.
지름이 아니라 둘레가 1밀리미터 자란다는 것은 거의 자라지
않는다고 봐도 무방해요.
경기도 화성 용주사에 정조가 심었다고 알려진 회양목이 있었어요.
지금은 죽었지만 지름이 겨우 20센티미터였다니 제일 천천히
자라는 나무라고 봐도 될 듯합니다.
그만큼 조직이 치밀하다는 뜻이지요.
천천히 자라고 조직이 치밀하면 단단하고 가공이 어려울 텐데,
회양목은 가공하기 쉬워서 도장을 파는 데 많이 썼습니다.
그래서 '도장 나무'라고도 불리지요.
조선 시대에는 호패를 만드는 주재료로 사용했고,
목판활자나 장기짝도 만들었습니다.

회양목 꽃을 본 적이 있는 분?

(참가자 의견.)

아마도 거의 안 계실 겁니다. 하지만 꽃도 피고 열매도 맺습니다.
이른 봄에 연녹색 꽃이 피어 이파리와 구별하기 어렵지요.
봄이 되면 주의 깊게 관찰해보세요. 꽃을 발견할 수 있을 겁니다.
이른 봄 회양목의 연녹색 꽃에 벌이 많이 모입니다.
향이 진하고 꿀이 많아서 벌이 찾아오지요.
예전에는 누런 버드나무, 즉 '황양목黃楊木'이라고도 불렀답니다.
황양목이 회양목으로 변했다는 설도 있고, 석회암 지대가 발달한
북한 회양 지역에 많아서 회양목이라고 했다는 설도 있습니다.
로마 시대에는 관과 함께 회양목을 묻었고, 영국 북부 지역에서는
19세기까지 장례식 때 무덤 가운데 회양목 어린 가지를 던지는
풍습이 있었다고 합니다. 유럽에서는 지금도 '장례식 나무'라고 해서
무덤 주변에 회양목을 많이 심는대요.
우리나라에서는 학교나 공원 등에 많이 심지요?
주변의 큰 나무에 비해 작아도 제 몫을 하는 것 같아요.
더디 자라지만 단단해서 우리와 가까운 곳에 오래 남고,
그 가치를 알려주는 회양목. 정말 작은 고추가 맵지요?
외모를 탓하지 말고 찬찬히 준비하고 야무지게 노력해서
자신의 가치를 잘 발휘하고, 다른 이들이 항상 곁에 있고 싶어 하는
사람이 되면 좋겠습니다.

혼자는 힘든 칡과 등나무

(칡이 다른 나무를 감고 올라가는 곳에서 진행한다.)

여기 이 나무 이름 뭔지 아세요?

(참가자들 대답.)

잣나무요? 잣나무를 감고 올라가는 나무 이름을 묻는 거예요.

(참가자들은 "이게 나무였어요?"라는 반응을 보이기 쉽다.)

네, 칡도 나무지요.

여러분은 이 상황을 보면 어떤 나무를 제거해야 할 것 같아요?

(대다수 참가자가 칡을 제거해야 한다고 말한다.)

저는 둘 다 제거하지 말아야 한다고 생각합니다.

칡도 잣나무와 똑같은 생명인데, 잣나무를 위해 칡을 제거하면

칡은 죽잖아요. 이대로 두면 둘 다 살 수 있어요.

(참가자들은 "하지만 시간이 지나 칡이 잣나무를 덮으면

잣나무가 죽잖아요"라고 하기 쉽다.)

네, 잣나무가 죽을 수도 있습니다.

하지만 우리가 칡을 제거해서 잣나무를 보호하는 것은

인간적인 간섭이지요.

황새가 물고기를 잡아먹으려 하는데, 물고기가 가엾다고

황새에게서 물고기를 빼앗아 놓아줘야 할까요?

물론 칡이 너무 많아 잣나무가 사라질 위험에 처했다면

조절해서 균형을 맞추는 것도 필요하지요.

생태계의 균형을 깰 만큼 칡이 강하거나 잣나무가 약하지 않아요.
그리고 칡은 콩과인데요. 콩과는 뿌리혹박테리아와 공생해
공기 중의 질소를 식물이 잘 흡수하도록 도와줍니다.
이렇게 토양이 비옥해지면 다른 식물이 와서 자라기 좋습니다.
잣나무도 어쩌면 칡이 비옥하게 만든 땅에 와서 살게 된 건
아닐까요? 그렇다면 오히려 잣나무가 칡의 도움을 먼저 받았다고
할 수도 있겠지요.
저는 어릴 때 시골에 살아서인지 칡을 좋아합니다.
칡을 가지고 할 수 있는 일이 많았거든요. 칡은 밧줄이 됩니다.
어디 묶어놓고 놀기도 하고, 뭔가 묶어서 지고 가거나
이동할 때도 끈 대용으로 썼지요.
산에서 나무할 때 나뭇짐을 묶는 데 주로 칡을 사용합니다.
이 밖에도 칡은 우리 생활에 아주 유용한 식물이에요.
여러분은 칡 하면 무엇이 떠오르나요?
(참가자들 의견.)
예전 사람들은 갈건葛巾이라고 해서 두건을 만들었지요.
거기에 술을 걸러 먹었다는 이야기도 있어요.
칡 섬유로 갈포葛布라는 베를 만들고, 그것으로 옷도 해 입었대요.
요즘에는 칡으로 종이도 만듭니다. 저도 어릴 때 종이를 만들기
위해 냇가에 담가놓은 칡을 많이 봤어요.
어린순은 꺾어 먹기도 하고, 칡뿌리는 또 다른 간식이었지요.
칡뿌리에는 녹말 성분이 있어서 냉면을 해 먹기도 하고,
위에 좋은 갈근탕은 감기약으로 그만입니다.
이렇듯 칡은 우리에게 많은 도움을 주는 나무인데요,
멧돼지도 칡뿌리를 좋아한다고 합니다.
햇빛이 잘 들어 칡이 많은 숲 언저리에 내려와서 단단한 코로

땅을 파고 칡뿌리를 캐 먹지요.

멧돼지가 민가에 내려와서 사살했다는 보도를 접하기도 하는데요,

우리나라의 숲에 호랑이나 표범 같은 상위 포식자가 없으니

최상위 포식자가 된 멧돼지 개체 수가 늘어서 그렇다고 합니다.

하지만 조사한 바에 따르면, 지난 10년간 멧돼지는 개체 수가

거의 늘지 않았다고 합니다.

칡뿌리나 도토리 등 동물이 먹을 게 사라지고, 주택가나 경작지가

숲을 침범하기 때문이 아닐까요?

경북 금릉군에 있는 수도암에 칡과 관련된 전설이 있어요.

비로자나불이 너무 무거워서 못 옮기고 있는데, 웬 노승이 나타나

가볍게 등에 지고 옮겼다고 해요.

그 노승이 절에 거의 다 와서 칡에 걸려 넘어지자,

앞으로 이 산에는 칡이 자라지 못하게 하라고 하니

지금도 절 주변에는 칡이 없다는 이야기입니다.

강감찬 장군이 벼락 맞은 대추나무로 방망이를 만들려고

관악산에 오르다가 칡에 걸려 넘어졌고,

그 화풀이로 칡을 다 뽑아버렸다는 전설도 있습니다.

칡을 좋지 않게 생각하는 후세 사람들이 지어낸 이야기 같아요.

살펴보면 우리 생활에 많은 도움을 주는 식물을 배척하고 미워하는

경우가 종종 있습니다. 담쟁이덩굴, 으름덩굴, 노박덩굴, 다래,

사위질빵, 청미래덩굴 등 덩굴식물은 다른 나무를 감고 올라간다는

이유로 미움을 받습니다.

덩굴식물은 혼자 힘으로 높이 올라갈 수 없으니

어떻게 보면 가엾기도 합니다. 햇빛을 받아야 광합성을 할 텐데,

힘없는 줄기로 올라갈 수 있나요?

다른 나무에 의지하는 수밖에요.

잘못하면 죽을 수 있는데 칡이 올라가도 내버려두는 잣나무에게
감사하면 좋겠습니다.

우리 주변에도 동작이 느리거나, 말을 잘 알아듣지 못하거나,
선천적으로 약하게 태어난 사람이 있습니다.

그렇다고 놀리거나 무시해선 안 됩니다.

빠르고 똑똑하고 건강한 우리가 도와주면
그들도 잘 살 수 있습니다. 경쟁력 있는 사람만 좋아할 게 아니라
약자와 소수자 입장에서 생각하는 여유가 필요합니다.

배롱나무

꽃이 피면 보통 얼마나 갈까요?

(참가자 대답.)

그런데 어떤 나무의 꽃은 100일 동안 피어 있대요.

100일 동안 붉은 꽃을 피운다는 나무 이름 아시나요?

(참가자 대답.)

배롱나무(백일홍나무), 맞습니다.

우리가 아는 풀 중에도 백일홍이 있지요? 원산지가 멕시코로

우리나라에 들어온 지 200년쯤 된 식물입니다.

우리가 아는 전설의 주인공은 여러분 앞에 있는 배롱나무입니다.

백일홍 전설은 다들 아시죠?

(참가자 대답.)

모르세요?

옛날 어느 바닷가 마을에 이무기가 나타나 처녀를 제물로

바치게 했지요. 백일홍 낭자가 간택되어 제물로 바쳐지기 전,

낭자를 사랑하는 청년이 백일홍 낭자 옷을 입고 이무기에게 갑니다.

청년은 떠나면서 100일 안에 돌아오겠다고 말했지요.

이무기를 무찌르면 흰 돛을, 실패하여 죽으면 붉은 돛을

달겠다고도 했습니다.

청년이 이무기의 목을 베고 돌아오는데, 이무기의 피가 돛에 묻어서

빨갛게 물들고 말았어요.

100일 동안 매일 바다만 바라보던 낭자는 빨간 돛을 보고 상심해서
바다에 몸을 던졌습니다.

그 낭자의 무덤가에서 자라난 게 배롱나무지요.

사람들이 100일 동안 꽃을 피운다고 알고 있으나, 한 송이가 오래
피는 게 아니라 100일 동안 꽃을 볼 수 있다는 의미입니다.

원산지는 인도인데 중국을 거쳐서 우리나라에 들어왔겠지요.

언제 들어왔는지 알 수 없으나, 부산에 있는 800년 된 나무가
가장 오래됐어요.

지금까지 이야기한 나무가 여러분 옆에 있습니다.

(배롱나무 관찰하기.)

자, 보시다시피 특징적인 부분이 있지요?

(참가자들 의견.)

나무껍질이 다른 나무처럼 울퉁불퉁하지 않고 매끈해요.

우리나라에서는 '간지럼 나무'라고 부르기도 합니다.

나무줄기를 간질이면 저 끝부분이 흔들려서 그렇대요.

여러분도 해보시겠어요?

(참가자들 나무를 간질인다.)

나무껍질이 거의 없다 보니 나무줄기를 손가락으로 간질이면
가지 끝부분이 흔들려서 붙은 이름인데, 미세한 진동도 잘 전달되어
그렇게 느껴지는 것이지요.

다른 나무는 껍질이 두꺼워서 손톱으로 긁기 어려우니
배롱나무에서만 볼 수 있는 모습이에요.

일본에서는 사루스베리猿滑라고 부르는데요,
'원숭이 미끄럼 나무'라는 뜻입니다.

고려 태조 왕건을 위해 목숨을 바친 신숭겸 장군의 유적지에도
400년 된 배롱나무가 있습니다.

후세 사람들이 장군의 충심을 기리기 위해 심었죠.

꽃이 아름답고 줄기가 매끈한 모습이 멋있기도 하지만,

껍질이 잘 떨어지니 마치 없는 듯해 겉과 속이 같다는 의미를 담아

그곳에 심은 것입니다.

사찰이나 무덤 근처에 배롱나무를 많이 심는 이유도

부처님이나 조상에 대한 일편단심을 표현한 것이 아닐까요?

사랑하는 청년을 기다리다 목숨을 버린 백일홍 낭자 이야기에서도

일편단심을 느낄 수 있지요.

우리는 어느 것에 진심으로 깊이 빠져 집중해본 적이 있나요?

배롱나무는 곤충이 오랜 시간 찾아와서 꽃가루받이해주기를

바라는 마음으로 100일 동안 꽃을 피웁니다.

작은 일이라도 오래 정성을 들이면 이룰 수 있음을 알려줍니다.

오동나무

여러분이 지금까지 본 나뭇잎 중 제일 큰 것은 무엇인가요?

(참가자 대답.)

아, 풀 말고 나무 중에서요.

(참가자 대답.)

외국 말고 우리나라에서요.

(참가자 대답.)

제 생각에는 오동나무가 아닐까 합니다. 여러분 옆쪽에
오동나무가 있네요.

(참가자들 쳐다보며 한마디씩 한다.)

그 노래 아시나요?

오동잎 한 잎 두 잎 떨어지는 가을밤에
그 어디서 들려오나 귀뚜라미 우는 소리
고요하게 흐르는 밤의 적막을
어이해서 너마저 싫다고 울어대나…

2012년에 고인이 된 가수 최헌 씨가 부른 '오동잎'이지요.
오동나무와 관련해서는 유독 잎 이야기가 많습니다.
잎이 크니 떨어지면 큰 소리가 나서 인상에 남았나 봐요.
만해 한용운의 시 '알 수 없어요'에도 그런 구절이 나와요.

바람도 없는 공중에 수직의 파문을 내이며, 고요히 떨어지는 오동잎은 누구의 발자취입니까.
지리한 장마 끝에 서풍에 몰려가는 무서운 검은 구름의 터진 틈으로, 언뜻언뜻 비치는 푸른 하늘은 누구의 얼굴입니까.
(……)

조지훈의 시 '승무'를 감상해볼까요?

얇은 사 하이얀 고깔은
고이 접어서 나빌레라.

파르라니 깎은 머리
박사 고깔에 감추오고,

두 볼에 흐르는 빛이
정작으로 고와서 서러워라.

빈 대에 황촉불이 말없이 녹는 밤에
오동잎 잎새마다 달이 지는데,

(……)

송이째 뚝뚝 떨어지는 동백꽃이 서럽듯이
가을에 커다란 오동잎이 지니 쓸쓸함이 더했나 봐요.
예전에는 딸을 낳으면 오동나무를 심었답니다.
왜 그런지 아시죠?

(참가자 대답.)

시집갈 때 오동나무로 장롱을 만들어줬대요.

'나무가 20년 동안 얼마나 자란다고 장롱을 만들 수 있을까?'

고개를 갸우뚱하는 분들도 계신데요, 오동나무는 빨리 자랍니다.

게다가 장롱을 만들 때는 널빤지 여러 개를 이어 붙이기 때문에

아주 커다란 나무가 필요 없지요.

빠르고 곧게 자라 널리 쓰이고, 가볍고 습기와 불에 잘 견디며,

부드러워 가공하기 쉽고, 트거나 좀이 생기는 일이 드물어서

여러 가지 일상 용품을 만들었어요.

특히 소리를 전달하는 성질이 좋아서 거문고, 비파, 가야금, 장구 등

전통 악기를 만드는 데 쓰였습니다.

서양에서는 독일가문비가 소리 울림이 좋아

악기를 만드는 데 사용하지요.

문제 하나 낼게요. 아프거나 늙지 않았는데 멀쩡한 사람이

지팡이를 짚는 때가 언제일까요?

(참가자 대답.)

네, 부모님이 돌아가셨을 때죠.

부모가 돌아가시면 짚는 지팡이를 상장喪杖이라고 합니다.

예전에는 부모가 돌아가시면 삼년상을 치르기 때문에

제대로 먹지도 않고 잠도 못 자서 상주가 건강이 나빠지거나

죽음에 이르기도 했습니다. 그래서 지팡이를 짚었다고 해요.

아버지가 돌아가시면 대나무 지팡이를, 어머니가 돌아가시면

오동나무 지팡이를 짚어요.

제주도에선 오동나무 대신 머귀나무 지팡이를 짚더라고요.

아버지가 돌아가시면 마디마디 끊어지는 심정이라 해서 대나무를,

어머니가 돌아가시면 속이 구멍 난 것처럼 허하다 해서 오동나무를
짚는다고 어른들이 말씀하시던데, 문헌에는 다르게 나와요.
하늘과 같은 아버지가 돌아가셨기 때문에 하늘처럼 단면이 동그란
대나무를 짚었답니다. 또 대나무 안팎에 마디가 있듯이
아버지를 생각하는 마음도 안에 있을 때나 밖에 있을 때나
같아야 하며, 사시사철 푸르고 곧은 대나무처럼
그 마음을 간직하라는 의미로 대나무 지팡이를 짚었다고 해요.
어머니가 돌아가셨을 때 오동나무 지팡이를 짚는 것은
'오동나무 동桐'이 '같을 동同'과 발음이 같으므로
아버지가 돌아가신 것과 같이 슬퍼해야 한다는 의미고,
오동나무 지팡이 밑을 사각으로 깎아서 땅을 나타냈다고 합니다.
별거 아닌 듯해도 여러 가지 의미가 있네요.
저는 문헌에 있는 내용보다 동네 어른들 말씀이 와 닿아요.
여러분은 어떠세요?
(참가자 대답.)
오동나무는 기묘사화己卯士禍와도 연관이 있습니다.
1519년(중종 14) 조광조가 왕도 정치와 개혁 정치를 펼 때,
반대 세력인 훈구파가 희빈 홍씨를 이용해 "온 나라의 인심이
조광조에게 돌아갔다"고 밤낮으로 고해서 왕의 마음을 흔들고,
궁중의 나뭇잎에 꿀로 주초위왕走肖爲王(조광조가 왕이 되려고
한다는 뜻)이라고 써서 벌레가 갉아 먹게 한 뒤,
그 문자의 흔적을 왕에게 보여 마음을 움직였지요.
결국 조광조는 유배지에서 사약을 받는데, 이때 오동나무 잎에
글자를 새겼답니다. 글자가 많으니 잎이 커야 했겠지요.
그런데 어떤 벌레가 오동나무 잎을 갉아 먹었을까요?
꿀을 발라놓았다고 나뭇잎까지 먹진 않았을 텐데요.

게다가 오동나무 잎은 구충 작용이 뛰어나서 진딧물이나 해충 방제
효과가 있다니, 이 이야기도 후세에 만들어낸 느낌이 강합니다.

이순신 장군과 연관된 이야기도 있습니다.
이순신 장군이 1580년(선조 13) 전라도 발포(고흥군) 수군만호로
있을 때, 전라좌수사 성박이 관청 앞에 있는 오동나무로
거문고를 만들려고 부하들을 시켜 베려 하는 것을 이순신이
"나라의 물건을 함부로 할 수 없다"며 제지했어요.
이 사건으로 이순신은 파직됩니다.

일상생활에 많이 쓰이다 보니 이렇듯 전하는 이야기도 많습니다.
세상에는 아주 많은 나무가 있지요. 사람들은 느려도 크게 자라고,
단단하고 조직이 치밀한 나무를 좋아합니다.
하지만 오동나무는 빨리 자라고, 무르고 가볍고 약해요.
무른 나무라 쓸모없어 보이지만 무르니 가공하기 쉽고,
가벼우니 일상 용품에 많이 쓰이죠.
특히 공명共鳴이 좋아서 악기를 만드는 데 많이 사용합니다.
사람은 죽어서 이름을 남기고 호랑이는 죽어서 가죽을 남긴다는데,
오동나무는 죽어서 거문고를 남깁니다.
그리고 그것은 예술이 되어 우리에게 감동을 줍니다.
자신의 삶을 한번쯤 돌아보고, 다른 사람의 기억에 오랫동안 남는
사람이 되기 바랍니다.

도심 가로수, 버즘나무

(버즘나무가 있는 공원에서 하면 좋다.)

다들 모이셨으면 천천히 올라갈게요.

아, 이 근처에 있는 나무 하나 보고 갈까요?

꼭 숲에 있는 나무만 공부하라는 법은 없지요.

나무는 다 같은 나무니까요.

여기 우람한 나무가 몇 그루 있는데, 이 나무 다 아시지요?

이름이 뭐죠?

(참가자 대답.)

플라타너스, 맞습니다. 우리말로는 버즘나무라고 합니다.

정확히 말하면 양버즘나무네요.

얼굴에 버짐이 피었다고 하지요? 제가 어릴 때는 요즘과 달리
버짐 핀 애들이 많았습니다.

버짐이 맞는 말인데, 예전에 지은 이름이고 식물 이름에는
사투리도 쓴답니다.

버즘나무를 공원이나 가로수로 많이 심는 이유가 뭘까요?

가로수가 갖춰야 할 조건이 몇 가지 있습니다.

도심에 심으니 공해에 강하고, 보기에 아름다워야 해요.

그리고 잎이 커서 도심의 미세 먼지를 잘 잡아내야 합니다.

잎이 너무 작으면 낙엽을 치울 때도 힘들지요.

버즘나무는 이런 조건에 잘 맞아, 세계 여러 나라에서 가로수로

많이 심는답니다.

버즘나무가 알레르기를 일으킨다는 이야기가 있는데,

알레르기를 일으키는 것이 식물의 잘못은 아니지요.

인간이 자연을 떠나 도시에 살면서 육체적으로 많이 약해져서

꽃가루 같은 자연 성분에 알레르기 반응을 일으키는 거니까요.

무조건 나무를 베거나 싫어할 게 아니라 자연과 가까이 지내면서

음식과 운동요법 등으로 알레르기를 극복해야겠습니다.

여기 이 공원에 있는 버즘나무는 멋지게 자라는데,

거리에서 본 버즘나무는 좀 이상한 모습이지요?

보통 나무와 달리 울퉁불퉁한 혹이 있고, 가지 모양도 특이해요.

도심에 가로수로 심다 보니 전선을 건드린다거나, 태풍에 넘어져서

피해를 준다거나, 간판을 가린다고 자꾸 잘라서 그래요.

우리를 위해 심은 나무를 우리 기준에 따라 마구 자르는 것은

이기적인 행동이 아닐까요?

플라타너스는 잎이 넓어서 붙은 이름입니다.

철학자 중에 플라타너스와 이름이 비슷한 사람이 있지요?

(참가자 대답.)

맞습니다, 플라톤.

플라톤은 체격이 좋고 운동을 잘해서 어깨가 넓었답니다.

원래 이름은 아리스토클레스인데, 어깨가 넓어서 동료들이

플라톤이라고 불렀다고 합니다.

플라톤이 정문에 '기하학을 모르는 자는 들어올 수 없다'라는

현판이 걸린 철학 학원 '아카데메이아'를 창설했는데,

주변 숲에 올리브와 플라타너스가 무성했다고 해요.

고대 그리스에서 기원전 5세기경부터 플라타너스를 가로수로 심고,

철학자들은 그 아래에서 사색을 즐기고 대화를 나눴습니다.

플라톤도 숲을 거닐면서 제자를 가르쳤다지요. 자신의 별명과
비슷한 플라타너스 숲을 거니는 느낌이 어땠을까요?
요즘 숲해설가들도 저마다 자연 이름이 있습니다.
제 자연 이름은 '개암나무'예요.
그래서 개암나무를 보면 남다른 애정이 생깁니다.
플라톤도 그러지 않았을까요?
여러분도 자신을 닮은 나무나 닮고 싶은 나무가 있으면
하나씩 별명으로 간직해보세요.

버즘나무를 자세히 보면 방울같이 생긴 열매가 달렸습니다.
북한에서는 그 모양 때문에 '방울나무'라고 부른대요.
일본어로는 '스즈카케노키鈴掛の木'라고 하는데, 수도승이 입는
스즈카케鈴掛에 버즘나무 열매처럼 생긴 방울이 달려서
그런 이름이 붙었나 봐요.
저는 어릴 적에 본 일본 만화 〈은하철도 999〉에 나오는 메텔의
검은 외투에 달린 방울과 더 닮은 것 같습니다.
버즘나무 열매는 동글동글한데 어떻게 씨앗을 멀리 보낼까요?
자세히 보면 그 방울은 수많은 씨앗이 모인 것임을 알 수 있습니다.
비가 오고 햇빛이 나고 얼었다 녹았다 하면 열매가 부풀고,
속에 있던 솜털 같은 것도 부풀어서 씨앗을 멀리 보낼 수 있답니다.
도심에서 흔히 보는 버즘나무에도 이렇게 많은 이야기가 있어요.
우리 주변에 있는 풀 한 포기, 나무 한 그루를 자세히 보고
관심을 기울이기 바랍니다.

쓸데없는 가죽나무?

(바닥에서 가죽나무 열매를 하나 들고 진행한다.)

제가 지금 주운 게 뭘까요?

(참가자 대답.)

맞습니다. 어떤 나무의 열매인데요.

(가죽나무 열매를 바람에 날리며)

이렇게 날리면 멋지게 하늘을 납니다.

바람을 이용해서 자기 씨앗을 멀리 보내려는 작전이지요.

사람들은 단풍나무나 민들레가 그렇다는 것은 알지만,

이렇게 바람을 이용하는 식물이 많다는 것은 잘 모릅니다.

이 열매는 어디에서 왔을까요? 누가 엄마일까요?

(참가자 의견.)

저기 보이는 가죽나무(가중나무)에서 왔습니다.

먼 데서 보면 사슴뿔처럼 가지를 뻗었지요.

크고 멋있게 자라서 영어 이름이 'tree of heaven'이랍니다.

잎이 지고 열매만 달렸을 때 모양이 특이해서 붙은 이름이

아닐까 싶어요.

한자로는 가승목假僧木이라고 하는데, '가짜 중 나무'라는 뜻이죠.

그럼 '진짜 중 나무'도 있을까요?

진승목眞僧木, 바로 참죽나무입니다.

우리가 흔히 가죽나물이라고 하는 것은 참죽나무 잎이에요.

가죽나무 잎은 먹지 않아요. 잎 뒷면에 선점腺點이 있는데요,

고약한 냄새를 풍겨서 곤충이 못 오게 합니다.

두 나무 생김새가 비슷해요. 나무껍질과 열매 모양이 다르지만,

전체적인 모양이나 이파리 모양은 비슷합니다.

하지만 가죽나무는 소태나무과, 참죽나무는 멀구슬나무과입니다.

가죽나무 열매는 이동할 때 바람을 이용하는데, 한쪽 끝부분이

한 번 더 비틀려 회전력이 높아요.

나무가 어떻게 그런 생각을 해냈는지 신기할 따름입니다.

자기 씨앗을 멀리 보내려고 그렇게 만들었겠지요?

자식을 생각하는 마음은 식물도 똑같은가 봅니다.

목재를 가구나 기구, 농기구를 만드는 데 쓰고,

잎은 가죽나무산누에나방 애벌레의 사료로 사용합니다.

뿌리는 이질이나 위궤양에 좋대요.

공해에 강해서 가로수로 많이 심는데, 요즘에는 베어냅니다.

가죽나무는 쓸모없는 나무의 대명사로 여겨졌는데,

예전에도 그랬나 봅니다.

《장자》〈인간세〉 편에 보면 석石이란 목수가 제자에게 말했어요.

"가죽나무는 아무리 크고 멋지게 자라도 재목으로 쓸모가 없다.

배를 만들면 가라앉고, 널을 만들면 썩고, 그릇을 만들면 깨지고,

문을 만들면 진이 나오고, 기둥을 세우면 좀먹기 때문이다."

그날 밤 꿈에 가죽나무가 나타나서 말했답니다.

"아가위(산사자), 배, 유자는 열매를 뺏겨 욕을 당한다.

큰 가지는 부러지고 작은 가지는 찢긴다. 능력이 있으면 괴롭다.

나는 내가 쓸모없기를 구한 지 오래다. 쓸모가 있었다면

이처럼 크게 자랄 수 있겠는가?"

이에 목수는 무용지용無用之用의 도를 깨달았대요.

굽은 나무가 선산을 지킨다는 말도 있지요.

쓸모없다고 여기던 게 오히려 유용한 경우를 말하는데요,

가죽나무 이야기가 그것과 통하는 듯합니다.

위대한 발견은 우연히 이뤄지는 경우가 많지요.

실수가 위대한 발견이 되기도 해요.

알렉산더 플레밍이라는 과학자가 휴가 가기 전에 박테리아를

배양한 접시를 냉장 보관해야 하는데, 깜빡 잊었어요.

돌아와서 박테리아의 배양을 저지하는 페니실린을 발견했지요.

사진도 처음에는 8시간이나 걸렸다고 합니다.

루이 다게르라는 사람이 사진을 찍다가 8시간이 되기도 전에

해가 져서 포기하고 찍던 동판을 장롱에 던졌는데, 나중에 보니까

사진이 더 선명하더래요.

깨진 온도계에서 흘러나온 수은이 동판에 묻으면서 인화된 거죠.

그래서 사진 찍는 시간이 획기적으로 줄었답니다.

다이너마이트도 노벨의 실수로 발명됐고,

엑스선도 우연히 발견됐습니다.

예술가들도 작품을 위해 골똘히 생각에 잠길 때보다

멍하니 딴생각할 때나 놀다 아이디어가 떠오르는 경우가 많대요.

아무 생각 없이 노는 게 더 좋은 결과를 가져온 셈이지요.

세상에 있는 모든 생물은 존재 가치가 있습니다.

우리가 잡초다 해충이다 말하지만, 그 안에서 필요성을

발견하지 못했을 뿐 소용 있는 것입니다.

그 소용이란 부분이 당장 인간에게 금전적 이익을 주느냐,

주지 않느냐로 접근하기 때문에 발견하기 어렵습니다.

자연을 있는 그대로 보고, 그 모습에서 각자 자신에게 맞는

매력적인 부분을 찾아내는 것으로 족하지 않을까요?

너무 큰 것을 바라거나 지나치게 큰 목표를 세우지 말고
지금 이 순간을 감사하며 살아야죠.
어릴 때 미국의 여류 시인 에밀리 디킨슨이 쓴
'내가 만일'이라는 시를 좋아했어요. 잠깐 낭독해볼게요.

내가 만일 한 마음의 상처를 아물게 할 수 있다면
나의 삶은 결코 헛되지 않으리.
내가 만일 한 생명의 고통을 덜어주거나
한 괴로움을 달랠 수 있다면
할딱거리는 로빈새 한 마리를 도와
둥지에서 다시 살아가게 할 수만 있다면
내 삶은 정녕 헛되지 않으리.

일상에서 조그만 역할이라도 의미가 있다는 내용인데요,
가죽나무에게서 너무 욕심부리며 살지 말라는
삶의 자세를 배웁니다.

4.
풀과
관련한 해설

풀은 나무보다 체격이 작아도 워낙 종 수와 개체 수가 많고 보도블록 틈에도 살 정도로 생존 능력이 뛰어나, 어디에서든 눈에 띈다. 오랜 시간 우리 인간과 관계도 밀접하게 형성됐다. 따라서 풀과 관련한 해설도 준비할 필요가 있다. 다만 워낙 종 수가 많다 보니 분류학적 해설이나 눈에 띄는 모든 풀을 해설하기에는 무리가 있다. 생태적으로 의미가 있고, 생존 전략에서 우리가 배울 점이 많은 풀을 위주로 숲 해설을 준비하는 게 좋다.

나무와 다른 풀

시나리오

사람들은 종종 "난 꽃과 나무를 좋아해"라고 말하지요.

이때 꽃이라고 부르는 것이 사실은 풀입니다.

꽃은 식물의 생식기관으로 나무나 풀 모두 피는데,

풀을 주로 꽃이라고 부르거든요.

따로 풀이라고 부르는 사람은 많지 않아요.

아마도 길이나 들판을 걷다가 만나는 풀의 꽃이 인상에 남았기

때문인 것 같아요.

높은 곳에 피는 나무의 꽃보다 내려다보기 좋고,

접근하기 편한 위치에 있어서 풀을 꽃으로 인식하는 듯합니다.

나무가 아닌 것 중에 버섯이나 이끼 종류를 뺀 것이 풀인데요,

양치식물은 포자로 번식해서 따로 떼기도 하고,

양치식물부터 통도조직이 발달해서 식물에 넣기도 합니다.

보통은 풀이라고 하면 나무를 제외한 속씨식물을 말하지요.

지금 서 있는 곳에서 지름 50센티미터 동그라미를 그려볼까요?

(참가자들 막대기로 바닥에 원을 그린다.)

이제 그 원 안에 있는 생명체를 찾아보세요.

나무는 없어도 풀은 있지요?

숲에 들어서지 않아도 우리 주변에 식물이 많습니다.

나무만 생각하면 별로 없는 것 같지만, 풀까지 포함하면

식물은 우리가 발 디디는 곳 어디에나 존재합니다.

자, 그럼 풀과 나무는 어떻게 구분할까요?

(참가자 대답.)

여러 가지 말씀하셨는데요, 다시 정리해볼까요?

(참가자들 의견 정리하기.)

풀과 나무는 키가 크다 작다, 줄기 색깔이 초록이다 갈색이다…

같은 방식으로도 구분해요. 하지만 어린나무는 풀과 구분하기

어려워요. 어린나무는 키가 작고, 아직 목질부가 발달하지 않아서

갈색이 덜 보이거든요.

그럼 어떻게 구분할까요? 간단하고 정확한 방법이 있습니다.

바로 겨울눈이에요. 나무는 풀과 달리 겨울에도 죽지 않고,

이듬해 겨울눈을 통해 새로운 삶을 이어가지요.

풀은 지난해 줄기는 죽고 봄이 되면 새싹이 자라는데,

나무는 한 해 동안 자란 줄기에서 잎과 줄기가 돋아나요.

그래서 키가 계속 클 수 있고, 그러기 위해 겨울눈이 필요하죠.

나무인지 풀인지 구분하기 어려우면 겨울눈을 살펴보세요.

(옆의 나무를 보여주며) 그럼 이건 나무인가요, 풀인가요?

(참가자 대답.)

맞아요, 나무입니다. 그럼 이건 무엇인가요?

(풀과 나무를 구분하는 수업은 칡이나 회양목, 사위질빵, 댕댕이나무,

호장근 등 헷갈리는 식물이 있을 때 하는 게 좋다.)

네, 맞습니다. 겨울눈이 없으니 이것은 풀입니다.

잎을 떼어 줄기 부분까지 찢어지면 풀일 가능성이 커요.

나무는 잎을 떨어뜨릴 준비를 해서 똑 떨어지거든요.

풀은 나무와 다른 전략이 있어요.

나무는 겨울을 견뎌야 하니 겨울눈을 만들고,

키를 키워야 하니 딱딱한 목질부를 만들었지요.

풀은 연약하고 키도 크지 않습니다.

뿌리를 제외하고는 1년만 살고 죽어요.

뒷일은 씨앗에게 부탁하고 자신은 그렇게 살다 갑니다.

그러니 굳이 덩치가 크거나 목질부가 딱딱하지 않아도 돼요.

간혹 대나무나 호장근처럼 나무를 닮은 풀도 있지만,

속을 비워서 에너지를 덜 낭비하는 전략을 쓰죠.

풀은 나무보다 간소하게 살다 가지만, 그래도 나무 못지않게

광합성과 숲속 기후변화에 영향을 줍니다.

나무가 못 자라는 곳에서 자라는 풀도 많아요.

종류도 나무보다 풀이 훨씬 많고, 숫자도 많지요.

크기가 나무보다 작지만, 숲속 틈새에 풀이 있어요.

그림을 그릴 때 여백을 채워주는 느낌이라고 할까요?

숲속 공간마다 풀이 초록의 여백을 채워줍니다.

풀이 있기에 나무가 있고 숲이 있죠.

숲은 땅바닥에 있는 풀에서 시작됩니다.

산불이 난 뒤 산에 나무를 심기도 하지만,

최근에는 자연 복원되도록 두는 경우가 많아요.

민둥산을 자연에 맡겨도 의외로 빨리 복원되기 때문입니다.

타버린 민둥산에는 이끼나 고사리가 조금씩 나다가

풀이 들어섭니다. 그다음에 떨기나무, 큰키나무가 차례로 들어서

다시 숲이 우거지지요. 나무가 들어서기 전에 풀이 민둥산에 들어와

흙을 기름지게 해주면 나무가 들어와 숲이 됩니다.

풀은 건강한 숲을 만드는 부지런한 일꾼이에요.

보잘것없는 풀 한 포기 덕분에 생명을 유지하는 곤충이 많아요.

풀은 작아도 한 포기 자체가 작은 생태계입니다.

김수영의 '풀'이란 시, 잘 아시죠?
잘 외우지 못해서 적어 왔는데요, 한번 읽어볼게요.

풀

(……)

풀이 눕는다.
바람보다도 더 빨리 눕는다.
바람보다도 더 빨리 울고
바람보다 먼저 일어난다.

(……)

이 시는 풀을 민중에 비유하고, 풀이 바람이라는 외부 압력이나
권력에 맞서는 수동적이었다가 능동적인 모습, 강한 의지와
생명력으로 희망을 품는 모습을 그렸지요.
연약하지만 생명력이 강한 풀의 특징을 따서 쓴 시 같습니다.
시의 내용은 읽는 이마다 다르니, 상황에 맞게 받아들이면 됩니다.
나무는 태풍에 부러지거나 뽑히지만,
풀은 바람이 부는 대로 눕고 다시 일어서지요.
때론 연약한 것이 더 강하기도 합니다.
풀을 보며 세상 모든 존재는 자기가 있어야 할 곳에 있고,
저마다 필요한 일을 하고 있음을 깨닫습니다.
우리도 저마다 자기 능력을 발견하고, 자기가 있는 곳에서
열심히 살아야겠습니다. 풀에게서 그런 삶의 자세를 배웁니다.

풀의 생태 전략

여러분 중에 키가 제일 큰 분이 누구세요?

(키가 가장 큰 참가자를 찾는다.)

아! 크시네요. 키가 크니까 어떤 점이 유리한가요?

(참가자 의견 듣기. "높은 데 있는 물건을 꺼내기 편해요.")

네, 좋습니다. 그럼 혹시 키가 커서 불편한 점은 없나요?

(참가자 의견 듣기.)

네, 키가 커도 불편한 점은 있군요.

(숲해설가 키가 크다면 반대로 작은 사람에게 불편한 점과

유리한 점에 대해 의견을 들어보며 이야기한다.)

주변을 둘러보세요. 이곳에서 키가 가장 큰 식물은 뭘까요?

손으로 가리킬 수 있나요? 네, 저기 보이는 나무가 가장 큽니다.

멀어서 정확하지 않지만, 잎갈나무 같습니다.

(현장 상황에 따라 다르다.)

저 나무는 왜 저렇게 키가 클까요?

저 녀석들도 높은 데서 꺼낼 물건이 있을까요?

(참가자 의견 듣기. "햇빛을 많이 받으려고 높이 올라간 게 아닐까요?")

맞아요, 햇빛 때문입니다. 아시다시피 식물은 햇빛을 통해

광합성을 하고, 그 작용에 따라 양분이 만들어집니다.

그러니 햇빛이 필요하죠. 저 나무는 잘 적응한 셈입니다.

그러면 여기 보이는 이 풀은 키가 크지 않으니 실패한 건가요?

(참가자 대답.)

네, 맞아요. 이 풀은 나뭇가지 사이로 들어오는 햇빛을 받기도 하고,
햇빛이 많지 않아도 살 수 있답니다.

체격이 작으니 적은 에너지로도 유지할 수 있습니다.

나무가 풀보다 체격이 얼마나 큽니까? 비교할 수 없지요.

나무는 광합성을 많이 하지만, 자기 몸을 유지하기 위해
많은 양분을 씁니다. 많이 벌어서 많이 쓰느냐, 적게 벌어서
적게 쓰느냐 하는 문제입니다.

거의 모든 장소에 살 수 있고, 종류도 훨씬 많은 풀이
더 유리하다고 할 수도 있습니다.

하지만 나무와 풀은 누가 더 유리하다고 말하기 어렵습니다.
주어진 상황에 맞게 살아갈 뿐이지요.

사람에게도 다양한 능력이 있고, 세상일도 다양하니
누가 더 유리하거나 불리하다고 말하기 어렵습니다.

자기에게 적합한 것을 찾아 열심히 사는 게 최고 아닐까요?
풀과 나무처럼.

로제트 식물 이야기

시나리오

날씨가 좀 풀렸어도 여전히 춥네요.

그래도 집 안에만 있는 것보다 밖에 나오니 좋지요?

(참가자들 대답.)

오늘은 추위에 굴하지 않고 사는 친구들을 만나보려고 해요.

풀과 나무를 구분하는 방법은 아시죠?

(참가자 대답.)

나이테가 있느냐 없느냐, 겨울눈이 있느냐 없느냐 말고

맨눈으로 쉽게 구분하는 방법은 크기와 색깔이에요.

헷갈려도 대부분 그렇게 구분할 수 있습니다.

특히 겨울에 땅 위에 줄기가 살아 있으면 나무,

말라 죽으면 풀입니다. 이 겨울에도 풀이 살아 있다면 어떨까요?

(참가자 대답.)

아, 온실에 많다고요?

(참가자들 웃음.)

지금 이곳에 살아 있는 풀이 있답니다.

(참가자들 의아해한다.)

못 믿겠다고요? 그럼 한번 찾아볼까요?

(참가자들 땅을 쳐다보다가 바로 풀을 발견한다. 물론 이 수업을 하기 전에
로제트 식물이 있는지 확인한다.)

정말 있지요? 겨울에도 풀이 살아 있습니다.

물론 모양은 조금 다릅니다. 어떤가요?

(참가자들 대답.)

네, 바닥에 바짝 엎드린 모습이지요?

이것이 추위를 피하는 자세입니다. 잘 보시면 다른 풀인데

생김새는 모두 비슷해요. 뭘 닮았나요?

(참가자들 의견.)

아~ 똥 같다고요?

(참가자들 웃음.)

이 풀과 닮은 꽃이 있잖아요?

(참가자 대답.)

맞습니다. 장미와 비슷하지요. 그래서 이런 형태를 로제트,

한자로는 근생엽根生葉이라고 합니다.

줄기 없이 뿌리에서 잎이 나온 형태라 이렇게 부르는데,

근생엽보다 로제트라는 말을 많이 사용합니다.

이 풀은 뽀리뱅이(박조가리나물), 여기 이 풀은 달맞이꽃이에요.

저기 있는 것은 여러분이 잘 아는 냉이입니다.

우리가 냉이를 주로 언제 캐 먹죠?

(참가자들 대답.)

맞아요, 이른 봄에 냉이를 먹습니다.

이렇게 겨울을 견뎠으니 이른 봄에 캐 먹을 수 있어요.

다른 풀은 4월쯤 돼야 새싹이 돋기 시작해요.

냉이를 자주 먹으면서도 생각해본 적이 없지요?

꽃다지, 황새냉이, 애기똥풀, 개망초 등이 로제트 형태로

겨울을 납니다. 추운 겨울을 견디고 살아남는 전략이 뭘까요?

(참가자 대답.)

아까 말한 대로 바닥에 바짝 엎드린 자세가 하나고요,

다른 전략이 있어요. 자세히 볼까요?

(바닥에 앉아서 자세히 본다. 루페를 준비하면 더 좋다.)

잘 보시면 잎에 털이 많지요?

풀도 우리처럼 털옷을 입고 추위를 견딥니다.

털이 있으면 서리가 내릴 때 털 부분이 얼도록 유도할 수 있대요.

겉이 얼어 내부가 어는 것을 막죠. 또 다른 전략은 뭘까요?

(참가자 대답.)

첫 번째 전략과 비슷한데요, 바닥에 붙기만 하는 게 아니라

최대한 겹치지 않게 잎을 옆으로 펼치며 자랍니다.

햇빛을 많이 받으려는 목적이지요. 신기한 게 하나 더 있어요.

로제트 식물 색깔이 어떤가요?

(참가자 대답.)

풀은 대개 초록색을 띠는데, 로제트 식물은 붉은 기운이 돌지요?

썩은 잎 같기도 해요. 그래서 발견하기가 쉽지 않아요.

봄에 새싹이 돋을 때도 갈색이나 붉은빛을 띠는 게 많아요.

광합성을 하려면 녹색이어야 할 텐데, 왜 붉은색을 띨까요?

여기에는 몇 가지 의견이 있어요.

여리고 약해서 햇빛을 직접 받아 광합성 하기엔 무리가 있으니

태양광 가운데 일부는 반사하려고 그런 거라는 의견이에요.

춥고 햇빛이 적을 때는 붉은빛을 띤 잎이 광합성 효율이

더 높다고도 합니다. 이것이 '브론즈 현상'인데요,

어린잎이 광합성을 효율적으로 하기 위함이라는 거지요.

간단해 보이지만 그 안에 여러 가지 깊은 뜻이 있네요.

풀이 한해살이라고 아는 분이 많지만, 두해살이도 있고

여러해살이도 있어요.

뿌리가 살아 이듬해 뿌리에서 새싹이 나오는데,

로제트 식물은 주로 가을에 싹이 돋아 겨울을 나고 이듬해 봄에
일찍 꽃을 피우고 곤충을 불러 열매를 맺습니다.
그렇다면 로제트 식물은 왜 추운 겨울을 날까요?
굳이 힘든 겨울을 견디는 까닭이 있지 않을까요?
(참가자 대답.)
다른 식물보다 빨리 꽃을 피워 일찍 꽃가루받이하려는 속셈입니다.
로제트 식물은 대개 에너지가 적게 들고 덜 화려한
흰색이나 노란색 꽃을 피웁니다.
봄에 활동하기 시작하는 곤충을 더 화려한 꽃을 피우는 나무나
풀에게 빼앗길 수 있으니 빨리 꽃을 피우려는 작전이죠.
겨울을 잘 견디고 일찍 결실을 보려는 로제트 식물의 방식에서
낮은 자세로 철저히 준비하는 삶의 지혜를 엿볼 수 있습니다.
계획을 세우려면 지금부터 천천히 시작해보세요.
그게 냉이가 우리에게 들려주는 메시지입니다.

외래종과 귀화식물 이야기

수업하다 보면 "이거 토종인가요, 외래종인가요?" 하고 묻는 참가자가 많다. 그때 진행하면 좋다.

시나리오

(참가자가 토종인지 외래종인지 물어본다.)

아, 이거요? 외래종일까요, 우리 고유종일까요?

답을 얘기하기 전에 질문 하나 드릴게요.

혹시 외국 브랜드 제품 있는 분, 손 좀 들어보세요.

네, 그럼 커피 마셔본 분? 거의 다 손을 드셨습니다.

난 영어를 못했으면 좋겠다고 생각하시는 분?

외국어는 전혀 배우고 싶지도, 잘하고 싶지도 않다는 분?

반대로 여쭤볼게요.

난 영어나 다른 외국어를 잘했으면 좋겠다는 분?

네, 거의 다 손을 드셨습니다.

그럼 왜 영어를 잘하고 싶은지 말씀해주시겠어요?

(참가자 "글로벌 시대고, 여행이나 외국과 거래할 때 영어를 잘하면 도움이 많이 되지요" 식의 대답.)

맞습니다. 악기 하나는 다룰 줄 아는 게 좋고, 손님이 왔을 때 대접할 요리 한 가지 정도 익혀두는 게 좋고, 영어는 구사할 줄 아는 게 좋다는 이야기 들어보셨죠?

이 시대에 살기 위해선 이런 능력을 갖춰야 합니다.

스펙이라고 하지요.

식물이나 동물도 그런 능력을 키우고자 합니다.

낯선 환경에 적응하기 위해 생존 전략을 키워요.

우리가 외래종이라고 하는 식물은 뭐가 있지요?

(참가자 대답.)

가시박, 돼지풀, 개망초, 미국자리공, 서양등골나물,

도깨비가지… 많네요. 외래종 혹은 귀화식물이라고도 하는데요,

엄밀히 따지면 조금 다른 말입니다.

외래종은 외국이나 국내 다른 지역에서 들어온 모든 종이고,

귀화식물은 인위적 혹은 자연적인 방법으로 우리나라에 들어와

야생 상태에서 스스로 번식하여 생존할 수 있는 종이에요.

보통 외국에서 온 것은 외래종, 그중 우리나라에 적응한 것을

귀화식물이라고 합니다.

외국인과 귀화한 사람으로 이해하시면 쉽겠네요.

어쨌든 모두 외국에서 들어온 식물입니다.

우리나라에 들어온 계기도 다르겠지요.

인위적인 경로와 자연적인 경로로 나눌 수 있는데,

인위적인 경로는 다시 의도적인 경로와 비의도적인 경로로

나뉩니다. 의도적인 경로는 식용, 약용, 염료, 사료, 목초,

관상용 등 어떤 목적을 가지고 도입하는 경우로, 약모밀이나 쪽이

여기에 속하죠. 비의도적인 경로는 수출입, 여행 등을 통해

들어오는 경우로, 미국자리공이나 돼지풀 등이 여기에 속해요.

자연적인 경로는 바람이나 바다, 철새 등에 의해 들어오는

경우입니다. 이쯤에서 문제 하나 낼까요?

냉이, 큰개불알풀, 광대수염, 달맞이꽃, 자운영, 토끼풀,

아까시나무… 이 가운데 외래종이 몇 개나 될까요?

(참가자 대답.)

사실은 모두 외래종입니다.

(참가자들이 의아해한다.)

놀라셨죠? 우리 주변에는 생각보다 외래종이 많습니다.

그렇다면 언제 들어온 것을 외래종이라고 할까요?

10년 전? 100년 전? 1000년 전?

(참가자 의견.)

시기는 대체로 3기로 구분합니다.

1기는 1800년대 후반 개항을 전후해서 1921년까지 주로
중국을 통해 도입된 시기, 2기는 태평양전쟁과 한국전쟁 이후
1963년까지 전쟁 물자와 함께 북아메리카, 일본 등을 통해
도입된 시기, 3기는 1964년부터 현재까지 산업이 발달하고
외국과 빈번한 교류를 통해 인위적으로 도입한 시기입니다.

지금 우리나라에는 외래 식물이 대략 300종 있다고 해요.

그렇다면 개항 전에 들여온 식물은 외래종이 아닌가요?

백송은 중국에서 들여왔다는 기록이 있지만, 외래종 도입 시기에
따르면 해당하지 않지요.

사실 외래 식물에 대한 정의가 불분명하고, 처음 발견된 시기도
명확히 기록된 게 많지 않습니다.

그리고 모든 외래종이 나쁜 것은 아닙니다.

우리가 즐겨 먹는 벼, 보리, 감자, 고구마도 외래종이니까요.

목화씨를 가져온 문익점 이야기 아시죠? 목화도 외래종입니다.

최근 세계화에 힘입어 국제 교류, 여행 등이 급증하니
외래종 유입도 늘어나겠지요?

들여온 목적이나 이유보다 이후 관리 소홀이 문제입니다.

그 식물이 아니라 우리나라 사람들이 잘못한 겁니다.

귀화식물은 토착화했기 때문에 기준이 좀 다르겠지요?

역사시대 이전에 들어왔을 것으로 보이는 '사전귀화식물'은

냉이, 별꽃, 괭이밥, 질경이, 개여뀌, 띠, 방동사니 등이고,

역사시대에 들어온 '구귀화식물'은 갈퀴덩굴, 개비름 등이며,

개항 이후 들어온 '신귀화식물'은 망초, 뚱딴지 등입니다.

귀화식물은 개항 이후 들어온 신귀화식물로 보면 됩니다.

우리는 귀화식물과 외래종을 나누는 시기를 언제로 생각할까요?

(참가자 의견.)

네, 대부분 일제강점기 이후로 봅니다.

우리 민족에게 큰 상처와 고통을 안겨준 시기죠.

그래서인지 그 시기 이후에 들어온 것을 싫어합니다.

아까시나무는 일본 사람이 들여와서 심은 것이라며

모두 베어야 한다고 하는 분이 많아요.

다행히 최근에는 아까시나무에 대한 올바른 정보가

많이 공유되지만, 인간에게 외래종이라고 말하고

제거할 권리가 있을까요?

모든 외래종이 나쁜 게 아니라 '위해 외래종'이 있다고도 합니다.

위해 외래종이 생태계 균형을 파괴한다고요.

그 기준이 어디에 있을까요? 우리가 정한 생태계 아닐까요?

식물은 한곳에 있지 않고 씨앗을 멀리 보내며 번식합니다.

우리가 보는 대다수 식물은 어디에선가 흘러든 것 아닐까요?

생태계에서는 이렇게 번식하는 것이 자연스럽지요.

지금 우리가 외래종이라고 규정하는 생태계는

인간적 관점의 생태계입니다. '우리 고유종은 이것으로 하자.

이후에 들어온 것은 외래종이니 뿌리 뽑자'는 논리죠.

식물에게 멈춰서 살 장소와 시간은 없습니다.

시간과 지역에 따라 자라는 식물이 다를 뿐이지요.

우리가 사는 풍경도 시대에 따라 변하는 걸 인정해야 합니다.

외국에서 들어왔지만, 특별히 아름답거나 돈이 되지 않는

식물이 외래종입니다. 뭔가 잘못됐지요?

우리는 마음속에 잡초, 해충, 외래종을 규정하고 있지 않은가요?

요즘 다문화 가정이 많습니다.

그 자녀들이 왜 학교에서 손가락질과 눈총을 받아야 합니까?

생김새가 이상해서 호기심에 한 번 더 보는 것이 아닙니다.

'넌 우리 편이 아니야'라며 적대시하고 멸시하는 눈빛입니다.

우리나라에는 우리만 살아야 한다는 위험한 사고죠.

그들도 이제 우리와 같은 겨레인데 말입니다.

필리핀에서 온 엄마를 받아들이면 필리핀 외할머니도 가족이

될 수 있고, 필리핀이란 나라도 받아들일 수 있습니다.

순수한 것, 유일한 것이 최고라는 생각은 지양해야 합니다.

그런 생각 때문에 유대인 학살 같은 비극이 벌어졌으니까요.

식물을 있는 그대로 이해하고, 하나의 생명체로 봐야 합니다.

외래종을 보는 시각을 바꿔야 합니다.

여러분도 선입관을 버리고 열린 마음으로 식물을 보기 바랍니다.

질경이에 대한 해설

포장된 길이 아니면 웬만한 길가에는 질경이가 있으므로 질경이에 대한 숲 해설은 답사할 필요가 없다. 길을 걷다 보면 마주치니 본격적인 수업을 위해 집결지에서 이동하는 도중에 진행하는 경우가 많다. 따라서 숲과 인간의 관계, 숲 생물에 대한 호기심 자극 등 동기부여에 해당하는 숲 해설을 하는 게 좋다.

조금만 걸으면 덱이 나오는데요, 거기에서 본격적인 수업을

진행하겠습니다. 수업을 시작하기 전에 한 가지 질문을 드릴게요.

우리가 공부를 열심히 해야 한다고 하지요.

이때 공부工夫라는 한자를 중국 사람은 뭐라고 읽을까요?

(참가자들 대답.)

네, 아는 분이 계시군요. 바로 쿵후입니다.

물론 요즘에 쿵후는 한자를 조금 달리 씁니다.

功夫라고 해서 장인 공工에 힘 력力을 붙이는데요,

최근에 붙여서 구분하는 것이지 어원은 같습니다.

혹시 당랑권이라고 들어보셨어요?

쿵후 관련 영화에 보면 어떤 곤충을 본떠서 만든 권법이라고

나오는데, 당랑이 어떤 곤충일까요?

(참가자 대답.)

사마귀, 맞습니다. 그럼 '당랑거철螳螂拒轍'이란 말도 들어보셨나요?

사마귀가 앞발을 들고 수레를 멈추려 했다는 고사에서 유래한 말로,

분수도 모르고 무모하게 덤빌 때 쓰지요.

사마귀는 다른 곤충을 잡아먹고 살아요.

앞다리에 있는 낫 같은 것으로 상대를 제압합니다.

저도 사마귀를 잡다가 그 앞다리에 긁힌 적이 있는데요,

바로 피가 나올 만큼 예리합니다.

그러다 보니 이 녀석이 아주 용감하죠.

덩치가 큰 상대가 나타나도 앞다리를 치켜들고 위협합니다.

길을 건너다가 지나가는 수레를 향해 맞선다는 뜻이니

얼마나 무모합니까. 그런데 풀 중에도 이런 친구가 있습니다.

수레를 두려워하지 않는 풀이죠.

'차전초車前草'라고도 하는 이 풀 이름이 뭘까요?

우리말로는 '질기다'는 뜻을 따서 이름을 지었습니다.

네, 질경이죠. 지금 여러분이 걸으면서 밟는 게 질경이입니다.

질경이는 보시다시피 키가 작아요. 꽃가루받이도 일반적인 벌이나

나비보다 체격이 작은 잎벌이나 개미가 해줄 정도입니다.

그러다 보니 다른 풀이나 나무와 있으면 햇빛 경쟁에서 지겠지요?

질경이도 햇빛을 받아야 살 수 있어요.

질경이는 어떤 삶을 선택했을까요?

(참가자들 대답.)

네, 맞습니다. 바로 이렇게 길로 나왔습니다.

우리도 모두 명문대에 진학하거나 대기업에 취직하면 좋겠지만

그럴 순 없지요? 지방대나 중소기업에 가기도 하고,

자기 사업을 하거나 예술가의 길로 가기도 합니다.

경쟁이 치열한 대기업 입사가 레드 오션이라면,

나만의 길을 선택하는 게 블루 오션 전략이에요.

질경이도 키를 키우며 햇빛 경쟁을 하는 레드 오션을 피해
블루 오션을 개척하며 이렇게 길로 나왔지요.
길로 나온 질경이에게 꽃길만 기다리고 있을까요?
(참가자들 대답.)
그렇습니다. 사람이나 동물, 자동차 등에게 밟히는 시련이
기다리고 있습니다. 가수가 되겠다고 대학 진학을 포기하고
밴드 활동을 한다고 바로 가수가 되거나 음반을 내거나
인기를 얻긴 어려워요. 아무도 알아주지 않는 무명 가수의 길을
갈 확률이 높습니다. 나만의 길을 가면 시련은 늘 따라옵니다.
질경이는 이런 시련을 어떻게 극복했을까요?
(참가자들 대답.)
네, 질경이는 몸을 질기고 부드럽게 만들었습니다.
줄기도 잘 부러지지 않고요, 잎도 부드러워서 잘 구겨지거나
찢어지지 않습니다. 잎에는 또 다른 전략도 있는데요.
잎을 한 장 떼볼까요? (잎을 한 장 떼서 찢어본다.)
여기 실 같은 것이 보이나요? (참가자들에게 보여준다.)
질경이는 이것을 이용해서 잎을 더 질기게 만듭니다.
그러니 수레가 지나가도 잘 찢어지지 않고, 수레에 맞서는
'풀 세계의 사마귀'라고 해도 과언이 아니죠.
질경이에게는 더 놀라운 이야기가 있습니다.
이 질경이도 열매가 있겠지요? 바로 이 부분이 열매입니다.
(참가자에게 보여주며) 이렇게 작은 열매에 더 작은 씨앗이
들어 있는데요, 과연 이 씨앗은 어떻게 번식할까요?
누가 씨앗을 옮겨줄까요?
(참가자들 대답.)
네, 정답자가 있네요. 질경이는 사람이 밟을 때 신발에 붙어서

씨앗을 옮깁니다. 그래서 질경이가 북한산 정상에도 있어요.
과거 인디언은 질경이를 '백인의 발자국'이라고 불렀대요.
백인이 나타나는 곳마다 질경이가 자랐으니까요.
수레바퀴에 묻어서 씨앗이 번식한 것이죠.
그렇다면 사람이나 수레바퀴가 밟는 것은 질경이에게
시련일까요, 기회일까요?

(참가자들 대답.)

시련이자 기회지요? 질경이는 자신을 괴롭히는 시련을
씨앗을 번식시키는 기회로 삼는 놀라운 전략가입니다.
전략가라기보다 위대한 철학자라고 불러야 할까요?
우리도 살다 보면 힘들게 하는 사건이나 사람을 만나지요.
생각을 살짝 바꿔서 그것이 내게 도움이 되지 않는지,
도움이 되게 활용할 순 없을지 고민해보면 좋겠습니다.

쑥에 대한 해설

(손으로 쑥을 만지고 나서) 제가 방금 어떤 풀을 손으로 만졌는데,

여기 보이는 많은 풀 가운데 어느 것일까요?

직접 손으로 비비고 냄새를 맡아보면 되겠죠?

(참가자들 주변 풀잎을 만지고 냄새도 맡아본다.)

네, 맞습니다. 쑥이에요. 향이 아주 좋지요?

여러분, 민트나 캐머마일, 로즈메리 같은 허브 잘 아시죠?

허브는 차로 마시고 방향제로도 사용하는데, 쑥이 우리나라

전통 허브입니다.

봄이 되면 땅에 쑥쑥 돋아난다고 해서 붙은 이름이라는데,

정확한 근거가 있는 말인지 잘 모르겠습니다.

우리 민족이 쑥을 먹기 시작한 지는 오래됐어요.

단군신화에 무슨 내용이 나오죠?

(참가자 대답.)

네, 호랑이하고 곰이 굴에서 100일 동안 마늘과 쑥만 먹고 견뎌야

사람이 될 수 있다고 나오지요. 곰은 고기를 먹지만 나무 열매도

먹으니 불공평한 방법이 아니었나 싶기도 해요.

(참가자들 웃음.)

어릴 때는 다쳐서 피가 나면 어른들이 쑥을 찧어서 붙여줬어요.

실제로 쑥이 지혈 효과가 있다고 하죠?

쑥에는 콜린과 비타민 C 성분이 있어서 혈액응고에 좋대요.

방금 맡은 향은 시네올cineol이라는 성분 때문인데,
혈액순환에 도움이 되고 감기에 효과적이라고 합니다.
성인병 예방과 노화 방지, 부인병에도 효능이 있대요.
쑥은 왜 이런 성분을 만들었을까요?

(참가자 대답.)

맞습니다, 쑥이 강한 향을 만든 것은 곤충을 막기 위해서죠.
곤충은 꽃이 피었을 때는 불러들여야 할 친구지만,
잎이 나올 때는 쫓아내야 할 적입니다.
잎을 갉아 먹으면 광합성을 하는 데 어려움이 많겠죠?
풀이 제대로 살아가려면 잎이 건강해야 광합성을 잘해서
튼튼한 씨앗을 만들고, 이듬해 살아갈 에너지를 비축하지요.
애벌레를 쫓아내려면 강하고 자극적인 독을 만들어야 합니다.
그런 독이 애벌레에겐 치명적이지만, 우리에겐 약이 됩니다.
쑥은 영어로 'wormwood'라고 합니다.
왜 이름을 '벌레 나무'라는 뜻으로 지었을까요?
정확하지 않지만, 구충제로 사용해서 그럴 거라고 합니다.
쑥은 어디에서든 흔히 볼 수 있지만, 잡초라고 무시하지 않고
여러 가지 용도로 사용해왔지요.
흔하다고 무시하거나 버리지 말고 애정을 가지고 접근하면
그 안에서 우리에게 필요한 것을 얻을 수 있습니다.
쑥이 '가장 흔한 것이 가장 귀한 것'의 의미를 알려주네요.

향이 나는 꽃향유, 박하 등도 비슷한 방식으로 해설할 수 있다.

괭이밥에 대한 해설

숲을 거닐다가 함박꽃나무를 보고 멋져서 한참 꽃을 감상하고
사진도 찍다 보니 작은 풀이 제 발에 밟힌 것을 본 적이 있습니다.
풀은 키가 작아 우리가 놓치는 경우가 많습니다.
지금부터 시선을 좀 아래쪽에 두고 걸어볼까요?
바로 어떤 풀 친구와 만날 겁니다.

(참가자 풀 발견.)

네, 방금 발견한 이 풀 이름 아세요?

(참가자들 대부분 괭이밥을 토끼풀로 오해한다.)

이건 토끼풀과 닮았지만, 토끼풀이 아닙니다. 괭이밥이죠.

(참가자들은 농기구 괭이를 연상하고 의아해한다.)

여기에서 괭이는 고양이를 줄인 말입니다.
글씨 못 쓰는 걸 보고 괴발개발이라고 하지요?
그때 '괴'도 고양이를 뜻합니다.

("그럼 이걸 고양이가 먹나요?"라고 묻는 참가자가 많다.)

네! 고양이를 키우는 친구 말이 고양이도 종종 풀을 먹는답니다.
소화가 잘 안 될 때 이 풀을 먹어서 괭이밥이 됐지요.
한번 맛보실래요?

(참가자들 먹어본다.)

어릴 때 신맛 나는 풀을 찾아다니며 먹곤 했습니다.
괭이밥에 있는 옥살산oxalic acid 성분 때문에 신맛이 나지요.

괭이밥 말고도 애기수영, 머루 줄기 등 새콤한 맛이 끌려서
자꾸 먹었는데요. 요즘 초등학생들도 신맛 나는 젤리를
잘 먹는 걸 보면 어릴 때는 신맛을 좋아하는 모양입니다.
토끼풀은 보면 잎 주변에 작은 톱니가 있는데,
괭이밥은 매끈하지요. 색깔도 연하고 꽃이 전혀 다릅니다.
토끼풀은 흰 꽃이 피지만, 괭이밥은 노란 꽃이 피어요.
열매도 다르게 생겼고요. 혹시 괭이밥 열매를 보신 분?
요즘이 열매가 달릴 때입니다. 한번 찾아보세요.

(참가자 열매를 찾는다.)

네, 맞아요. 위쪽을 보며 촛대처럼 서 있죠?
이게 다 익으면 톡 터지면서 씨앗이 날아간답니다.
자기 힘으로 씨앗을 멀리 보내는데, 그 거리가 멀지 않아요.
그래서 괭이밥은 좀 더 멀리 보낼 방법을 생각했어요.
어떤 방법일까요?

(참가자 대답.)

물이라고요? 물도 맞아요.
많은 씨앗이 빗물에 떠내려갑니다. 특히 작고 스스로 터져서
번식하는 종류는 빗물의 도움을 받아요.
그런데 좀 더 특이한 방법이 있습니다.

(참가자 잘 모르겠다고 대답.)

바로 개미를 이용하는 방법입니다.

(참가자들 놀란다.)

자, 여길 보세요. 조금 덜 익었지만 제가 터뜨려볼게요.
(열매를 터뜨리고 그 안에 있는 작은 씨앗을 보여준다. 이때 돋보기나
루페를 준비하면 더 좋다.)
씨앗 한쪽에 말랑말랑한 게 붙어 있죠? 이게 뭘까요?

엘라이오솜elaiosome이라는 지방체입니다.

금낭화, 애기똥풀, 제비꽃 등도 씨앗에 엘라이오솜이 있는데,

개미가 씨앗을 가져가서 엘라이오솜만 떼어내고 씨앗은 버려요.

씨앗은 그곳에서 싹이 나니 괭이밥과 개미가 공생하는 셈이죠.

스스로 용수철처럼 툭 터져서 씨앗을 멀리 보내고,

빗물에 떠내려가고, 개미를 이용하기도 하고….

영화에서 스파이가 건물을 폭파할 때 이중 삼중으로 폭약을

장치한 것처럼 여러 가지 방법으로 씨앗을 멀리 보냅니다.

작은 풀이 한 가지 목적을 위해 여러 가지 방법을 사용하는 것을

보면 기특하지요?

우리도 살면서 조금 어려운 문제에 부딪힐 때가 있지만

한번 해봐요. 실패할지도 모르니 다른 것을 더 준비하고,

실패하면 다시 도전하고.

이렇게 적극적이고 열정적이고 끈질긴 모습도 필요합니다.

약한 듯 강한 민들레

이 풀을 모르는 분은 거의 없을 거예요. 민들레입니다.

이름이 재밌고 정감 있죠?

키가 작고 땅에 붙어 낮은 자세로 살지만 밟아도 죽지 않고

겨울에 줄기가 시들어도 뿌리가 남아 이듬해 다시 살아나는 모습이

권력자의 횡포에 맞서는 백성을 닮았다고, 서민이 나물이나

약초로 사용해서 '민초'라고도 불렀습니다.

민들레는 이름의 유래가 명확하지 않아요.

어느 마을에 민들레라는 여인이 살았는데, 사랑하는 남자가

나라의 부름을 받고 가서 기다려도 오지 않자 죽었습니다.

그 여인이 남자를 기다리며 걷던 길에 핀 꽃을 민들레라고 했대요.

대문 앞에 잘 피어 '문 둘레에 많다'고 한 것을 문둘레로 부르다가

민들레가 됐다는 이야기도 있습니다.

일본어로는 탄뽀뽀蒲公英라고 하는데, 발음이 재밌지요.

저는 '땅에 붙어서 뽀뽀하는 것 같다'고 외웁니다.

영어로는 댄딜라이언dandelion인데, '사자 이빨'이란 뜻이에요.

민들레 잎이 뾰족뾰족하게 파여서 사자 이빨처럼 보였나 봐요.

'민초가 서양 선교사들이 부르는 댄딜라이언을 만나

민들레가 된 게 아닐까?' 생각도 해봅니다.

(참가자들 웃음.)

이밖에도 쓴맛이 나서 고채苦菜, 황화지정黃花地丁,

부공영(포공영의 잘못된 발음), 신냉이, 민드라미 등 지역이나
시대에 따라 여러 이름으로 부릅니다.
어떤 식물이든 이름의 정확한 유래는 찾기 어렵습니다.
그 식물의 이름을 기억하기 위해 유래를 생각해보는 것이죠.
다양하게 생각해보면 재미있고 잘 잊히지 않으니까요.

민들레는 요즘 나물이나 약으로도 많이 먹어요.
민들레의 쓴맛에는 위를 좋게 하는 성분이 있답니다.
민들레는 이밖에도 열을 내리고, 소변이 잘 나오게 하며,
염증을 없애고, 산모의 젖이 잘 돌게 하며, 독을 풀고,
피를 맑게 한대요.
(이렇게 길고 어려운 내용은 메모한 걸 읽어도 되고,
참가자들이 찾아보게 해서 공유해도 좋다.)
자료를 찾아보면 더 많은 약효를 확인할 수 있습니다.
베타카로틴 성분이 유해 산소를 제거해 노화 예방에 좋고,
야맹증과 빈혈 예방에 효과적이며, 면역력을 높이고,
뼈도 튼튼하게 해준대요.
정말 안 좋은 데가 없을 정도인데요, 많은 들풀이 그렇습니다.
잡초로 여기지만 약효가 많고, 우리 생활에 유용해요.
제가 일일이 알려드릴 순 없고, 나중에 찾아보시기 바랍니다.
상추도 쓴맛이 나지요? 씀바귀, 뽀리뱅이, 박주가리….
저마다 성분이 다르지만, 희고 쓴맛을 내는 유액을 분비합니다.
곤충이 잎을 먹지 못하게 식물이 만들어낸 독성분인데요,
그렇다고 모든 벌레가 못 먹는 건 아닙니다.
꼭 한 가지 이상은 그런 잎을 먹는 녀석이 생기지요.
영원한 강자는 없다고 할까요?

(참가자들이 호기심을 보인다.)

박주가리의 흰 즙에는 동물이 먹으면 심장마비와 구토를 일으키는
독이 있어요. 그러나 제왕나비는 박주가리에 알을 낳고,
그 애벌레는 박주가리 잎을 먹지요.
몸에 그 독을 저장해서 어른벌레가 돼도 새에게서
자신을 보호합니다. 식물이 자기 몸을 보호하기 위해 만든
독을 다시 이용하는 제왕나비, 뛰는 놈 위에
나는 놈이라고 할까요?
그 생태가 참으로 신기해요.

요즘 눈에 띄는 것은 대부분 서양민들레입니다.
지금 여기 보이는 것도 서양민들레일 거예요.
한번 관찰해볼까요?

(참가자들과 관찰하면서 이야기.)

서양민들레는 토종 민들레보다 크고 번식력이 강하며,
꽃잎도 많은 편이에요. 외래종은 대개 고유종보다 크고
번식력이 뛰어나거든요. 명확하게 구분하려면 꽃받침을 보세요.
서양민들레는 꽃받침이 처졌습니다.

(가까이 가서 같이 살펴본다.)

여기 있는 것도 서양민들레입니다.
꽃잎의 모양과 크기, 숫자도 조금 달라요.
도심에 있는 민들레는 대부분 서양민들레라고 생각하시면 돼요.
서양민들레가 토종 민들레를 몰아냈다고 생각하는 분들이 있는데,
토종 민들레가 자라지 않는 곳에 서양민들레가 자라는 것입니다.
서양민들레는 척박한 곳에서도 잘 자라니까요.
서양민들레는 척박한 곳에도 잘 적응하고, 봄부터 가을까지

꽃이 피고, 씨앗도 많이 맺고, 딴꽃가루받이(타가수분)가 아니어도
제꽃가루받이(자가수분)해서 번식합니다. 정말 천하무적이죠?
이렇게 보면 서양민들레가 토종 민들레보다 생존력이
월등한 듯합니다. 하지만 토종 민들레는 딴꽃가루받이로
유전자를 다양하게 만들고, 씨앗은 적게 맺어도 크기가 커서
발아 확률이 좀 더 높아요. 길게 보면 어느 게 유리하다
말하기 어렵습니다. 그리고 척박한 곳에 아무런 식물도 없는
것보다 서양민들레라도 있는 것이 낫지 않을까요?

민들레 하면 생각나는 노래가 있죠?
(참가자들 대답.)
노래가 참 많네요. 흔히 볼 수 있는 꽃이라 사람들의 정서에도
많은 영향을 끼친 모양입니다.
"님 주신 밤에 씨 뿌렸네. 사랑의 물로 꽃을 피웠네.
처음 만나 맺은 마음 일편단심 민들레야…."
조용필의 '일편단심 민들레야'인데요, 어른들은 아실 겁니다.
민들레에 왜 일편단심이란 말을 붙였을까요?
(참가자들 의견 듣기.)
민들레 뿌리는 땅속으로 2미터 이상 내려가는데,
한 줄기로 죽 내려가니 일편단심 민들레라는 말이 나왔나 봐요.
이런 노래도 있지요?
"어느새 내 마음 민들레 홀씨 되어 강바람 타고 훨훨
네 곁으로 간다…."
〈강변가요제〉에서 박미경이 부른 '민들레 홀씨 되어'인데,
이 노래 때문에 많은 사람이 잘못 알았어요.
홀씨는 포자를 말하므로 민들레 씨앗과 맞지 않아요.

민들레는 종자식물이니 홀씨라는 표현은 틀리죠.

진미령의 '하얀 민들레'도 있어요.

"나 어릴 땐 철부지로 자랐지만 지금은 알아요.

떠나는 것을. 엄마 품이 아무리 따뜻하지만 때가 되면 떠나요.

할 수 없어요…."

꽃이 지고 생긴 하얀 씨앗이 엄마를 떠나서 바람을 타고

멀리 가는 것을 연상해서 만든 노래일 겁니다.

솜털 달린 씨앗 때문에 민들레는 꽃이 두 번 핀다는 말도 합니다.

민들레 씨앗은 바람을 타고 이동하는데, 생각보다 멀리 간대요.

비행기 정비사들이 비행기에 붙은 민들레 씨앗을 떼느라 애를 먹고,

술집이나 음식점에 '탄뽀뽀'나 '민들레식당'이라는 이름이

눈에 띄기도 합니다. 처음에는 작게 시작하지만 자신의 가게가

널리 퍼지길 바라며 지은 이름인가 봐요.

민들레가 꽃대를 높이 올리는 것도 높은 곳에 있어야

바람을 타고 멀리 날아갈 수 있기 때문이지요.

제가 좋아하는 노래는 '민들레처럼'이에요.

박노해 시인의 시에 곡을 붙여 꽃다지가 부른 노래인데,

흔히 민중가요라고도 하지요.

민들레꽃처럼 살아야 한다.

(……)

특별하지 않을지라도, 결코 빛나지 않을지라도,

흔하고 너른 들풀과 어우러져 거침없이 피어나는 민들레

아아 민들레 뜨거운 가슴 수천 수백의 꽃씨가 되어

아아 해방의 봄을 부른다. 민들레의 투혼으로

가사가 조금 강하지만 의미는 잘 아실 겁니다.

'풀뿌리 민주주의'라는 말 들어보셨지요? 정치에 직접 참여하는

직접민주주의를 말합니다. 지방자치제를 말하기도 하지요.

'풀뿌리 운동'이란 말도 여기에서 유래했는데요,

자신이 사는 곳을 스스로 발전시키려고 하는 운동이에요.

자신이 주인이 돼서 권리와 책임을 다해야 한다는

생각이 중요합니다.

'민들레처럼'에는 그런 의미가 담긴 게 아닌가 싶어요.

민초라면 시키는 대로 하거나 당하고 있을 게 아니라

자신의 꿈을 위해 민들레 꽃씨가 하늘로 날아가듯

꿈을 펼쳐야 하지 않을까요?

우리도 상황이 어떻든 꿈은 꿔볼 수 있어요.

꿈이 이뤄지길 바라는 마음으로 민들레 씨앗을 불어볼까요?

(참가자들과 민들레 씨앗 불기 하며 마무리.)

불굴의 의지, 바랭이

도심 공원이나 길가에 바랭이가 보일 때 할 수 있는 숲 해설이다. 바랭이뿐만 아니라 흔히 잡초라고 부르는 식물이 보이면 진행할 수 있다.

잡초는 있나요, 없나요?

(참가자 대답. 요즘에는 잡초는 없다고 대답하는 경우가 많다.)

잡초는 있습니다. 잡雜이란 한자가 복잡하다는 뜻이잖아요.

쓸모없다는 뜻이 아닙니다. 들판에 수없이 깔린 게 풀이고,

그 종류도 헤아리기 어려우니 복잡해서 잡초라고 하지요.

쓸모없는 풀을 잡초라고 하는 경향이 있는데,

쓸모없는 풀은 없습니다. 콩밭에 난 민들레는 잡초지만,

민들레 밭에 콩이 나면 콩이 잡초가 됩니다.

잡초라는 말은 있지만 쓸모없는 풀은 없는 셈이죠.

그것을 경계해서 잡초라 부르지 말라고 한 것 같아요.

식물은 대부분 약초로 사용합니다. 약藥이라는 한자를 보면

초두머리〔艹〕에 즐길 락樂이 붙었습니다. 아픈 사람이 먹으면

병이 낫고 즐거워지는 풀을 약이라고 했겠지요.

아시다시피 요즘도 많은 약 성분을 식물에서 추출합니다.

아스피린은 버드나무에서, 모르핀은 양귀비에서 추출한 성분으로

만든 약이라는 사실은 다들 잘 아시지요?

예전에는 '개똥도 약에 쓰려면 없다'라는 말이 나올 정도로

주변에서 약효가 있는 것을 찾은 모양입니다.

주로 풀이나 나무에서 찾았겠지요.

그런 의미에서도 쓸모없는 풀은 없습니다.

잡초라고 부르는 풀은 모두 번식력이 아주 강합니다.

특히 이 풀이 강한 번식력으로 유명한데요, 혹시 아시는 분?

(참가자 대답.)

네, 바랭이입니다. 농부를 가장 괴롭히는 풀이지요.

바랭이는 옆으로 줄기를 뻗을 때 줄기가 땅에 닿으면

그 자리에 바로 새로운 뿌리가 나와서 다른 개체가 됩니다.

그러다 보니 한 포기에서 수십 포기로 금방 늘어나요.

씨앗으로 번식을 하고, 딴꽃가루받이가 안 되면

바로 제꽃가루받이해서 씨앗도 만듭니다.

이러니 농부는 바랭이가 얼마나 밉겠어요.

현명한 농부는 논두렁에 있는 풀은 뽑지 않는다고 합니다.

풀이 뿌리로 논두렁이 무너지지 않게 해주기 때문이지요.

숲에서도 이런 풀이 토양 유실을 막아 다른 나무가

살 터전을 마련합니다.

길을 걸을 때 보도블록 틈을 관찰해보세요.

그 틈마다 뭔가 자라고 있을 거예요.

매연이 가득한 도심, 그것도 날마다 수많은 사람이 밟고 다니는

비좁은 틈에서 살기 위해 꿈틀대는 풀 한 포기.

쓸모가 있네, 없네 말하기 전에 그 엄청난 생명력에

손뼉을 쳐주고 싶지 않나요?

꿈이 있든 없든 그 꿈이 무엇이든 건강히 살아남는 게

가장 중요하지 않을까요?

흔하지만 놀라운 강아지풀

요즘 반려동물을 키우는 분이 많죠?

저는 돌보는 게 어려워서 대신 반려식물을 키웁니다.

(참가자들 웃음.)

제가 좋아하는 식물은 목련 종류인데요.

새봄에 하얗게 피어나는 모습이 우아하고 향도 상큼해서

기분이 좋아집니다. 여러분한테도 이런 존재가 있나요?

집에서 기르는 식물은 아니지만, 우리가 흔히 보는 풀 가운데

강아지처럼 꼬리를 살랑살랑 흔드는 풀이 있습니다.

지금도 여기서 막 흔들고 있네요. 누굴까요?

(참가자들 대답.)

맞아요, 강아지풀입니다.

강아지풀은 이삭이 강아지 꼬리를 닮아서 붙은 이름이에요.

다른 나라에서도 개나 여우 꼬리에 비유하지요.

중국에서는 구미초狗尾草(개 꼬리 풀),

영어에서는 푸른 여우 꼬리green foxtail라고 해요.

일본 이름 에노코로구사エノコログサ는 이누코로구사いぬっころくさ가

변한 것인데, 이누가 개입니다. 네코자라시猫じゃらし라는 말을

더 자주 사용하는데, '고양이 장난감'이란 뜻입니다.

강아지풀을 보는 눈은 다들 비슷한 모양이에요.

학창 시절 한문 교과서에 등장한 강아지풀이 기억납니다.

유몽인의 《어우야담》에 나오는 '한 상국의 농사'라는 이야기입니다.
선조 때 상국(재상)으로 있던 한응인이란 사람이 시골에 내려와
농사를 짓는데, "두 번이나 김을 매주고 가꿔서 우리 논엔 벼가
푸르게 잘 자라고 있으니 이 아니 기쁠쏘냐" 자랑했어요.
시골 농부가 확인해보니 벼는 없고 모두 잡초였대요.
정치인이 서민의 삶을 이해해보겠다고 시장에 가서
어설프게 서민 코스프레하는 것을 풍자할 때 종종
'한 상국의 농사 같다'고 표현합니다.
제가 당시 배운 수업에서는 잡초를 낭유稂莠라 했는데,
해석하면 강아지풀입니다. 그때부터 강아지풀만 보면
"낭유구만~" 하며 우스갯소리를 했어요.
강아지풀 꽃 보셨나요?
(참가자들 대답.)
네, 지금 보시는 게 꽃입니다. 그리고 그곳에서 여물어
열매가 되고요. 강아지풀은 외떡잎식물이고 벼과에 속해요.
벼랑 닮았지요? 그러니 한응인도 헷갈렸겠지요.
(참가자들 웃음.)
이런 외떡잎식물은 꽃이 주로 녹색이죠. 눈에 띄는 꽃이 아닙니다.
바람을 이용해서 꽃가루받이하기 위함이에요.
강아지풀은 조라는 곡물의 야생종 선조로도 알려져 있습니다.
이팝나무와 조팝나무가 있지요. 이팝은 쌀밥, 조팝은 조밥이에요.
좁쌀은 조라는 식물의 열매고요.
조의 조상이 강아지풀이라고 생각하니 왠지 더 정감이 가고,
선사시대 사람이 강아지풀도 먹었다고 생각하면
맛이 어떤지 한번 먹어보고 싶기도 합니다.
꽃이 화려하지 않아 더욱 평범해 보이지만, 강아지풀에게는

우리가 모르는 비밀이 있습니다.

광합성을 하는 식물은 햇빛을 이용해서 포도당을 만드는데,
식물별로 그 방법이 다릅니다. 대부분은 광합성 중간 산물로
탄소 원자 세 개짜리 화합물을 만들어서 C3 식물이라고
부르는데요,
지구상의 식물 95퍼센트가 여기에 속합니다.

여름이 되면 광합성 양이 많아져서 좋지만, 이산화탄소를
흡수하기 위해 잎 뒷면의 기공을 열 때 수분 손실이 발생합니다.
수분 손실을 줄이기 위해 기공을 닫으면 이산화탄소가 부족해서
광합성 효율이 떨어지고요.

이런 단점을 극복하기 위해 새로 탄생한 식물이 탄소 원자
네 개짜리 화합물을 만드는 C4 식물입니다.

C4 식물은 햇빛이 강할수록 잘 자라고 수분 손실도 적어,
건조한 곳에서도 잘 견딥니다. 강아지풀, 옥수수를 비롯해
많은 벼과 식물이 C4 식물에 속합니다.

보잘것없고 평범하다고 여기던 강아지풀도 다른 식물이
못 하는 일을 해내는 특별함이 있습니다.

이런 생명체가 강아지풀뿐일까요?

우리가 잘 몰라서 그렇지 지구상의 대다수 생명체는
저마다 특별함으로 살아남았지요. 우리도 그 안에 포함됩니다.

평범한 것 같은 나도 좀 더 관심을 갖고 들여다보면
남들에게 없는 특별함이 있을 겁니다.

꽃받침이 꽃 역할을 하는 약모밀

'입술이 없으면 이가 시리다'는 사자성어가 뭐지요?

(참가자 대답.)

네, 순망치한脣亡齒寒. 살다 보면 순망치한이란 말이 떠오를

때가 있습니다. 이와 좀 다른 말도 있지요?

'이 없으면 잇몸으로 살지' '꿩 대신 닭'이란 말입니다.

(참가자들 웃음.)

본래의 것이 없어도 주변의 것이 그 역할을 대신한다는 뜻인데요,

그런 속담이 딱 맞는 식물이 있습니다.

지금 여러분 곁에 그런 풀이 하나 있어요. 뭘까요?

(참가자들 의아해하며 두리번거린다.)

식물에서 꽃이 중요한 역할을 하는 건 다 아시죠?

꽃가루받이를 위해 만들어진 게 꽃인데요. 그 꽃이 너무 작거나

화려하지 않으면 누군가 꽃처럼 보이려고 하겠지요?

여러분은 지금 꽃인 척하는 것을 찾으시면 됩니다.

(참가자들 두리번거리다 찾아낸다.)

네, 맞습니다. 약모밀이라는 풀이에요.

잎 모양이 메밀과 비슷하고, 약으로 많이 쓰여서 붙은 이름이지요.

하얀 꽃잎 네 장이 십자가 모양으로 달렸는데, 이건 꽃이 아닙니다.

꽃은 여기 있는 이 부분이에요.

이삭처럼 달렸는데 아주 작지요? 꽃받침이 꽃잎처럼 생겨서

얼핏 보면 꽃 같아요.

약모밀은 식물 전체에서 생선 썩는 냄새가 난다고 '어성초',

열 가지 병에 약으로 쓰인다고 '십약', 꽃잎처럼 생긴 꽃받침이

십자형으로 배열돼 '십자풀'이라고도 부릅니다.

제주도와 울릉도, 안면도 등에서 자생하지만

대개 약초로 재배합니다. 방사능에 강해서 핵에 따른 오염을

없애줄 자원 식물로 꼽히지요.

약모밀에서 나는 냄새는 데카노일 아세트알데히드라는

성분 때문인데, 일반 항생제보다 항균 작용이 4만 배나

강하다고 밝혀졌대요.

냄새 때문에 잎을 날것으로 먹기는 힘들지만,

튀김을 하거나 차로 마시면 냄새가 없어진다고 해요.

꽃을 흉내 낸 꽃받침으로 곤충을 불러들여 꽃가루받이하는

약모밀의 전략은 에너지를 아끼는 현명한 방법으로 보입니다.

실속 없이 허세 부리기보다 내실을 다지는 약모밀에게

삶의 지혜를 배우면 좋겠습니다.

잎이나 꽃받침이 꽃 역할을 하는 개다래, 산딸나무, 삼백초, 수국 등이 있
을 때 약모밀처럼 해설할 수 있다.

5.

곤충과
관련한 해설

숲해설가들이 주로 식물에 대해 해설하기 때문에 나무와 풀에 많은 분량을 할애했다. 하지만 숲에는 다른 생물도 살고, 그들에 대한 해설도 필요하다. 적은 양이라도 간단히 소개하고자 한다.

지구는 곤충의 행성?

숲에서는 반드시 곤충을 만난다. 어디를 가도 개미, 벌, 나비, 나방, 딱정벌레 등이 있기 때문이다. 따라서 어떤 숲에서나 곤충과 관련한 해설을 할 수 있다.

방금 날아간 게 뭐죠?

(참가자들 대답.)

호박벌 같지요? 우리는 살면서 동물을 만나는 일이 있습니다.

그중에 제일 만나기 쉬운 게 곤충입니다.

지구상의 동물 가운데 곤충이 차지하는 비중은 80퍼센트가 넘어요.

지구를 '곤충의 행성'이라고 할 만하지요.

간혹 외계인의 존재에 대해서 논의하고 영화에서도

외계 생명체를 다루지만, 실제로 외계인을 만난 적은 없습니다.

왜 그럴까요?

(참가자들 대답.)

외계인이 지구의 주인이 곤충이라 생각하고 곤충을

만나고 가서 그렇대요.

(참가자들 웃음.)

지구에 있는 모든 개미의 무게를 재면 인간을 모두 합한 무게와

비슷하다고 합니다. 종류뿐만 아니라 개체 수도 엄청나죠.

곤충이 이렇게 번성한 까닭이 뭘까요?

(참가자들 대답.)

네, 그들의 생존 전략이 그만큼 뛰어나기 때문입니다.

첫째, 크기가 작습니다. 작으면 포식자의 눈에 잘 띄지 않고, 적게 먹어도 살 수 있어요.

둘째, 날개가 있습니다. 날개가 있으면 포식자에게서 멀리 달아날 수 있고, 먹이 활동이나 생식 활동에 필요한 공간 이동이 쉬워요.

셋째, 몸이 튼튼합니다. 곤충은 외골격이 대부분 키틴질이라 충격에 강해요.

넷째, 번식력이 강합니다. 한 번에 많이 낳고, 알에서 어른벌레가 되는 데 오래 걸리지 않아요.

다섯째, 탈바꿈을 합니다. 알에서 어른벌레가 될 때까지 시기별로 맞게 살아요. 겨울에는 알로 견딜 수 있고, 애벌레 때는 많이 먹고, 번데기나 어른벌레 때는 먹지 않아도 되니까요. 그때그때 변화에 적응하기 쉽게 삶의 형태를 네 단계로 나눠서 생존에 유리합니다.

여섯째, 보호색을 띱니다. 곤충은 대개 주변 환경과 비슷한 색깔로 자기 몸을 숨길 수 있습니다. 벌이나 나뭇가지, 새똥 등 다른 것의 모양을 흉내 내서 자기 몸을 보호하기도 하고요.

그 밖에도 곤충은 지구에서 살아남기 적합한 생태가 있어요. 다른 동물에 비해 종류와 개체 수가 월등히 많지요.

곤충이 없다면 어떻게 될까요?

아마도 새를 비롯한 수많은 동물이 굶어 죽을 겁니다.

사람도 곤충을 먹지요? 우리나라 사람들도 번데기를 먹잖아요.

곤충이 없다면 수많은 동물의 사체와 똥이 넘쳐날 겁니다.

자연의 청소부는 대부분 딱정벌레를 비롯한 곤충이에요.

영국 사람들이 오스트레일리아로 이주하면서 먹고 살기 위해

소를 많이 들여갔대요. 그런데 캥거루 똥만 먹던 쇠똥구리가
쇠똥은 손도 안 대더래요. 발을 안 댔다고 하는 게 맞나요?
(참가자들 웃음.)
여기저기 쇠똥 천지니까 영국에서 쇠똥구리를 데려갔대요.
그제야 문제가 해결됐다고 합니다.

이렇게 곤충은 먹이사슬에서 생태계를 유지하는 데
중요한 고리가 되며, 분해자로서도 중요한 역할을 합니다.
곤충의 가장 큰 역할은 꽃가루받이입니다.
곤충이 꽃가루받이하는 덕분에 우리가 맛있는 과일을
먹을 수 있어요. 곤충이 사라지면 꽃가루받이가 어렵고,
곤충을 먹이로 하는 생물도 사라지겠지요.
아인슈타인은 꿀벌이 사라지면 인간도 4년 안에 멸망한다고 했어요.
생태계 연결 고리가 끊어지면 우리도 살 수 없거든요.
곤충이 이렇게 중요하고 주변에 아주 많지만,
우리는 징그럽다거나 귀찮아하며 곤충을 없애려고 합니다.
관심을 기울이고 하나둘 알아가면 곤충이 친구로 다가올 거예요.
곤충과 금세 친해지긴 어렵겠지만 마음을 열어보세요.

주변에 맞춰 변하는 곤충

여러분은 혹시 싫어하는 동물이 있나요?

(참가자들 대답.)

저는 쥐를 아주 싫어합니다.

어느 날 쥐와 눈이 딱 마주쳤는데, 가만히 보니 정말 쥐처럼 생긴 거예요.

(참가자들 웃음.)

그 후로 다른 것들을 봐도 정말 다 자기답게 생겼더라고요.

뱀은 뱀답고, 소는 소답고, 말은 말답고… 그때 느꼈지요.

'아, 세상에 있는 모든 것은 자기 자신으로서 완벽한 디자인이구나.'

곤충도 잘 보면 저마다 다릅니다. 물에 사는 것과 땅에 사는 게 다르고, 밤에 움직이는 것과 낮에 움직이는 게 다르며, 환경에 따라 거기에 맞는 몸을 갖추고 있습니다.

자, 여기 꽃이 있어요.

(주변의 식물을 하나 보여준다. 이왕이면 본인이 이야기하고 싶은 것을 고른다.)

라일락 혹은 수수꽃다리라고 하는데요. 엄밀히 말하면 다르지만 구분하기 어려우니 라일락이라고 생각하시면 됩니다.

이 꽃을 한번 보세요.

(참가자들과 가까이 가서 꽃을 관찰한다.)

암술대(꽃대롱)가 길어요. 어떤 곤충이 이 꽃에서 꿀을 가져갈까요?

(참가자들 의견.)

벌은 주둥이가 길지 않아요. 나비 종류는 입이 빨대처럼 생겨서
이렇게 긴 꽃의 꿀도 먹을 수 있지요. 곤충은 먹이에 따라
입 모양이 다릅니다. 먹이나 먹는 방법이 달라서 특별히 유리한
입 구조는 없어요.
조금씩 다르지만 크게 네 가지로 나눌 수 있습니다.
첫째, 빨대처럼 생긴 빠는 입이에요. 벌, 나비, 재니등에가
여기에 해당하지요.
둘째, 침같이 생겨서 찌르는 입이에요. 노린재, 매미, 모기가
여기에 속해요.
셋째, 핥는 입이에요. 파리, 사슴벌레, 풍뎅이가 여기에 해당하지요.
넷째, 씹는 입이에요. 잠자리, 사마귀, 말벌이 여기에 속해요.
입 모양을 보면 그 곤충이 무엇을 어떻게 먹을지
예상할 수 있습니다.

곤충은 색깔도 다양합니다. 대부분 보호색을 띠기 때문이에요.
메뚜기와 방아깨비, 풀무치는 나뭇잎과 비슷한 녹색을 띠며,
나무줄기에 붙어 살고 밤에 움직이는 사슴벌레와 장수풍뎅이는
어두운색을 띠지요.
이렇게 몸빛을 주변 색과 비슷하게 하는 것이 보호색입니다.
새나 다른 야생동물도 보호색을 띠는 경우가 많아요.
간혹 색깔이 선명한 곤충도 있는데, 빨갛거나 샛노란 곤충은
강렬한 색깔로 자신에게 독이 있다고 알리는 것입니다.
물론 그중에는 독이 없는 놈들도 있지요.
이렇듯 상대를 위협하기 위한 색은 경고색이에요.
넓은 의미로는 경고색도 보호색입니다.

의태라고 해서 다른 것을 흉내 내는 놈들도 있습니다.

나뭇가지와 비슷하게 보이는 자나방 애벌레나 대벌레,

나뭇잎과 비슷하게 보이는 나방, 뱀의 머리 모양을

흉내 내는 애벌레, 말벌의 무늬를 흉내 내는 등에나 하늘소,

새나 뱀의 눈처럼 보이는 무늬를 만든 나비와 나방…

모두 살아남기 위해 주로 생활하는 장소에 맞게

몸을 바꾼 곤충이에요. 이렇듯 곤충은 먹이와 사는 곳에 따라

몸의 형태를 만들었습니다.

곤충은 주변 환경에 잘 적응했기에 지금처럼 번성했어요.

다윈이 《종의 기원》에서 말했습니다.

살아남은 종은 가장 강한 종도 가장 똑똑한 종도 아닌,

변화에 가장 잘 적응한 종이라고.

사람이 살아가는 것도 이와 무관하지 않으리라 생각합니다.

화학적 언어, 페로몬

개미나 벌을 관찰하고 나서 진행할 수 있는 숲 해설이다.

여기 개미가 줄지어 이동하네요.

(참가자들과 함께 관찰.)

누가 시키지도 않는 것 같은데 참 일사불란하게 움직입니다.
사람들은 말과 글로 의사소통하고 사회를 이뤄 살면서도
다툼이 일어나고, 여러 가지 문제가 생기는데 말이죠.
곤충은 주로 특수한 화학물질을 분비해서 의사소통하며,
이 물질을 통틀어 페로몬이라고 합니다.
페로몬에는 여러 가지가 있는데, 개미는 길 표지 페로몬,
경보 페로몬, 성유인페로몬 등이 알려졌지요.
길잡이 개미는 먹이를 찾아다니며 엉덩이 부분에서
페로몬을 분비해 일정한 간격으로 지면에 묻힙니다.
뒤따라가는 동료나 새끼 개미들은 길 표지 페로몬을
더듬이로 감지하며 지금 이 개미들처럼 줄지어 이동하죠.
개미는 페로몬 10~20종으로 사회화할 수 있었다고 해요.
이 개미, 저 개미가 길 표지 페로몬으로 여기저기 표시하면
뒤따라가는 개미는 혼란스럽지 않을까요? 페로몬은 휘발성이
있어서 표시 기능을 하고 조금 지나면 증발합니다.
최근에 분비한 페로몬을 따라가면 문제없죠.

일부 곤충은 동족 인식 혹은 계급 인식 페로몬도 분비합니다.

바퀴벌레는 전원 집합 페로몬을 배설물에 섞어 분비하기 때문에

집단으로 숨어 살아요.

그깟 페로몬이 얼마나 대단하냐고 하시겠지만, 어떤 불개미는

페로몬 1그램으로 10억 킬로미터를 표시할 수 있다고 합니다.

개미가 1그램을 한꺼번에 분비하진 않겠지만, 환산하면 그렇답니다.

10억 킬로미터라고 하면 실감이 잘 안 나지요?

태양과 지구의 거리가 1억 5000킬로미터인 걸 감안하면

실로 엄청난 수치예요.

(참가자들 놀란다.)

누에나방 수컷의 더듬이 한 개에는 봄비콜bombykol 수용기가

1만 7000개나 달렸는데요, 인간이 만든 최고의 측정기보다

수천 배나 뛰어납니다. 실험 결과 누에나방 수컷 중 25퍼센트가

11킬로미터 떨어진 곳에서 암컷의 냄새를 맡고 날아왔대요.

요즘은 페로몬으로 해충을 막으려는 연구도 진행합니다.

곤충이 말할 수 있었다면 페로몬은 발달하지 않았을지 모릅니다.

말할 수 없으니 페로몬으로 의사소통하겠지요.

우리도 말 대신 페로몬을 사용하면 지금보다 의사소통이 잘될까요?

꼭 말을 많이 한다고 서로 이해하는 건 아닌가 봐요.

말하지 않아도 서로 이해할 수 있다면 얼마나 좋을까요?

없었으면 좋을 파리와 모기?

살아 있는 모든 게 존재하는 이유가 있다지요?

그래도 이것만은 없었으면 좋겠다 싶은 게 있어요. 뭔가요?

(참가자들 대답.)

어떤 사람은 쥐, 어떤 사람은 뱀, 어떤 사람은 모기라는데,

파리와 모기가 없었으면 좋겠다고 생각하시는 분이 많지요.

그것들이 왜 존재하는지도 모르겠다고요?

생태계에서 어떤 역할을 하는지 모르겠어요. 그렇죠?

(참가자들 대답.)

하지만 파리나 모기도 각각 맡은 역할이 있습니다.

간단히 알 수 있는 역할은 자신보다 큰 동물의 먹이가 됩니다.

새가 우리에게 어떤 이로움을 주는지 아시지요?

새는 뭘 먹고 사나요? 나무 열매와 작은 곤충을 먹어요.

어떤 박쥐는 모기만 먹어서 배설물에 소화 안 된

모기 눈알이 가득하대요. 중국에는 그것으로 만든 요리도 있답니다.

시황제와 서태후가 즐겨 먹었고, 영국 엘리자베스 여왕이

중국에 방문했을 때도 내놓은 고급 요리라고 합니다.

1인분에 300달러 정도 한다는데, 저는 먹고 싶지 않아요.

쥐가 없어지면 여우나 늑대는 굶어 죽을지도 모릅니다.

1960년대 우리 정부가 쥐잡기 운동을 했는데,

쥐보다 여우가 사라졌지요. 이처럼 생태계에서는 다른 동물의

먹이가 되는 역할도 중요합니다.

파리와 모기도 버섯이나 식물의 꽃가루받이에 도움을 줍니다.

모기는 암컷이 동물의 피를 빨지요. 그것도 단백질이 필요한

산란기에만 피를 빨고, 나머지 기간에는 꽃의 꿀을 먹어요.

그러다 보니 꽃가루받이 역할도 하지요.

어떤 버섯은 고약한 냄새로 파리를 유혹하기도 해요.

파리가 사체 썩은 냄새를 좋아하니까요.

왜냐고요? 알을 낳기 위해서입니다.

파리의 애벌레가 누구죠?

(참가자들 대답.)

맞아요, 구더기입니다.

그 구더기가 사체를 분해해요. 청소부 역할도 하는 셈이죠?

구더기를 치료에 이용하기도 한대요.

상처로 썩은 부위에 구더기를 넣어 썩은 살을 말끔히

먹어 치우면 봉합하죠.

자연을 잘 관찰하고 연구하면 우리에게 이로운 것이 많습니다.

어쨌든 만물은 각자 역할을 하고, 필요 없는 존재는 없어요.

아닌 것 같다고요? 그건 우리가 아직 못 알아냈기 때문이에요.

생태계를 생각하면 오히려 인간이 불필요한 존재 아닌가 싶어요.

자연을 파괴하고, 오염하고, 다른 생물을 마구 없애고….

아마도 모기가 우리를 훨씬 싫어할 거예요.

자연을 알아가는 것이 사고를 바꾸는 계기가 되기 바랍니다.

도토리거위벌레 요람 이야기

여름이 되면 바닥에 떨어진 참나무 가지가 많다. 그때 진행할 수 있는 숲 해설이다.

잠깐 멈춰보세요. 여기 보이는 큰 나무가 뭔지 아시는 분?

(참가자들 대답.)

맞습니다, 참나무예요.

참나무 종류가 여러 가지 있는데, 이 나무는 신갈나무입니다.

우리나라 숲에 가장 많은 나무예요. 그런데 바닥에 뭐가 보이죠?

(참가자 대답.)

그렇죠, 이 나무 밑에 유독 가지가 많이 떨어졌어요.

(가지 하나를 주우며) 방금 잘라낸 가지 같은데요,

여기 단면을 보세요.

(신갈나무 가지 단면을 한 참가자에게 보여준다.)

다른 분들도 바닥에 떨어진 것을 주워서 관찰해보세요.

(참가자들 바닥에 떨어진 가지를 살피며 이야기한다.)

단면이 매끄럽지요? 나뭇가지가 스스로 떨어진 건 아닙니다.

분명히 누군가가 자른 건데, 과연 누굴까요? 왜 그랬을까요?

어려울 것 같아 객관식으로 내보겠습니다.

1번 국립공원공단 직원이 숲을 가꾸는 한 방법으로.

2번 까치나 다른 새가 둥지를 짓기 위해서.

3번 다람쥐나 청서가 도토리를 따 먹기 위해서.

4번 거위벌레 같은 곤충 종류가 알을 낳기 위해서.

정답이 뭘까요?

(참가자들 의견 제시.)

네, 정답은 4번입니다.

거위벌레는 목이 거위처럼 길어서 붙은 이름이고요,

신갈나무 가지를 자른 것은 도토리거위벌레라는 녀석이에요.

이 도토리에 알을 낳는답니다. 여러분이 주운 나뭇가지에 달린

도토리를 보면 구멍이 났을 거예요. 한번 살펴보세요.

(참가자들 관찰.)

도토리거위벌레가 알을 낳기 위해 뚫은 구멍입니다.

그런데 왜 도토리에 알을 낳고, 가지를 잘라 떨어뜨릴까요?

(참가자 대답.)

많은 얘기가 있지만, 정확한 답은 없습니다.

우리는 거위벌레가 아니니까요. 추측하기로는 이렇습니다.

알을 낳아야 하는데 이왕이면 안전한 곳이 좋겠죠?

어딘가 안에 낳는 게 밖에 낳는 것보다 안전합니다.

또 알에서 깨어난 도토리거위벌레 애벌레는 도토리를 먹어요.

그러니 도토리에 구멍을 내고 거기에 낳지요.

자, 그럼 왜 가지를 잘라 떨어뜨릴까요?

(참가자 대답.)

네, 애벌레가 땅속에서 생활하기 때문입니다.

알에서 나온 애벌레가 땅에 사니까, 땅에 떨어뜨리면

이동하기 쉽겠죠? 나뭇가지 위에 있다가는 이동하는 동안

새들에게 잡아먹힐 수 있잖아요. 근데 왜 가지째 떨어뜨릴까요?

(참가자 대답.)

네, 도토리만 떨어뜨리면 충격이 크니까 잎까지 떨어뜨려서
충격을 덜 받게 하려는 것이죠.
그리고 도토리만 잘라 떨어뜨리기는 쉽지 않습니다.
나뭇가지에 바짝 붙어 있어서 가지째 떨어뜨리는 게 쉽지요.
손톱보다 작은 도토리거위벌레가 이토록 복잡한 과정을 거치는
이유가 뭘까요?

(참가자 대답.)

오로지 새끼를 위해서입니다.
새가 새끼를 위해 안락하고 튼튼하게 둥지를 짓듯이
도토리거위벌레도 정성스럽게 이런 과정을 해내죠.
다른 거위벌레도 나뭇잎을 돌돌 말아서 요람을 만드는데,
그것 역시 각고의 노력이 필요합니다.
미물이라고 하는 곤충이 이렇게 새끼를 위해 애씁니다.
우리가 욕할 때 '벌레만도 못한 놈'이라고 하잖아요.
벌레만도 못한 사람들이 있습니다. 그렇죠?

(참가자 대답.)

풀 한 포기나 벌레 한 마리도 저마다 살아가는 방법이 있고,
참으로 열심히 삽니다. 벌레한테도 배울 게 많지요.
그러니 자연을 배움터로 여기시기 바랍니다.

변신의 귀재, 매미

시나리오

여름 숲은 참으로 분주하지요.

식물은 잎을 크게 만들어서 열심히 광합성을 합니다.

새는 새끼에게 먹일 애벌레를 잡느라 부지런히 날아다니고, 곤충은
짝짓기 하느라 여념이 없습니다. 어떻게 아느냐고요?

(참가자 대답.)

네, 지금 매미 소리를 들으면 알 수 있지요.

짝을 찾기 위해서 열심히 노래하잖아요. TV에서 방송하는
프로그램처럼 매미도 오디션 중입니다.

수컷이 암컷에게 선택되고 싶어 목청껏 세레나데를 부르는 거예요.

매미는 땅속에서 오래 살다가 바깥에 나와서 얼마 못 살고

죽는 것으로 잘 알려졌어요. 땅속에 얼마나 오래 산다고 하죠?

(참가자들 대답.)

네, 길게는 17년이나 땅속에 사는 매미도 있대요.

미국에 있는 '17년 매미'는 17년마다 깨어나서 온 숲에

합창 소리를 울리죠. 다음 공연은 17년 뒤에 합니다.

알에서 깨어나 애벌레로 땅속에 살다가 탈바꿈해 어른벌레가 되어
짝짓기 하고 알을 낳고 죽는 게 매미의 한살이입니다.

매미의 한살이가 보통 3년, 5년, 7년, 13년, 17년처럼

소수 주기를 따른다고 합니다. 그 까닭은 정확히 알 수 없지만,

천적을 피하기 위한 방법이 아닐까 싶습니다.

195

소수는 '1과 그 수 자신 이외의 자연수로는 나눌 수 없는
자연수'입니다. 예를 들어 매미의 천적 중 하나가
2년 주기를 따르고 매미가 6년에 한 번 나오면 6년에 한 번은
천적과 만납니다. 하지만 매미가 7년 주기를 따르면 14년 만에
천적과 만나죠. 17년 매미는 천적이 5년 주기를 따른다면
85년 만에야 천적을 만납니다. 참으로 놀랍지요?
우리가 자주 보는 매미는 2~5년 주기를 따른다고 해요.
정말 피하고 싶은 천적은 없나 봐요.
(참가자들 웃음.)
그런데 제가 관찰한 바에 따르면, 작년에 들리던 매미 소리가
올해도 들립니다. 과연 주기설이 맞나 의문이 생깁니다.
여기 매미 허물이 있네요.
(참가자들 매미 허물 관찰하기.)
마치 옷처럼 훌렁 벗었지요? 5년간 입던 옷을 벗고 다른 나무로
오디션 보러 갔어요. 그럼 이 녀석은 어디에서 나왔을까요?
(참가자들 대답.)
네, 땅속에서 나왔겠지요. 이 나무 주변에 구멍이 있을 겁니다.
한번 찾아볼까요?
(참가자들과 매미가 나온 구멍 찾기.)
여기 있네요. 이런 구멍이 근처에도 많아요.
주변에 매미 허물도 꽤 보이죠? 나무뿌리 근처에도 있고,
저기 위쪽에도 붙었네요. 매미는 탈바꿈할 시기가 되면
땅 밖으로 나옵니다. 그 시간 계산은 매미마다 다르겠지요?
병원에 가자마자 아기를 낳기도 하고, 오래 걸리기도 하잖아요.
매미 허물도 그렇습니다. 저기 위에 보이는 허물은
오래 진통한 거예요. 이렇게 관찰하니까 재밌죠?

여름이 지나도록 나무줄기에 황토색 매미 허물이
달린 것을 보셨나요? 매미가 떠나고 허물만 남은 거지요.
호랑이가 죽어서 가죽을 남긴다면, 매미는 죽어서 허물을 남깁니다.
매미 허물을 볼 때마다 생각합니다.
'내가 정말 달라져야겠다고 생각한 뒤 이렇게 허물 벗듯
완전히 달라진 적이 있나?'

프랑스의 철학자 데카르트는 다음과 같이 말했다고 합니다.
"내가 학문에서 언젠가 확고부동한 이론을 세우려고 한다면,
일생에 한 번은 지금까지 내가 받아들인 모든 의견을
송두리째 무너뜨리고 처음부터 다시 토대를 쌓기 시작해야 한다."
자신이 그동안 믿어온 것을 모두 무너뜨릴 수 있을까요?
매미뿐만 아닙니다. 많은 곤충이 탈바꿈하죠.
과거의 자기와 완전히 다른 모습으로 다시 태어납니다.
그 모습이 놀라운 것은 우리가 그렇게 하기 어렵기 때문이에요.
몸도 마음도 완전히 탈바꿈한다는 것은 참으로 어려운 일입니다.
한여름 매미 허물을 보며 변화와 발전에 대해 생각합니다.

6.

새와
관련한 해설

숲 해설은 대개 식물에 치중한다. 식물은 만나기 쉽고, 제자리에 있어서 공부하고 알려주기도 쉽기 때문이다. 좀 더 다양한 숲 해설을 하고 싶을 때는 동물 이야기를 하면 되는데, 주변에서 동물을 보기가 쉽지 않다. 가장 쉽게 관찰할 수 있는 것이 곤충이고, 그다음이 새다. 새에 조금만 관심을 두고 공부를 시작해도 많은 이야깃거리를 발견할 수 있다.

하늘을 나는 새

여러분은 소원이 무엇인가요?

(참가자들 대답.)

저는 하늘을 맘껏 날고 싶습니다.

(참가자들 웃음.)

이카로스라고 들어보셨나요? 그리스신화에 나오는 이카로스는
다이달로스와 나우크라테의 아들입니다.

다이달로스와 이카로스는 크레타 왕 미노스의 노여움을 사서
미궁에 갇혔는데요, 새의 깃털과 밀랍으로 날개를 만들어
탈출에 성공했습니다.

이카로스는 새처럼 나는 것이 신기해서 아버지 다이달로스의
경고를 잊은 채 하늘 높이 날아오르죠. 결국 깃털을 붙인 밀랍이
태양열에 녹아 바다에 떨어져 죽었다고 합니다.

인간은 이처럼 예전부터 새처럼 하늘을 날고 싶어 했습니다.

라이트형제가 1903년 비행에 성공했고, 지금은 우주까지
날아가는 세상입니다.

그래도 인간이 스스로 하늘을 자유롭게 날 순 없습니다.

인간은 영원히 새를 동경하지요.

새도 처음부터 날진 않았습니다.

땅 위를 기던 공룡이 시조새를 거치며 날았을 텐데요,
엄청난 신체적인 변화를 통해 날고자 하는 꿈을 이룬 겁니다.

새대가리란 말이 있죠?

(참가자들 웃음.)

새는 몸에서 머리 크기를 줄였습니다. 뼈는 속을 비워 가볍게 하고,
날개는 몸에 비해 크고 강하게 만들었습니다.

꽁지깃은 방향을 조정해서 균형을 잃지 않도록 해주고요.

난소와 정소는 번식기에만 나오고, 암컷은 알이 생기면
바로 낳아요. 먹이를 먹어도 금방 배설합니다.

주변에서 새똥 한번 찾아보세요. 의외로 찾기 쉬울 겁니다.

(참가자들과 새똥 찾기.)

아, 여기 있네요. 새는 똥과 오줌을 함께 눕니다.

그래서 대부분 물똥이에요. 새똥 맞아본 적 있지요?

(참가자들 대답.)

저도 두 번 맞았는데, 재수가 좋을 거라고 애써 위로했습니다.

새는 몸속에 있는 공기주머니가 폐의 기능을 보완합니다.

날 때 나는 열을 식히는 효과도 있죠.

신체 구조를 바꿔 날게 된 새에 대해 알수록 놀랄 뿐입니다.

2억 4500만 년 전 트라이아스기부터 노력한 결과일 거예요.

인간도 그 시간이 흐르면 하늘을 날 수 있을까요?

비행기가 있으니 굳이 그럴 필요가 없을까요?

그래도 기계 없이 하늘을 날고 싶은 꿈은 여전하겠죠.

자, 그러면 새는 생태계에서 어떤 역할을 할까요?

(참가자들 대답.)

일단 곤충을 잡아먹어 개체 수를 조절합니다.

애벌레도 먹고 어른벌레도 먹지요.

새가 없었다면 지구는 더욱 곤충의 행성이 됐을 거예요.

곤충이 너무 번성하면 식물이 남아나지 않겠죠.

새 한 마리가 한 해 동안 곤충을 8만 마리나 먹는다고 합니다.
새는 식물을 번식시키는 일도 해요. 어치처럼 도토리를
땅에 묻거나, 열매를 먹고 배설하거나, 부리와 다리 혹은 몸에
씨앗을 붙이고 갔다가 떨어뜨려서 번식하게 도와줍니다.
특히 열매가 새의 위장을 통과해서 배설될 때 씨앗의 겉껍질이
연해져서 발아하기 더 좋다고 합니다. 새의 몸을 통과해서 뿌려지면
발아율이 큰키나무 35퍼센트, 떨기나무 76퍼센트나 된다고 해요.
이것만으로도 새가 숲을 가꾸는 데 큰 몫을 한다고 볼 수 있습니다.
새는 건강한 숲의 지표가 되기도 합니다.
흔히 호랑이나 표범을 먹이사슬의 최상층으로 보고
그들이 존재하면 건강한 숲이라고 여기지만, 맹금류가 있는 것도
그에 못지않게 건강한 숲의 기준이 됩니다.
어느 숲에서 붉은배새매나 수리부엉이를 봤다면 그 근처는
건강한 숲이라고 여겨도 좋아요.
새는 곤충 다음으로 자주 보는 동물입니다.
곤충은 겨울에 보기 어렵지만, 새는 겨울에도 볼 수 있어요.
오히려 우리와 가장 가까운 동물이 새인지 모릅니다.
새를 보고 싶다면 나무를 심으라고 했습니다.
숲을 보호하고 생태계를 살리려면 새를 알아야 하지 않을까요?
요즘 새의 유리창 충돌 사고가 문제입니다.
우리나라에서만 한 해 800만 마리가 건물 유리창에
부딪혀 죽습니다. 최근엔 스티커를 붙여 충돌을 막기 위해
노력은 하는데요, 새가 사라지면 생태계에는 큰 변화가 옵니다.
야생 조류를 보호하는 일이 자연보호의 정점이라 해도
지나친 말이 아니니까요.

까치집 이야기

(까치집을 가리키며) 저기 나무 위에 새집이 보이죠?

까치는 왜 저렇게 높은 곳에 둥지를 지을까요?

(참가자들 대답.)

맞습니다, 천적을 피해서 높은 나무에 둥지를 지었죠.

다른 새는 보호색으로 눈에 띄지 않게 하는데,

까치는 높은 곳에 둥지를 지어 새끼를 보호합니다.

높이 10미터 안팎에 줄기가 두세 갈래로 갈라진 나무에 지어요.

사람이나 다른 동물이 올라가기 어려운 곳이죠.

나무에 물이 오르기 전인 3월경에 둥지를 트는데,

주변 나무에서 재료를 구해요.

아까시나무 가지가 많다고 합니다.

살아 있는 가지를 꺾는 게 아니라 말라 죽은 가지로 짓죠.

둥지는 암컷과 수컷이 함께 짓습니다.

다른 새는 위쪽이 뚫린 개방형 둥지를 짓는데,

까치는 지붕이 있는 둥지를 짓고 옆에 드나드는 구멍을 냅니다.

둥지가 공처럼 보이는데, 이게 쉽지 않은 기술이래요.

우리가 해봐도 끈이나 접착제 없이 나뭇가지를 엮어서

공처럼 만들기는 쉽지 않을 거예요.

(여유가 있다면 참가자들이 직접 까치가 되어 둥지를 만들어보게

해도 좋다.)

우리가 밤이면 집에서 자듯, 새도 둥지에서 자는 것으로
생각하기 쉬워요. 하지만 새는 알을 낳고 새끼를 키울 때가 아니면
한뎃잠을 잡니다. 둥지는 새들이 자거나 쉬는 곳이 아니라
오로지 알을 낳고 새끼를 키우기 위한 공간입니다.
저 까치집 하나를 만드는 데 나뭇가지가 몇 개나 필요할까요?
(참가자들 대답.)
그거야 까치 마음이겠지요?
(참가자들 웃음.)
어떤 학자가 세어봤는데, 평균 1800~2000개라고 합니다.
새가 둥지를 만드는 데 소모하는 에너지는 상당합니다.
새는 날 때 에너지를 많이 소모하니까요.
새는 곤충과 달리 팔을 포기하고 날개를 만들어서 날갯짓하기 위해
근육의 힘을 빌려야 합니다.
새들이 가슴근육 발달한 거 아시죠?
다이어트 하거나 근육 만드는 분들, 닭 가슴살 많이 드시잖아요.
(참가자들 웃음.)
보통 둥지 하나를 만들기 위해 1000번 이상 비행을 합니다.
왜 그렇게 수고스러운 일을 할까요?
(참가자들 대답.)
네, 오로지 알을 낳고 품고 새끼를 기르기 위해서입니다.
자식을 위하는 마음은 인간이나 동물이나 같아요.
알도 암수가 번갈아 품고, 알을 품지 않는 새는 먹이를
물어 나릅니다. 알에서 새끼가 깨어난 뒤에도 스스로
먹이를 찾아 날아다니기까지 암수가 먹이를 물어 나르지요.
우리는 까마귀를 흉조로, 까치를 길조로 여깁니다.
까치가 울면 손님이 온다는 말에도 근거가 있어요.

손님은 주로 그 동네 사람이 아니니까 낯선 사람이 오는 것을
경계하는 소리로 우는 거죠. 그것이 반가운 손님이 오면
맞이하는 것으로 보여서 까치를 길조로 인식한 겁니다.
낯선 사람을 경계하는 것도 새끼를 보호하기 위한 본능이지요.

요즘 생태 건축에 대한 이야기가 자주 들립니다.
얼마 전만 해도 자연 친화적인 재료로 만들면 생태 건축이라고
했습니다. 하지만 요즘은 자연을 훼손해서 얻는 재료보다
근처에서 쉽게 구할 수 있는 재료로 지은 집, 물이나 냉난방,
전기 사용 등 에너지 소모가 적은 집을 생태 건축이라고 해요.
무엇보다 주인이 욕심을 버린 집을 생태 건축이라고 생각합니다.
그런 면에서 동물의 집이 최고의 생태 건축인데요,
그중에서도 까치집은 과학적이고 환경친화적이며
예술성이 돋보이는 생태 건축이라고 할 수 있습니다.
주변에서 관찰하기 쉽고 간단해 보이는 까치집이지만,
그 안에는 우리가 배울 점이 참 많아요. 동물의 생태를
가만히 들여다보면 응용하고 배워야 할 점이 많습니다.

7.
야생동물과
관련한 해설

숲에 가면 청서나 다람쥐를 어렵지 않게 만난다. 들쥐, 산토끼, 고라
니, 멧돼지 등 야생동물의 흔적도 심심찮게 볼 수 있다. 직접 동물을
보지 못해도 우리와 함께 사는 야생동물에 대한 해설이 필요한 경우
가 있다. 야생동물의 중요성과 역할, 흔적을 통해 어떤 메시지를 전
달하는 게 좋을지 간략히 예를 들었다.

야생동물에 대한 이해

(걷다가 다람쥐나 청서 등 포유류를 발견했을 때 하는 게 좋다.)

해설가 : 어! 방금 보셨나요? 우리 앞에 동물이 지나갔는데.

참가자 : 네, 봤어요. 다람쥐 같아요.

해설가 : 다람쥐 맞습니다. 숲속을 걷다 보면 종종 동물과
　　　　 마주치는데요, 식물에 비해 동물을 만나는 일은
　　　　 흔치 않습니다. 그래서 더 흥미롭지요.
　　　　 곤충이나 새도 야생동물이 맞습니다만,
　　　　 야생동물이라고 하면 주로 포유류를 말합니다.
　　　　 포유류가 뭔지 아시죠?

참가자 : 네, 젖먹이 동물이잖아요. 알 대신 새끼를 낳고.

해설가 : 맞아요, 오리너구리하고 가시두더지를 빼면 모두
　　　　 새끼를 낳습니다. 포유류의 전반적인 특징을 말씀드리면
　　　　 젖을 먹이고, 털이 있어서 체온을 유지할 수 있고,
　　　　 이빨이 발달해서 음식을 잘 씹고,
　　　　 몸에 비해 뇌가 커서 영리한 편이죠.
　　　　 지구에는 포유류가 4800여 종 있다고 하는데요,
　　　　 우리나라에는 102종(육상 83종, 수상 19종)이 있습니다.
　　　　 목별로 살펴보면 식충목 12종, 토끼목 3종, 박쥐목 22종,
　　　　 쥐목 21종, 식육목 18종, 기각목 6종, 소목 7종,
　　　　 고래목 13종인데, 일일이 외우기 어려우니 포유류가

100여 종 산다고 생각하시면 됩니다. 생각보다 많죠?

그런데 보기는 쉽지 않습니다. 왜 그럴까요?

(참가자 대답.)

포유류의 특성상 체격이 크고, 새처럼 날지 못하기 때문에

주변 환경의 영향을 많이 받아요.

나날이 숲다운 숲이 사라지는 요즘에는 더욱

보기 어렵지요.

게다가 청각이나 후각이 발달하고 조심성도 많아서,

우리가 숲에 오는 걸 금방 알아채고 피하거나 숨는답니다.

최근에 반달가슴곰이나 여우 복원 사업을 하는데요,

아직 이렇다 할 성과가 나오지 않습니다.

애쓰는 분들이 많으니 우리 숲에 사라진 동물이

다시 살 수 있으면 좋겠어요. 하지만 멸종 위기종을

복원하는 데서 그치지 않고 서식지부터

조성해야 한다고 생각합니다.

그들이 살 만한 환경이 아닌데 계속 풀어준다고

살아갈 수 있을까요? 야생동물이 멸종되는 것은

자연현상이라고 볼 수도 있습니다. 지구가 탄생한 뒤

수많은 동물이 멸종을 거듭했지요.

하지만 인류가 출현한 뒤 과거보다 1000~1만 배 빨리

사라진다니 자연현상은 아닙니다.

숲이 사라질수록 동물도 사라지죠. 방금 보신 다람쥐를

우리 후손은 어쩌면 그림책에서나 볼지도 모릅니다.

자연은 우리가 후손에게 빌려 쓰는 것이라고 하지요?

아이들이 우리가 보던 동물을 그대로 보기를 바라는 마음이

자연을 보존하려는 마음의 시작입니다.

야생동물의 역할에 대한 이야기

참가자 : 생태계에 야생동물이 있으면 좋다고 생각하지만,

지금 우리 옆에 멧돼지가 있다면 무서울 것 같아요.

요즘 개체 수가 늘어서 주택가에 내려오고

농부들이 애써 재배한 농작물을 망쳐놓기도 하는데,

어느 정도 개체 수를 조절해야 하지 않을까요?

해설가 : 네, 멧돼지가 사람을 다치게 했다거나 농작물에 피해를

줬다거나 상위 포식자가 없어서 개체 수가 많이 늘었다는

이야기를 방송에서 듣습니다.

하지만 멧돼지가 우리를 위협하는 동물은 아니에요.

멧돼지에게 물리는 사고가 6년 동안 6건 보고된 반면,

반려견에 물리는 사고는 1년에 2000건이나 된다고 합니다.

야생동물의 역할부터 말씀드리면 이해하기 쉬울 거예요.

야생동물은 주로 식용, 관광 수입, 모피 사업 등

경제적인 부분이나 연구 자료로 이용되지만,

생태계에 미치는 영향도 크지요.

첫째, 해충 구제에 도움이 됩니다.

해충이란 표현이 적절치 않지만, 농사짓는 분들 입장에서

보면 인간 활동에 해를 끼치는 곤충을 오소리나 박쥐 등

식충목 동물이 잡아먹어요.

둘째, 꽃가루받이를 돕거나 식물의 씨앗을 운반해서

번식에 도움을 줍니다.

씨앗을 먹고 배설해 싹이 나게 하거나, 몸에 붙여
멀리 이동시켜서 번식을 돕지요.

숲에 다니는 멧돼지 털 사이에 여러 식물의 씨앗이
들어가는데, 한 마리당 200~300개나 된다고 합니다.

멧돼지는 수 킬로미터를 움직이며 여기저기 씨앗을
뿌려주지요. 우리나라 숲에서는 식물 약 60종이
멧돼지 털에 끼어 이동한대요.

셋째, 식물의 다양성을 유지하게 해줍니다.

너무 많이 번식한 식물을 먹거나 밟아서 특정 종의
번식을 막거든요. 아프리카의 코끼리가 유명하지요?

넷째, 산림 토양을 건강하게 해줍니다.

식물에게는 질소가 필수영양소인데, 공기 중에 있는 질소가
땅에 흡수되려면 비료를 주거나 번개가 쳐야 합니다.

그런데 멧돼지 같은 동물이 땅을 파헤치다 보면
공기 중의 질소가 녹아들어 땅이 비옥해지거든요.

이렇게 다양한 도움을 주는 야생동물을 싫어하거나
없애지 말고 잘 보존해야죠.

참가자 : 그래도 멧돼지는 지나치지 않아요?

해설가 : 멧돼지에 대해서도 우리가 오해하는 부분이 있습니다.

농작물에 피해를 주는 건 맞아요. 하지만 농부들이
농사짓는 그 땅이 원래 동물의 땅 아니었나요?

경작지나 주거지를 핑계로 더 깊은 숲으로 들어간 게
우리 인간입니다. 깊은 산속보다 숲의 끝부분이
비옥하고 따뜻해서 먹이 활동이나 번식 활동에 좋은데,
지금은 그 부분이 경작지나 펜션 천지가 됐어요.

영역을 침범당한 건 멧돼지입니다. 그리고 개체 수가 많이 늘었다고 하는데요. 얼마 전 보고된 바에 따르면 10년 전과 현재 개체 수가 비슷하대요.

깊은 산속에는 먹을 게 많지 않아요.

멧돼지의 주식이 식물의 뿌리고, 특히 칡뿌리를 좋아해요. 칡은 깊은 산속보다 숲 언저리에 많고요.

그런데 사람들이 칡뿌리를 캐거나 죽여서 먹을 게 없으니 자꾸 사람들이 사는 곳으로 내려오는 거죠.

참가자 : 농부들도 먹고살아야 하고, 우리는 사람이니까 사람을 더 중시하는 것 같아요. 둘 다 잘 살 방법은 없을까요?

해설가 : 서로 잘 지내는 게 좋지요. 아직 명확한 해결 방법은 없고요. 울타리를 치는 정도가 최선으로 보입니다. 야생동물과 더불어 사는 방법을 찾으려는 마음이 중요합니다. 그들이 사라지면 결국 우리도 사라지는 날이 올 테니까요.

흔적으로 이해하는 야생동물 이야기

숲속에서 청서가 먹고 난 솔방울을 발견한 뒤 진행하면 좋다.

해설가 : (주운 것을 보여주며) 이게 뭘까요?

참가자 : 열매 같은데요.

해설가 : 네, 열매 맞아요. 그럼 무슨 열매일까요?

참가자 : 글쎄요, 잘 모르겠는데 뭔가요?

해설가 : 이건 솔방울입니다.

참가자 : 이런 솔방울도 있어요? 아, 사람들이 밟아서 그런가요?

해설가 : 아니요, 누가 먹고 버린 겁니다.

참가자 : 아, 청서!

해설가 : 맞아요, 청서가 먹고 버린 흔적입니다.

　　　　청서는 지금 우리 눈에 보이지 않지만, 분명히 여기 살죠.

　　　　이렇게 동물은 살면서 흔적을 남깁니다.

　　　　질문 하나 드릴게요.

　　　　동물의 흔적은 무엇이 있을까요?

참가자 : 먹이 흔적, 발자국, 또 뭐가 있을까?

해설가 : 발자국, 먹이 흔적, 배설물, 털, 잠자리 등이 있습니다.

참가자 : 동물을 직접 보는 건 아무래도 어렵겠지요?

해설가 : 곤충과 새는 그나마 환경 변화에 잘 적응하고,

　　　　특별한 종이 아니면 관찰하기 어렵지 않을 정도로 많아요.

하지만 포유류는 개체 수가 적고, 대부분 야행성이며,
조심성이 많고 보호색까지 띠어서 관찰하기 쉽지 않아요.

참가자 : 동물이 여기를 지나갔다는 것 말고 다른 정보도
알 수 있나요?

해설가 : 네, 흔적에는 여러 가지 정보가 있습니다.
모든 생명체는 삶의 자취가 있고, 모든 행동에는 흔적이
남기 때문에 포유류는 발자국, 먹이 흔적, 배설물, 털 등을
탐구하고 조사하면 그 동물의 움직임, 개체 수, 성별 같은
정보를 알아낼 수 있지요.
동물의 흔적은 그 동물의 자취로 끝나지 않아요.
멧돼지가 진흙 목욕한 구덩이에 개구리가 알을 낳고,
딱따구리가 파놓은 구멍에 동고비나 하늘다람쥐가 살며,
소가 싼 똥은 쇠똥구리에게 먹이와 보금자리가 됩니다.
흔적을 통해 그 동물의 존재와 행동 방식뿐만 아니라
생태계 전반을 깊이 이해할 수 있지요.
동물을 직접 보면 좋겠지만, 흔적을 통해 동물의 존재를
이해하고 사랑하는 마음을 키우는 것도 중요해요.

너구리 똥 이야기

숲에서 고욤나무, 벚나무 등 동물의 배설물에 의해 번식 가능한 식물을 만나거나 실제 동물의 똥을 발견하면 진행할 수 있다.

해설가 : 숲에는 나무가 많습니다. 왜 그럴까요?

참가자 : 사람들이 베지 않고 둬서 잘 자라고 번식한 거 아닌가요?

해설가 : 여러분, 식목일 아시죠? 뭐 하는 날인가요?

참가자 : 나무 심는 날이요.

해설가 : 맞아요. 혹시 올해 식목일에 나무 심은 분?

참가자 : …….

해설가 : 요즘은 식목일에 나무를 잘 심지 않죠.
　　　　　예전에는 숲이나 공원에 많이 심었지만, 이제 식목일이
　　　　　공휴일도 아니고 나무 심기보다 숲 가꾸기 사업을 합니다.
　　　　　여러분이 보는 이 숲에는 사람들이 심은 나무도
　　　　　있을 거예요. 하지만 모두 그렇지는 않겠죠?
　　　　　지금 우리 앞에 있는 나무 중에는 씨앗이 저절로 땅에
　　　　　떨어져 싹이 난 것도 있지만, 동물이 심은 것도 많답니다.
　　　　　새가 심은 것도 있고, 너구리가 심은 것도 있지요.
　　　　　자, 그럼 우리 주변에서 너구리가 심은 나무를
　　　　　찾아볼 수 있을까요?

참가자 : 너구리가 나무를 심어요?

해설가 : 네, 이 근처에 너구리가 심은 나무가 있습니다.
　　　　어떤 나무일까요?

참가자들 : (두리번거리며) 이 나무인가?

해설가 : 네, 여러분 중에 정답자가 있습니다.

참가자 : 제가 정답이죠?

해설가 : 아쉽지만 아니고요, 바로 고욤나무입니다.
　　　　여러분, 감나무 아시죠?

참가자 : 감나무야 알지요. 고욤나무도 들어본 것 같은데….
　　　　감처럼 생긴 조그만 열매가 달리는 거 아닌가요?

해설가 : 맞습니다. 지금은 열매가 없어서 알아보기 힘들지만,
　　　　이 나무에 감을 닮은 조그만 열매가 달립니다.
　　　　감 씨를 심으면 고욤이 난다는 이야기도 있잖아요.
　　　　고욤은 감처럼 생겨서 씨앗도 감 씨와 비슷합니다.
　　　　크기만 조금 작지요. '고욤 일흔이 감 하나만 못하다'는
　　　　말이 있듯이 맛은 역시 감보다 못합니다.
　　　　고욤은 새나 동물이 먹는데, 땅바닥에 떨어진 열매는
　　　　너구리 같은 동물이 먹지요.
　　　　너구리는 정해놓은 곳에만 똥을 눈대요.
　　　　그래서 똥과 씨앗이 많이 쌓여요. 똥은 거름이 되기도 해서
　　　　씨앗이 싹이 트면 더 잘 자라게 해줍니다.

참가자 : 그렇다고 이 나무를 너구리가 심었다는 건 억지스러워요.

해설가 : 정확히 너구리가 심었다고 할 순 없지요.
　　　　그래도 주변에 큰 고욤나무가 없는 것으로 보아
　　　　그냥 떨어진 씨앗이 여기까지 굴러온 것 같진 않고요,
　　　　크기가 크니 바람에 날렸을 리도 없고요,
　　　　새나 동물에 의해 옮겨졌을 거예요.

이 숲 한가운데 사람이 일부러 심지는 않았을 테니까요.
새는 나무에 달린 열매를 주로 먹으니 고욤을
통째로 먹고 삼키기는 무리예요. 쪼아 먹다 보면 씨앗은
바닥에 떨어지겠죠. 그러니 이렇게 멀리 온 것은
포유류가 한 일로 봐야 합니다.
우리 숲에서 자주 볼 수 있고, 고욤 같은 열매를 통째로
삼키고 배설하는 녀석이라면 너구리가 아닐까요?
사실 중요한 건 고욤나무가 동물과 협동한다는 점이에요.
버찌와 같은 핵과는 씨앗을 가운데 두고 주변에 과육을
만들어서 먹기 좋게 합니다. 자기 씨앗을 멀리 보내기 위해
에너지를 쏟아부어 만드는 거예요. 동물은 열매를 먹어
배가 부르고, 식물은 씨앗을 멀리 보낼 수 있지요.
그냥 땅에 떨어진 씨앗보다 동물의 위장을 통과한 씨앗의
발아율이 높아요. 동물의 위장을 통과해야 발아되는
식물도 있다고 합니다.
자연에서는 어느 하나 홀로 서는 존재가 없어요.
동물은 식물의 열매나 씨앗을 먹는 대신 번식을 돕죠.
고욤나무와 너구리에게 자연의 공존 혹은 협동을 배웁니다.

숲을 가꾸는 청서

잣나무, 호두나무, 참나무 등 청서가 모았다가 발아한 것으로 보이는 나무가 발견되는 곳에서 진행하면 좋다. 나무가 없어도 도토리를 주 웠거나 청서를 봤다면 연결해서 해설해도 좋다. 전체적인 흐름은 '너 구리 똥 이야기'와 비슷하다.

해설가 : (도토리를 보여주며) 이게 뭔지 아시죠?

참가자 : 도토리요.

해설가 : 맞습니다. 이 도토리를 누가 먹지요?

참가자 : 다람쥐요.

해설가 : 맞아요. 또 누가 있을까요?

참가자 : 청서?

해설가 : 네, 청서도 먹지요. 참나무 열매인 도토리를 먹는 동물은
아주 많아요. 숲속의 포유류는 모두 도토리를 먹는다고
봐도 무방합니다. 멧돼지, 들쥐, 너구리, 곰까지 도토리를
먹어요. 이 가운데 저장하는 습관이 있는 동물이 있어요.
설치류와 어치라는 새입니다. 들쥐, 다람쥐, 청서 등은
밤, 호두, 도토리, 잣 같은 열매를 다 먹지 않고
굴속에 저장하는 습관이 있어요. 다람쥐는 주로 한곳에
저장하는데, 청서나 어치는 두세 알씩 여러 곳에 숨긴대요.
그러다 보니 무슨 일이 벌어질까요?

참가자 : 못 찾는 거 아니에요?

해설가 : 맞아요. 여러 곳에 숨기다 보니 못 찾기도 하고,
다른 동물이 먹기도 하고, 다 먹기 전에
싹이 나기도 합니다.

참가자 : 그래서 나무가 됐나요?

해설가 : 도토리는 엄청 많이 달리고, 둥글고 단단해서
스스로 굴러가 번식하는 전략을 취합니다.
그러나 숲에서 관찰해보면 나무 밑에 떨어져서
멀리 굴러가는 경우는 경사지 정도예요.
빗물에 의해 땅속 깊이 들어가서 안전하게 싹 트는 개체도
있지만 드물죠. 설치류가 땅에 묻은 도토리는 그냥 두면
거의 다 싹이 튼대요. 참나무에겐 고마운 동물이죠.

참가자 : 참나무 입장에선 나무가 되는 도토리보다 청서가 먹는
도토리가 많으니 그렇게 고맙진 않겠는데요?

해설가 : 나무 한 그루가 만드는 수많은 열매가 모두 싹이 트면
오히려 문제일 거예요. 세상이 나무 천지일 테니까요.
어떤 나무는 씨앗을 수십만 개 만드는데,
그 나무 한 그루에서 나오는 씨앗만 모두 싹이 나도
산 하나를 채울 겁니다.
열매가 많을수록 발아율이 낮은 경우가 많아요.
물고기는 알을 수천 개 낳지만, 그 알이 깨어나 크게 자랄
확률은 아주 낮습니다. 동물들이 새끼를 낳아서 기를 때
살아남을 확률이 높으면 적게 낳고, 낮으면 많이 낳아요.
나무 열매도 마찬가지예요. 참나무는 그것을 알고 있어요.
자기가 만든 수많은 도토리 중 한두 개만 싹이 터서 자라도
그해 농사는 성공이죠. 그러니 청서가 고맙겠죠?

참가자 : 그렇겠네요. 한 해에 한 그루만 만들어도 수백 그루가
　　　　 될 테니….
해설가 : 그러니 나무에게는 청서 같은 친구가 필요합니다.
　　　　 자기 열매를 먹지만, 번식에 도움을 주니까요.
　　　　 자연에는 언뜻 보기엔 해가 되는 듯하나, 결국 도움을 주는
　　　　 관계가 아주 많습니다. 이런 관계를 찾아보는 것도
　　　　 숲을 이해하는 좋은 방법입니다.

　야생동물에 대해서는 더 많은 공부가 필요하다. 야생동물은 실제로 보기보
다 흔적을 통해 삶의 궤적을 상상하고 쫓아가는 경우가 많다. 전문가와 동
행하며 야생동물 탐험을 떠나보면 더 많은 이야기를 들을 수 있다.
　아울러 파충류와 양서류, 어류 등 다른 동물도 공부해야 한다. 하지만 여
러 가지 동물 이름을 알고 분류하는 것보다 그 동물을 통해 어떤 이야기를
어떻게 풀어내느냐가 중요하다.

8.
토양 생태계에
대한 해설

지상의 모든 생명은 흙에서 태어나 흙으로 돌아간다고 할 만큼 흙은 생물적으로 아주 중요하다. 식물이 뿌리 내리는 곳이며, 물의 여과기 역할을 하는 흙에는 수많은 미생물이 산다. 흙 속 미생물은 유기물을 분해하고, 식물 성장에 필요한 영양분을 저장하고 재순환시키며, 흙을 만들고 비옥하게 하며, 물을 정화하고, 오염 물질을 순화해 독성을 없애며, 탄소와 온실가스의 행로에 관여하는 등 인간은 물론 지구의 대기와 기후에도 영향을 미친다. 사람이 도시 문명을 일으켜 시멘트와 아스팔트로 흙을 덮어 죽인 반면, 보잘것없는 미생물은 흙을 살린다. 우리가 매일 밟는 발밑 세상에 좀 더 관심을 기울일 필요가 있다.

소중한 흙

지금부터 제가 여러분을 숲속으로 안내할 거예요.

먼저 여러분이 숲속에 들어갈 준비가 돼야 합니다.

저와 함께 준비할까요? 앞사람 어깨에 손을 올리고 기차놀이

할 때처럼 한 줄로 서보세요.

(참가자들 시간이 좀 걸리지만 한 줄로 선다.)

좋습니다. 그럼 이제 눈을 감아보세요. 지금부터 아무 말 없이

산길을 올라갈 거예요. 앞이 안 보이니까 제가 맨 앞에서 안내하며

천천히 걷겠습니다. 여러분도 제가 이끈다고 무조건 오지 말고

발끝에 신경을 집중해야 합니다. 자, 출발합니다!

(그대로 5분 정도 걷는다.)

이제 멈추겠습니다. 모두 눈을 떠보세요.

(참가자들 웅성웅성.)

기분이 어땠어요?

(한 사람씩 이야기하도록 한다.)

눈감고 갔을 뿐인데 참 많은 것을 느꼈지요?

앞사람에게 의지하기도 하고, 좀 무섭기도 하고요.

눈을 감으니 소리도 잘 들리고, 향기도 잘 맡는 것 같아요.

대부분 비슷할 텐데요, 혹시 발바닥은 어땠나요?

(참가자들 의견.)

네, 길이 조금씩 달라질 때마다 발바닥 느낌이 다르죠?

사람들이 많이 다닌 등산로는 딱딱하고, 풀이 많은 곳은
푹신푹신합니다. 제가 일부러 이끼가 있는 흙 쪽으로 지나왔는데요,
이때 어땠어요?

(참가자들 대답.)

부드럽고 푹신하고 좋았지요? 어떤 분들은 아스팔트만 밟다가
흙을 밟는 게 좋아 산에 오른다고 하시더라고요. 우리 몸은
자연에 맞게 설계됐어요. 그러니 자연을 찾을 때, 자연을 만날 때
기분이 좋아집니다. 내 몸도 딱딱한 아스팔트보다 푹신한 흙을
밟는 걸 좋아합니다. 수많은 생명체는 흙이 있어 살 수 있습니다.
그런데도 흙이 소중하다는 생각은 별로 안 해보셨죠? 나무나 풀이
소중하다는 생각은 하지만, 흙이 소중하다는 생각은 안 합니다.
여러분, 흙을 쥐어본 경험 없지요? 자, 한 움큼 쥐어보세요.

(참가자들 흙을 한 움큼 쥐어본다.)

냄새도 맡아보세요.

(참가자들 냄새 맡는다.)

어때요?

(참가자들 대답.)

여러분 손에 있는 흙 한 줌에 얼마나 많은 생명체가 살까요?

(참가자들 대답.)

네, 거의 비슷하게 맞힌 분도 계십니다. 건강한 숲속 토양 한 줌에는
미생물 수십억 마리가 산다고 합니다. 엄청나지요?
하지만 우리는 매일 밟고 다니면서도 그런 사실은 잊고 살아요.
지금부터라도 흙에 고마워하고, 건강하게 유지하려고
애써야겠습니다. 어떤 방법으로 흙을 건강하게 할 수 있을지
생각하며 잠시 더 걸어볼까요?

(걸으며 다른 프로그램으로 이어간다.)

흙을 만드는 지렁이

지렁이나 지렁이 똥이 발견되면 할 수 있는 해설이다.

이게 뭔지 아세요?

(참가자들 지렁이 똥을 관찰하고 각자 대답한다.)

네, 이건 지렁이 똥입니다.

(참가자들 놀란다.)

전 세계에 있는 지렁이는 3500종이 넘고, 우리나라에는 약 60종이 있습니다. 지렁이는 길쭉한 환형동물로 수많은 마디로 연결됐고, 머리에 감각기관이 몰려 있지만 눈, 코, 귀는 없습니다.

대신 피부에 빛을 느끼는 세포가 있어 밝고 어두움을 구분하고, 어두운 곳을 찾아 움직입니다.

암수한몸이지만 자가수정은 하지 못하고,

비가 오면 서로 몸을 부딪치며 지나가는 것으로 짝짓기 해요.

지렁이는 땅속 7미터까지 파고 들어가며, 들어간 곳과 다른 길로 나와서 땅속에 물과 공기가 스며들게 하는 일등 공신입니다.

덕분에 많은 생물이 살 수 있지요. 땅속에 지렁이가 산다는 건 알지만, 지렁이 똥은 대부분 처음 보시죠?

(참가자들 대답.)

만져보면 부드럽게 부서지는데요, 이런 것을 분변토라고 합니다.

지렁이가 뭘 먹고 살까요?

(참가자들 대답.)

주로 썩은 나뭇잎 부스러기를 먹어요. 잡식성이라 흙 속에 있는
세균(박테리아)이나 미생물(원생동물), 식물체의 부스러기와
동물의 배설물도 먹는답니다. 이런 유기물은 지렁이 몸속에서 흙,
소화액, 점액과 섞여 창자를 지나는 동안 흙과 함께 소화되며,
먹은 지 하루 정도 지나면 똥으로 나와요.
여기 있는 이 덩어리가 분변토인데, 똥이라기보다 좋은 거름이라고
할 수 있어요. 지렁이가 흙을 파먹으며 나아가면 그만큼 흙에
틈이 생겨 공기가 잘 통하고, 물을 머금는 능력이 높아집니다.
그 자리에 공기의 흐름이 좋아 식물의 뿌리 호흡에도 도움이 되죠.
다윈은 흙 속의 지렁이 굴을 '흙의 창자'라고 불렀습니다.
지렁이는 하루에 자기 몸무게만큼도 먹을 수 있지만,
보통 몸무게의 반 정도 먹는답니다. 지렁이가 죽은 땅을 살리는 것은
썩은 물질을 잘 먹기 때문이에요.
요즘에는 음식물 쓰레기도 지렁이를 이용해서 처리하는 가정이
있지요? '지렁이 화분'이라고 해서 아이들에게 생태 공부도 시킬 겸,
직접 키우는 가정이 늘어나고 있습니다.
4인 가족이 음식물 쓰레기를 하루에 1킬로그램 정도 내놓는데,
이는 지렁이 2000마리가 먹을 수 있는 양이에요.
생각보다 많이 키워야겠지요?
외국에서는 지렁이 개체 수를 토양 비옥도의 기준으로 삼고
땅값을 결정하기도 한답니다.
비가 온 뒤 길가에 지렁이가 많지요? 왜 그럴까요?
(참가자들 대답.)
대부분 비를 좋아해서 나온다고 생각하시죠?
지렁이는 햇빛이 비치는 것보다 습한 것을 좋아하지만,

숨을 쉬기 위해 나오는 거예요. 지렁이는 피부호흡을 하는데,
땅속에 빗물이 들어오면 숨을 쉴 수가 없잖아요.
나왔다가 땅속으로 다시 들어가지 못하고 자동차나 사람에게
밟히기도 하고, 말라 죽지요. 아직도 지렁이가 징그러운가요?
(참가자들 대답.)
《한비자》에 '아낙들이 징그러워하면서도 누에를 아무렇지 않게
손으로 만지는 것은 이익을 위해서다'라는 구절이 나와요.
사람들은 이익이 있어야 움직인다는 내용이지요.
금전적 이익뿐만 아니라 지렁이가 주는 생태적인 이익을
생각해보세요. 지렁이가 생태계를 유지하는 데 큰 공로자임을
알고 보면 덜 징그럽지 않을까요?
지렁이가 없으면 건강한 흙도 없어요.
우리가 보는 건강한 숲은 지렁이가 없으면 상상하기 힘들 거예요.
지렁이가 생태계를 위해 필요한 존재라는 것을 생각하며
조금씩 애정을 가져보세요.

신비한 생명체 버섯

여기 버섯이 있네요. 버섯은 종류가 참 많지요?

사람한테도 버섯이 나잖아요.

(참가자들 놀란다.)

사람이 나이가 들면 얼굴에 까맣게 뭐가 생기지요?

(참가자들 대답.)

맞아요, 검버섯.

(참가자들 웃는다.)

늦여름 비 온 뒤 산에 가면 버섯이 아주 많습니다.

각양각색으로 나타났다가 며칠 뒤 홀연히 사라져요.

그래서 옛사람들은 버섯이 땅을 비옥하게 하는 '대지의 음식물'

'요정의 화신'이라고 생각했답니다. 버섯에 관한 전설도 많아요.

버섯은 독특한 향미로 널리 식용하거나 약용하지만,

독버섯 때문에 두려움의 대상이기도 합니다.

고대 그리스인과 로마인은 '신의 식품'이라며 극찬했고,

중국인은 불로장생의 영약으로 여겼습니다.

버섯을 부르는 말도 나라마다 달라요.

일본어로는 '나무의 자식'이란 뜻인데요, 옛사람들은 버섯이

나무에서 생긴다고 믿었나 봐요.

한자로는 목이버섯처럼 귀를 닮았다고 '귀 이耳'로 쓰기도 하고,

초두머리[艹]를 붙여서 '버섯 이茸'로 쓰기도 합니다.

'균菌'도 버섯을 나타내지만, 식용 버섯에는 안 쓰는 것 같아요.

영어로는 '머시룸mushroom'이라고 해요.

머시mush는 곤죽인데, '곤죽이 든 방'이란 뜻으로 지었을까요?

우리말은 '버슷'에서 유래한 것으로 봅니다.

버슷의 어근 '벗(벋)'은 바지랑대의 '바', 대들보의 '보'와

같은 것으로 추측해요. 뭔가 기대놓거나 받쳐놓는 느낌입니다.

'버슷하다'라는 말도 있는데, '두 사람이 잘 어울리지 않는다'는

뜻입니다. 버섯 대와 갓이 서로 기댄 듯한 느낌이지요?

나라마다 버섯을 보는 눈이 조금씩 달랐나 봐요.

자, 문제 하나 낼게요. 버섯은 식물일까요, 동물일까요?

(참가자들 대답.)

네, 둘 다 아니죠. 버섯은 균류菌類입니다.

독립영양을 하지 않기 때문에 식물로 보지 않습니다.

지의류라고 들어보셨어요? 석이버섯은 이름에 버섯이 붙었지만,

균류와 조류藻類의 공생체인 지의류입니다.

조류는 광합성을 하고, 균류는 수분을 흡수하지요.

풀과 나무도 처음에는 뿌리가 제구실을 못 하다가,

균류가 식물의 뿌리 역할을 하며 공생을 시작했을 거예요.

지금도 식물은 균류의 도움 없이 땅속에서 물이나 양분을 흡수하기

어려워요. 우리가 아는 버섯 중에 공생하는 게 있지요?

(참가자들 대답.)

네, 송이입니다. 소나무의 실뿌리에 균근을 만들어서 물을

더 잘 흡수하도록 하고, 소나무가 광합성 해서 만든 포도당을

공급받으며 공생합니다. 송이는 인공적으로 재배할 수 없지요.

우리가 과학적으로 많이 발전했지만, 모르는 게 많습니다.

식물에 피해를 주는 버섯도 있어요. 나무껍질에 붙어서 균사가

물관과 체관에 침투하면 나무의 면역력이 떨어져 죽기도 해요.
동물에 기생하는 버섯도 있어요. 동충하초가 유명하지요.
버섯은 독특한 향기와 맛 때문에 여러 나라에서 식용합니다.
세상에는 2만 종이 넘는 버섯이 있는데, 먹을 수 있는 것은
약 1800종에 불과합니다. 독버섯을 구별하는 여러 가지 방법이
알려졌으나, 확실한 것은 없습니다.
정확히 알지 못하는 버섯은 먹지 않는 게 좋아요.
버섯의 향기 성분은 렌티오닌lenthionine, 계피산메틸methyl cinnamate
등이며, 맛 성분은 글루타민, 글루탐산, 알라닌 등 아미노산입니다.
버섯은 열량이 낮고 포만감을 높여 뛰어난 다이어트 식품이며,
식이 섬유가 40퍼센트나 들어 있어 장내 유해물과 노폐물,
발암물질을 배출하고 혈액을 깨끗하게 합니다.
면역 기능을 높여 각종 감염과 암을 예방하는 효능도 있지요.
버섯류에 함유된 단백다당류는 혈관을 청소하는 작용이 뛰어나서
혈전 생성을 억제하고, 혈전을 녹여 뇌경색 예방에
도움이 된다고 합니다.
버섯도 꽃가루가 있을까요?
(참가자들 대답.)
버섯은 포자로 번식합니다. 포자는 땅에 떨어져 싹이 트면
균사가 되지요. 균사는 다른 균사를 만나야 버섯이 됩니다.
바람이나 빗방울, 빗물, 파리 등에 의해 번식할 수 있어요.
버섯의 포자는 수백억 개에 이르며, 큰 국수버섯은 포자를
700억 개나 만든대요.
잔나비걸상버섯은 포자가 다 날아가는 데 6개월 이상 걸리고요.
그 많은 포자 중에서 버섯이 되는 개체는 많아야 10여 개랍니다.
딱따구리 한 마리가 나무 한 그루에 오갈 때,

포자 수억 개를 옮깁니다. 우리 눈에는 잘 보이지 않지만,

숲속에는 수많은 포자가 날아다녀요.

내년이 되면 다시 버섯이 자랍니다.

그 버섯이 숲속의 사체를 분해하겠지요.

우리가 모르는 일이 땅속에서도, 공기 중에서도 일어납니다.

내가 본 것뿐만 아니라 다른 세상, 다른 삶도 있음을 기억하세요.

2장

숲 생태놀이
시나리오

숲해설가가 자기 지식을 자랑하듯 늘어놓는 숲 해설은 지루할 뿐이다. 숲해설가의 첫째 과제이자 목표는 자연을 알고 싶어 찾는 이들에게 감동을 주는 것이다. 감동을 주기 위해서는 멋진 강의보다 참가자가 자연에 뛰어들어 몸과 마음으로 자연을 느끼게 하는 것이 좋다.

　숲 해설 대상은 유치원생이나 초등학교 저학년 어린이가 많다. 그렇다면 어떤 방법으로 숲을 체험하고 느끼게 해야 할까? 바로 숲 생태놀이다. 숲 생태놀이는 참가자들이 자연의 이치를 쉽게 이해하고 체험하며 깨우치게 해주는 활동으로, 숲 해설의 성격을 띤다. 숲 생태놀이가 단순한 놀이를 뛰어넘어 효과적인 숲 체험 교육이 되려면 도입과 진행, 마무리에 해당하는 시나리오가 필요하다.

1.

숲에
들어서며
할 수 있는 놀이

숲에 들어서면 숲에 관한 이야기만 해야 한다고 여기는 숲해설가가 많다. 하지만 효과적인 숲 체험 교육을 위해서는 먼저 아이들의 마음 풀기, 몸풀기가 필요하다. 그날 수업에 임하는 동기부여도 중요하다. 동기부여만 성공해도 그날 수업 전체가 성공적일 수 있다. 이를 위한 몇 가지 시나리오를 소개한다.

숲속 별명 짓기

숲에 들어가기 전에 별명을 지어보며 마음의 준비를 하는 놀이.

준비물

쪽지, 필기도구

진행 방법

- 참가자에게 쪽지 두 장과 필기도구를 나눠준다.
- 두 명씩 짝짓는다.
- 상대방을 보고 생각나는 숲속 생물(동물, 식물)을 적는다.
- 다른 쪽지에는 자신의 특기와 취미를 적는다.
- 쪽지를 주고받아서 내가 적은 것과 함께 별명을 만든다.
- 명찰에 있는 내 이름 대신 별명을 적는다.
- 숲에 가면 이름 대신 숲속 별명으로 부른다.

시나리오

숲에 들어가기 전에 한 가지 놀이를 할 거예요.

먼저 한 사람이 두 장씩 쪽지를 받으세요.

연필도 있어야겠지요? 준비됐으면 둘씩 짝지어보세요.

(참가자 둘씩 짝짓는다.)

짝이 정해진 사람은 마주 보고 손을 잡으세요.

다 잡았나요? 어디 한번 짝과 잡은 손을 흔들어볼까요?

(참가자들 손을 잡고 흔든다. 인원이 맞지 않아 한 명이 남으면

숲해설가와 짝이 된다.)

네, 모두 짝을 잘 지었네요.

이번에는 짝의 얼굴을 뚫어지게 쳐다보세요.

(참가자들은 그 순간 마주 보면서 웃음을 터뜨린다.)

봤나요? 짝의 얼굴을 보자마자 떠오르는 동물이 있을 거예요.

(참가자들은 이때도 웃음을 터뜨린다.)

자, 그 동물을 쪽지 한 장에 적어보세요.

아무리 봐도 동물이 안 떠오르는 친구는 자연에서 만나는

식물이나 바위, 냇물 등을 써도 돼요.

하지만 꼭 자연에서 볼 수 있는 것이어야 해요.

다 적었나요? 적었으면 짝이 못 보게 얼른 접으세요.

그러면 쪽지 한 장이 남지요? 거기에는 자신의 특기를 쓰세요.

남들보다 잘하는 건 뭐든 괜찮아요.

공부하기나 그림 그리기 말고 잠 오래 자기, 많이 먹기도 좋아요.

잘하는 게 없다고 생각하는 사람은 좋아하는 것을 써도 돼요.

다 적었나요? 그러면 이제 처음에 적은 쪽지를 짝과 바꾸세요.

(이때도 참가자들은 웃음을 터뜨리거나 왁자지껄한다.)

자, 누가 먼저 발표해볼까요? 친구가 뭐라고 적었어요?

(참가자의 쪽지 하나를 읽어준다.)

코끼리라고 적었네. 정말 코끼리를 닮았군.

자, 그럼 본인의 특기는 뭐라고 썼나요?

(예를 들어 참가자가 노래 부르기라고 썼다면)

아, 노래 부르기! 좋아요.

그럼 노래 부르기와 코끼리를 합해서 별명을 만들어보세요.

노래 잘하는 코끼리, 어때요?

다른 친구들도 이런 방법으로 각자 별명을 만들어보세요.

(참가자들 별명 만들기 진행 후 몇 명 발표시킨다.)

정해진 별명을 명찰에 이름 대신 적고, 오늘 하루는 그 별명이
자기 이름이 되는 거예요.

혹시 인디언이 이름 짓는 방법에 대해서 들어본 적 있어요?

(참가자 대답.)

〈늑대와 함께 춤을〉이라는 영화에 보면 '늑대와 함께 춤을'
'주먹 쥐고 일어서' 같은 이름이 나와요.

인디언은 태어나자마자 이름을 지어주지 않는대요.

그 아이의 특징이나 자라서 어떻게 됐으면 좋겠다는 바람을 담아서
지어준다고 해요. 인디언만 그런 게 아니에요.

우리 이름도 잘 보면 부모님께서 그런 의미를 담아 지었지요.

이따 집에 가서 자기 이름이 무슨 뜻인지, 왜 그렇게 지었는지
여쭤보세요. 이름을 생각하며 다시 한번 부모님께 감사하고,
이름에 담긴 뜻처럼 살기 바랍니다.

우리나라에서는 이름을 소중히 여긴다. 하지만 귀한 자식을 귀신이 데려갈
까 봐 어릴 때는 '개똥이'처럼 귀해 보이지 않는 이름으로 부르다가 다 크면
제 이름을 부르기도 했다. 이름도 자주 쓸 수 없었다. 주로 자나 호를 썼
다. 스승이나 부모, 동료가 지어준 자나 호를 자주 쓴 이유는 본래의 이름
이 소중하기 때문이다. 이름이 소중하니 자주 불러주면 좋겠지만, 옛 어른
들은 아껴야 한다고 생각했다. 이 모든 일이 자식을 사랑하는 부모의 마음
에서 비롯된 것이다.

에코 서클

모두 원을 그리고 숲에서 들리는 소리, 나는 향기 등을 조용히 듣고 맡고 느낀다.

준비물

없음

진행 방법

- 모두 원을 그리고 손을 잡는다.
- 눈을 감고 숲해설가의 지시에 따른다.
- 소감을 나누며 마무리한다.

시나리오

우리는 이제부터 숲에 들어설 거예요. 숲에서 안전하게 놀고
잘 느끼기 위해서는 우리 모두 하나가 돼야 해요.
그런 마음으로 모두 원을 그리고 손을 잡아요.
(참가자들 원을 만들고 손을 잡는다.)
오늘 함께할 동무들의 얼굴을 하나하나 살펴보세요.
여기가 위험한 곳이라면 나를 구해줄 친구도 있을 수 있고,
나중에 친해질 친구도 있을 수 있어요.
이번에는 바깥을 향해 서고 다시 손을 잡아보세요.
(참가자들 돌아서서 다시 손을 잡는다.)

주변을 둘러보세요. 여기가 오늘 하루 동안 우리가 놀 숲이고,

우리에게 산소와 먹을거리, 입을 거리, 살 집도 주고,

기분을 신선하게 해주고, 수많은 선물을 주는 숲이에요.

자, 눈을 감아볼까요?

(참가자들 눈을 감는다.)

숲의 소리에 귀 기울여보세요. 멀리 새소리도 들릴 거예요.

새소리는 친구를 찾는 소리일 수도 있고,

가까이에서 부스럭거리는 소리는 다람쥐가 도토리를 꺼내 먹느라

내는 소리인지도 몰라요. 이제 코로 맑은 숲속 공기를

깊이 들이마셨다가 천천히 내쉬어보세요.

(참가자들 숨을 깊이 마셨다가 천천히 내쉰다.)

다시 한번 천천히 들이마시고 내쉬고….

우리도 자연에서 왔기 때문에 숲에 오면 편안하고 행복해진대요.

자, 이제 눈을 떠보세요. 어땠어요?

(참가자들 소감을 이야기한다.)

네, 좋아요. 다들 마음이 좀 차분해졌지요?

숲에 들어갈 마음의 준비를 마쳤으니 신나게 놀아요.

숲으로 출발!

귀를 기울이면

집중하기, 귀 기울이기. 모든 것은 마음먹기에 달렸다.

준비물

없음

진행 방법

- 눈을 감고 주변의 소리를 들어본다.
- 자신이 들은 소리가 몇 가지인지 세어본다.
- 참가자들과 이야기해본다.
- 다시 한번 듣고 달라진 게 무엇인지 알아본다.

시나리오

밖에 나오니 기분이 어때요?

(참가자들 대답.)

시원하고 좋지요? 우리 모두 눈을 감아볼까요?

눈을 감고 무슨 소리가 들리는지 귀 기울여보세요.

내 귀가 물을 흡수하는 스펀지처럼 주변에 들리는 작은 소리부터

큰 소리까지, 가까이 있는 소리부터 멀리서 희미하게 들리는

소리까지 모두 들어보세요.

그리고 그 소리가 어떤 소리인지 생각해보세요.

이제 그 소리가 몇 가지나 되는지 손가락으로 세어보세요.

(1~3분 시간을 준다.)

다 세었나요? 그럼 눈을 뜨세요.

내가 들은 소리가 세 가지 미만인 사람, 손을 들어보세요.

(참가자 손든다.)

그럼 네 가지?

(참가자 손든다.)

다섯 가지?

(참가자 손든다.)

그 이상인 사람, 손을 들어보세요.

(참가자 손든다.)

한 사람 있네요. 몇 가지 소리를 들었어요?

(참가자가 여덟 가지 소리를 들었다고 가정하자.)

여덟 가지나? 무슨 소리를 들었는지 말해보세요.

(참가자 : 자동차 소리, 새소리, 물소리, 낙엽 부딪히는 소리, 바람 소리,
내 숨소리, 깃 스치는 소리, 선생님 말소리를 들었다고 대답.)

와! 정말 많이 들었네요.

이 친구가 들은 여덟 가지 소리에 여러분이 들은 게 모두 있나요?

(참가자들 대답.)

맞아요, 안 들어간 것도 있어요. 또 무슨 소리가 들렸어요?

(참가자 : 오토바이 소리, 선생님 발자국 소리 등 대답.)

그래요, 많이 들은 친구도 놓친 소리가 있어요.

자, 그럼 다시 눈을 감고 귀 기울여보세요.

처음에 들은 소리는 빼고 다른 소리가 들리는지 들어보세요.

(1~3분 시간을 준다.)

이제 눈을 뜨세요. 처음보다 더 들리나요, 덜 들리나요?

(참가자들 더 들린다고 대답한다.)

몇 가지나 더 들었어요?

(참가자들 대답.)

그래요, 분명히 처음보다 두 번째에 더 많은 소리가 들려요.

갑자기 내 청각이 좋아졌을까요, 집중해서 더 잘 들렸을까요?

(참가자들 대답.)

맞아요. 우리는 지금 같은 시간, 같은 장소, 같은 선생님한테

수업을 듣고 있죠? 하지만 돌아갈 때는 각자 다르게 느낄 거예요.

지루했다는 친구도 있고, 즐거웠다는 친구도 있고, 새로운 것을

알아서 기뻤다는 친구도 있을 거예요.

선생님은 한 사람이라 똑같은 수업을 했는데 말이에요.

그러니까 지루하거나 즐거운 건 누가 결정하지요?

(참가자들 대답.)

그래요. 오늘 두 시간 동안 선생님과 숲에서 놀이도 하고

이야기도 들을 텐데, 어떻게 마음먹고 수업에 임하느냐에 따라서

두 시간이 즐거울 수도, 재미없을 수도 있어요.

오늘뿐만 아니라 학교에서도 그렇고, 어른이 되어 세상을

살아가는 것도 그래요. 모든 게 마음먹기에 달렸다는 말,

무슨 뜻인지 잘 알겠죠?

(참가자들 대답.)

먼저 이 길로 가볼까요?

(숲으로 이동하며 다음 수업으로 이어간다.)

손 풀기

과제를 스스로 해결할 때 즐겁다는 것을 알게 하는 놀이.

준비물

없음

진행 방법

- 원을 그리고 선다.
- 손을 엇갈려서 잡는다.
- 손을 놓지 않은 상태에서 꼬인 팔을 풀어본다.
- 소감을 나누며 마무리한다.

시나리오

친구들, 안녕?

(참가자들 : 안녕하세요!)

만나서 반가워요. 우리 친구들도 서로 인사할까요?

(참가자들끼리 인사.)

우리가 친구들 얼굴을 다 보려면 어떻게 모이는 게 좋을까요?

(참가자들 대답.)

그래요, 안쪽을 보고 동그랗게 모여보세요.

(참가자들 원으로 모인다.)

이제 선생님 얼굴도 보이고, 다른 친구들 얼굴도 볼 수 있지요?

(참가자들 : 네.)

그럼 옆 친구 손을 잡으세요. 지구는 동그랗고, 그 위에 사는
동물이나 식물도 이렇게 하나로 연결됐어요.

그런데 늘 행복하고 즐겁진 않아요. 서로 잡은 고리가
끊어질 수도 있거든요. 전쟁이나 산불이 날 수도 있겠지요?

잡은 손을 놓고 왼손은 아래로, 오른손은 위로 들어보세요.

그다음에 오른손과 왼손을 이렇게 교차해보세요.

팔이 꼬였지요? 그 상태로 친구들 손을 잡아보세요.

(참가자들 손을 엇갈려서 잡는다.)

다 잡았으면 지금부터 손을 놓지 말고 팔을 풀어보세요.

(대부분 회전하며 바깥을 보고 팔이 풀어지게 한다.)

아까처럼 안쪽을 바라보며 풀어야 해요. 다시 해보세요.

(참가자들 의견을 교환하거나 답을 알려달라고 한다.)

이건 시간이 조금 걸려도 선생님이 답을 알려주지 않을 거예요.
서로 의논해서 해결해보세요.

(시간이 지나도 답을 주지 않고 끝까지 기다리면 답을 찾고 해결한다.
그러다가 스스로 풀면 손뼉 치고 환호한다.)

와! 아주 잘했어요.

5분이 걸렸지만, 선생님의 도움을 받지 않고 여러분 스스로
문제를 해결했어요.

숲속에 들어가서도 여러분 앞에 어떤 어려움이 놓일 거예요.

궁금한 게 있거나, 벌레에 물렸거나, 넘어졌거나, 친구와 의견이
맞지 않아 말다툼할 때마다 무조건 엄마나 선생님을 부르지
말았으면 좋겠어요.

아까 팔이 꼬였을 때 선생님이 정답을 바로 알려줬다면
푸는 데 10초도 걸리지 않았을 거예요.

하지만 지금처럼 5분 걸려서 푼 느낌은 받지 못했겠지요.

그리 신나지도 않고. 그렇죠?

친구들과 힘을 모아 문제를 해결할 때 기쁨이 훨씬 크거든요.

오늘 숲에서는 선생님이 이렇게 해라, 저렇게 해라

말하지 않을 거예요. 답도 바로 알려주지도 않고요.

여러분 스스로 생각하고 해결하도록 노력해보세요.

잘할 수 있지요?

(참가자들 : 네.)

이제 본격적으로 숲속 탐험을 시작해볼까요? 숲으로 출발!

숲에 인사하기

숲에서 만날 동물에게 인사하며 몸풀기, 마음 풀기를 해보는 시간.

준비물

없음

진행 방법

- 숲에 들어가기 전, 숲에 인사하자고 한다.
- 숲속에서 만날 동물을 생각하며 크기를 상상한다.
- 숲속 동물의 크기에 맞게 발을 구르며 숲에 인사한다.
- 숲에 인사하며 몸도 푼다.

시나리오

우리가 갑자기 숲에 들어가면 숲속 친구들이 깜짝 놀랄 수
있으니까, 살짝 노크하듯이 우리가 온 것을 알려주면 좋겠어요.
어떻게 하면 좋을까요?
(참가자들 대답.)
좋은 생각이에요. 지금부터 다 같이 숲속 친구들에게 인사해요.
그런데 한꺼번에 여러 친구에게 하지 말고 작은 친구부터
큰 친구로 소리를 점점 크게 해보세요.
먼저 개미에게 인사해요. 개미는 작으니까 우리도 작게 말해요.
발자국 소리도 작게 내면서 "개미야 안녕?" 하고 발을 살짝 들어

땅에 댔다가 떼보세요.

(숲해설가가 시범을 보이고 참가자들이 따라 하게 한다.)

땅강아지에게도 인사해요. 땅강아지는 개미보다 조금 크니까
조금 큰 소리로 해요. 그렇다고 아주 크지 않고 개미에게
한 것보다 조금만 크게 해요. 자, 인사해볼까요?

"땅강아지야 안녕?" 하고 발바닥을 땅에 댔다가 떼보세요.

(숲해설가가 시범을 보이고 참가자들이 따라 하게 한다.

이런 방식으로 뒤에 만날 동물에게 하는 인사도 설명해준다.

"두더지야 안녕?" 하고 모둠발로 살짝 뛴다.

"너구리야 안녕?" 하고 제자리에서 모둠발로 높이 뛰었다가 내려온다.

"곰아 안녕?" 하고 제자리에서 더 높이 뛰었다가 내려온다.

"북한산아 안녕?" 하고 제자리에서 아주 높이 뛰었다가 내려온다.

"지구야 안녕?" 하고 가장 높이 올라갔다가 내려온다.

그때마다 참가자들은 숲해설가가 하는 대로 따라 한다.)

이제 모두 알았지요? 다 같이 처음부터 다시 해보세요.

(참가자들 개미부터 지구까지 이어서 인사한다.)

숲속 동물들과 지구가 우리가 온 것을 알아차렸을까요?

(참가자들 대답.)

숲에서 곤충이나 새소리, 귀를 스치고 가는 바람 소리,
바람이 불 때 나뭇잎 소리 등을 들으려면 조심조심 다녀야 해요.
그런데 뱀이나 멧돼지 같은 동물이 있을지도 모르니까
우리가 왔다고 알려주는 것도 필요해요.
우리가 큰 소리로 인사했으니 숲속 동물들이 숨거나,
우리가 어떻게 생겼는지 빼꼼 내다볼 거예요.
우리도 어떤 친구들을 만날지 두리번거려봐요. 알았지요?

2.
숲에서
할 수 있는
유형별 놀이

느끼기

숲 체험 교육을 하는 가장 큰 이유는 아이들에게 자연을 느끼게 함으로써 자연에 대한 감수성을 기르기 위해서다. 자연을 느끼게 하고 감수성을 자극할 구체적인 방법이 필요하다.

그냥 두기

숲해설가는 대개 숲 체험 교육이라고 하면 준비된 교구와 프로그램으로 아이들에게 다가가려 한다. 하지만 처음에는 아이들 스스로 천천히 자연에 다가가는 게 좋다.

'그냥 두기'는 수업 같지 않지만, 전체 숲 생태놀이를 잘 진행하기 위해 필요한 시간이다. 처음부터 식물이나 동물 이야기 같은 수업을 들이대기보다 말없이 자연을 느끼며 걷게 하는 게 좋다. 나이가 어릴수록 이런 시간을 늘린다.

숲에서 마음껏 뛰어놀고 눈, 코, 귀, 입, 손으로 자연을 느끼는 것만으로도 좋은 숲 체험 교육이 된다. 아이들은 신기한 풀 한 포기에 발걸음을 멈추고 관찰하고, 새로운 사실을 발견하면 동무들과 공유하고, 궁금한 것이 있으면 숲해설가에게 물어보고, 궁금하지 않으면 다른 행동을 하며 놀 것이다.

아이들이 열심히 산딸기를 따 먹을 때 참관하는 선생님이나 유치원 원장님이 "저기 선생님, 이제 애들 그만 놀리고 수업해야지요"라고 하면 숲해설가는 이렇게 말하자.

"쉿! 방해하지 마세요. 지금 아이들이 입으로 자연을 느끼고 있잖아요."

내 친구 찾기

두 명씩 짝짓기, 눈 가리고 자연물 소개하기.

눈가리개

- 두 명씩 짝짓는다.
- 가위바위보 해서 진 사람은 눈을 가린다.
- 이긴 사람은 진 사람에게 소개해줄 나무를 찾아서 안내한다.
- 진 사람은 눈을 가린 채 나무를 충분히 만지고 기억한다.
- 제자리로 돌아와서 눈가리개를 풀고 나무를 찾아본다.
- 역할을 바꿔서 해본다.

(가지고 있는 물건을 보여주며) 선생님이 들고 있는 게 뭐예요?

(참가자들 대답.)

맞아요, 그런데 어떻게 알았지요?

예전에 본 것을 기억했다가 맞힌 거예요.

눈을 가리면 이게 뭔지 알 수 있을까요?

(참가자들 대답.)

모두 눈을 감아보세요. 선생님이 왼손에 들고 있는 게 뭘까요?

(참가자들 모른다고 대답.)

그래요, 안 보이면 몰라요.

안 보이는데도 알려면 어떻게 해야 할까요?

(참가자들 대답.)

맞아요, 만져보면 알 수 있어요. 눈을 감은 채 손을 내밀고 있다가
선생님이 쥐여주는 것을 만져보세요.

아직 정답을 얘기하면 안 돼요.

(솔방울을 한 사람씩 만져보게 한다.)

만져보니 알 것 같아요? 정답이 뭔가요?

(참가자들 대답.)

맞는지 눈을 떠볼까요?

(참가자들 맞았다고 좋아한다.)

이제 좀 더 어려운 찾기 놀이를 할 거예요.

두 사람씩 짝짓고 가위바위보 하세요.

(참가자들 가위바위보 한다.)

이긴 사람 손들어보세요.

(이긴 사람에게 눈가리개를 나눠준다.)

이긴 사람은 진 사람 눈을 가리세요.

(이긴 사람이 진 사람 눈을 가린다. 이때 웃거나 장난쳐도 그냥 둔다.
눈만 보이지 않게 잘 가리면 된다.)

이긴 사람은 진 사람을 데려가서 나무를 소개해주고 돌아오세요.

진 사람은 제자리에 온 다음 눈가리개를 풀고 소개받은 나무를
찾아보는 거예요.

눈 다 가렸나요? 다 가렸으면 눈 가린 친구가 발걸음으로
찾을 수 없게 제자리에서 빙글빙글 돌려도 좋고,
꼬불꼬불 가도 좋아요.

자, 출발!

(이때 여러 군데 다니면서 진행한다. 처음 장소에 있다 보면 아이들이 자기 위치를 추정할 수 있기 때문이다.)

자, 이제 출발한 장소로 모이세요. 다 모였나요?

모였으면 눈가리개를 벗고 소개받은 나무를 찾아보세요.

맞는지 틀리는지 안내한 친구가 확인해주면 돼요.

(참가자들 놀이 진행.)

모두 찾았나요?

(참가자들 대답.)

이번에는 바꿔서 해보세요.

(참가자들 역할을 바꿔서 진행한다.)

모두 잘 찾았나요? 어떻게 찾을 수 있었지요?

(한 친구에게 질문하고 답을 들어본다.)

아주 잘했어요. 우리는 이렇게 눈으로 보지 않아도

다른 감각을 이용해서 뭔가 관찰하고, 알아낼 수 있어요.

우리 몸의 감각기관을 이용해서 종합적으로 관찰하는 거예요.

평소에 아무 생각 없이 지나치는 것 같지만,

우리는 감각을 활용해서 살고 있어요.

조금 더 주의 깊게 관찰하면 더 많은 것을 느끼고,

더 많은 자연의 소리를 듣고, 더 많은 자연과 교감할 수 있지요.

지금부터는 좀 더 자세히 보고, 손으로 만져보고, 냄새도 맡아보고,

먹을 수 있는 건 먹어보면서 자연을 알아가도록 해요.

아이들은 나무 찾기 놀이를 하며 나무와 자연을 느낀다.

밧줄을 따라서

다양한 감촉을 느끼는 촉감 놀이.

준비물

눈가리개, 밧줄(지름 1~2센티미터, 길이 10미터 정도)

진행 방법

- 참가자들이 모르게 미리 자연물에 밧줄을 감아둔다.
- 다양한 자연물을 선택해서 묶는다.
- 한 사람씩 눈 감고 밧줄을 따라 이동해본다.
- 느낌이 어떤지 이야기하며 마무리한다.

시나리오

지름 1~2센티미터, 길이 10미터 정도 되는 밧줄을 촉감이 다른 나무와 기타 자연물, 인공물 등에 묶어둔다. 밧줄은 참가자들이 볼 수 없는 곳에 나무와 돌, 풀, 벤치 등 촉감이 다른 것을 만지며 갈 수 있게 구불구불 세팅하는 게 좋다. 참가자들은 미리 눈을 가린다. 어른은 눈을 감고 할 수 있지만, 아이들은 대부분 도중에 눈을 뜨기 때문에 눈가리개를 준비한다.

지금부터 눈을 가리고 걸어볼 거예요.
모두 눈을 가렸나요? 이제 낭떠러지 옆을 걸어갈 거예요.
(참가자들 당황한다.)
낭떠러지가 위험하겠지요? 그래서 밧줄을 묶어놨어요.

그 밧줄만 잡고 가면 위험하지 않으니 밧줄을 만지며 가세요.
맨 마지막에는 선생님이 손으로 잡고 있을 테니 선생님 손을 만지면
끝난 거예요. 끝까지 간 친구는 눈가리개를 벗고 잠깐 선생님 곁에
있으면 됩니다.
다른 친구들이 아직 하고 있을 테니 소리 내거나 말하지 말고
가만히 서서 기다리면 돼요. 자, 그럼 한 사람씩 시작해볼까요?
(참가자들 한 줄로 천천히 밧줄을 만지며 걷는다.)
어? 거기 조심!
(평지라 위험하지 않으나 긴장감을 주기 위해 추임새를 넣는다.)
좋아요, 잘하고 있어요.
(끝까지 간 사람들이 한 사람씩 늘면서 다 마친다. 모든 참가자가
마치면 이야기한다.)
어땠어요?
(참가자들 : 속은 기분이에요.)
낭떠러지가 아니고 평지여서 속은 기분이지요?
그래도 보이지 않으니 좀 무서웠을 거예요.
다른 거 느낀 사람 없나요?
(참가자 : 잣나무 껍질이 생각보다 거칠었어요. 마지막에 선생님 손을
만졌을 때는 무척 부드러웠고요.)
그래요, 여러 종류를 만지는 기회가 됐어요.
평소에는 잘 몰랐지만, 눈을 가리고 천천히 가면서 만지니
새롭게 느껴졌을 거예요. 평소 이 길을 걸으면 얼마나 걸릴까요?
(참가자들 대답.)
몇 초도 걸리지 않았을 거예요.
그런데 눈을 가리고 낭떠러지라고 생각하니 5분이나 걸렸어요.
오래 걸린 만큼 이곳을 충분히 느끼며 갔지요. 몇 초 만에 걷던

길을 5분이나 걸렸으니 얼마나 많은 것을 만지고 느꼈겠어요.

우리 모두 숲속에 들어왔어요.

어떤 친구는 많은 것을 보고 느끼지만, 어떤 친구는

다른 친구와 장난치고 노느라 제대로 보고 느끼지 못해요.

누가 더 좋겠어요?

(참가자들 : 많은 것을 보고 느낀 사람이오.)

맞아요. 친구랑 노는 것도 재미있지만, 숲에 왔으니 다른 때보다

가까이 가서 직접 만져보고 향도 맡아보는 게 좋아요.

지금부터 본격적으로 숲에 들어갈 텐데, 마구 뛰고 나뭇가지를

꺾거나 던지지 말고 천천히 걸으면서 편안하게 숲을 느껴봐요.

잘할 수 있지요?

관찰하기

그냥 보는 것과 관찰하는 것은 다르다. 그냥 본 것은 기억을 되살려 그리라면 엉뚱하게 그리거나 제대로 그리지 못한다. 하지만 관찰한 것은 실제 모양과 거의 비슷하게 그린다. 관찰력이 뛰어난 사람은 다른 사람들이 보지 못하는 것을 보고, 말로도 훨씬 더 생생하게 표현한다. 그렇기에 관찰력은 우리가 살아가는 데 큰 영향을 미친다.

그런데 왜 자연에서 관찰하기 놀이를 할까? 자연만큼 관찰력을 기르기 좋은 곳이 없기 때문이다. 숲에는 수많은 동식물이 다양한 형태와 방식으로 살아간다. 그 모습을 보는 것만으로도 관찰력을 기르는 데 도움이 된다. 대다수 생태놀이가 관찰하기 방식을 띠는 것도 이 때문이다.

글자 찾기

글자와 비슷한 자연물 찾아보기.

흰 보자기(없어도 무방함)

- 숲해설가가 주운 자연물을 보여주며 글자와 비교한다.
- 참가자들도 자연에서 글자를 찾아본다.
- 찾아온 자연물로 단어나 문장을 만든다.

(자연물 중에 글자와 닮은 것을 찾아서 보여주며 말한다.)

방금 여기서 주웠는데, 짜잔~! 이게 뭘까요?

(참가자 : 나뭇가지요.)

이 나뭇가지가 무엇을 닮은 것 같아 선생님이 주웠어요.

뭘 닮았지요?

(참가자 : 뱀이오.)

뱀 같다고요? 그렇기도 하네요.

선생님은 척 보는 순간 어떤 글자를 닮은 것 같았어요.

한글에 있는 글자인데, 무슨 글자와 비슷한가요?

(참가자 : 디귿이오.)

와! 정답이에요. 선생님도 보는 순간 'ㄷ 자' 같다고 생각했어요.

여러분도 선생님처럼 숲에서 돌멩이나 막대기 중에

한글과 닮은 것을 발견할 수 있을까요?

(참가자들 : 네!)

좋아요. 그러면 지금부터 주변을 둘러보면서 ㄱㄴ도 좋고,

ㅏ ㅑ ㅓ ㅕ도 좋으니 한글과 닮은 것을 한 개씩 가져오세요.

(참가자들 돌아다니며 자연물 글자 찾기 진행.)

자, 이제 모이세요. 여러 개를 찾은 친구도 있네요.

그중에 제일 비슷하거나 근사한 것 한 개만 골라요.

(이때 바닥에 보자기를 깔면 좋지만, 바위나 그루터기가 있으면

굳이 보자기를 깔지 않아도 된다.)

어디 보자… 민수는 이게 무슨 글자 같아요?

(참가자 : 기역이오.)

정말 똑같이 생겼네요.

진희는 이게 무슨 글자를 닮아서 가져온 거예요?

(참가자 : 시옷이오.)

와! 정말 똑같네요. 다들 잘 찾았어요.

지금부터 선생님이 손가락으로 두 명 하고 외치면

두 명이 모여서 글자를 만들어야 해요.

자, 여기 민수가 들고 있는 건 'ㄱ' 같지요?

다영이가 들고 있는 건 'ㅏ' 같아요.

둘을 합하면 '가'가 되지요? 이렇게 글자를 만드는 거예요.

그럼 시작해볼까요? 자, 두 명!

(아이들끼리 뭉쳐가며 글자 만들기 놀이를 한참 진행한다.

사람 수를 늘려서 단어 만들기를 해도 된다.)

글자 만들기 재밌어요?

(참가자들 : 네!)

이제 다른 장소로 이동할 텐데, 우리가 가진 글자를 이용해서
다음에 여기 오는 사람들에게 하고 싶은 말을 써보면 어떨까요?

(참가자들 : 좋아요!)

여기 바위에 멋진 말 하나 써주고 가요.

아이들이 어린 경우 바닥에 놓으며 글씨 만들기만 해도 좋다. 한글을 모르
는 아이들은 동물 모양을 찾아보게 하고 자연물 동물원을 만들어줘도 무방
하다. 어떤 경우든 아이들이 자연을 좀 더 꼼꼼히 보는 계기가 된다. 이 놀
이를 한 아이들은 숲을 걸으며 글자와 모양을 찾는다.

숲속 빙고

숲을 입체적으로 관찰하게 해주는 놀이.

준비물

빙고 카드(내용 : 버섯, 나무에 달린 가시, 똥, 이끼, 동물의 먹이 흔적, 깃털, 빨간 열매, 솔방울, 주운 나무껍질, 도토리, 향기 나는 잎 등 자연물 9개)

진행 방법

• 막대기를 주워서 빙고판을 만들게 한다.
• 준비한 카드를 각 칸에 놓는다.
• 카드에 해당하는 자연물을 찾는다.
• 빙고판을 보며 이야기 나눈다.

시나리오

여기에서 빙고를 해볼 거예요. 나무 막대기를 주워서
땅바닥에 가로세로 세 칸씩 아홉 칸짜리 빙고판을 만들어요.
자, 시작!
(참가자들 막대기를 주워서 바닥에 빙고판을 만든다.)
잘 만들었어요. 이제 선생님이 카드를 줄 테니
한 칸에 한 장씩 놓아보세요.
(참가자들 카드를 빙고판에 놓는다.)
자, 이 카드에 적힌 것을 숲에서 찾아 그 칸에 놓아보세요.

세 줄을 완성하면 "빙고!"라고 외치는 거예요.

대각선으로 이어도 돼요. 어떻게 하는지 알겠죠?

(참가자들 빙고 진행.)

와, 세 줄 완성했네! 잘했어요. 가장 찾기 쉬운 게 뭐였어요?

(참가자들 대답.)

가장 찾기 쉬운 건 ○○이지요? 이 숲에 그 식물이 많아서 그래요.

이 숲은 그 식물이 자라기에 아주 좋은 조건이라는 뜻이죠.

가장 찾기 어려운 건? 맞아요, ○○예요.

이 숲에는 그 동물이 별로 활동하지 않는다는 뜻이에요.

이렇게 모두 살펴보지 않아도 주변의 상황으로 짐작할 수 있어요.

이것은 무엇일까?

친구 이야기를 듣고 해당하는 자연물 찾기.

준비물

흰 보자기(없어도 무방함)

진행 방법

- 짝이 된 두 사람이 마주 선다.
- 숲해설가가 "시작" 하면 각자 뒤쪽으로 가서 자연물이나 물건을 하나씩 정해 꼼꼼히 관찰한다.
- 숲해설가가 1부터 20까지 세는 동안 제자리로 돌아온다.
- 각자 본 것을 이름은 말하지 않고 색깔과 크기, 모양 등 관찰한 내용으로 설명한다.
- 이번에는 각자 반대편으로 헤어져 짝이 설명한 물건을 찾는다.
- 돌아와 가져온 물건이 맞는지 확인한다.

시나리오

숲에 오면 나무 말고도 볼 게 아주 많아요.

그런데 우리는 휙 지나면서 대충 보지요.

무엇이든 잘 알려면 오래, 자세히 봐야 해요.

선생님이 문제 하나 낼게요. 여기 있는 것 중에 찾아보세요.

키가 선생님보다 크고, 굵기는 선생님 허벅지 정도예요.

잎 모양은 길쭉한데, 잎 주변에 톱니 같은 게 달렸어요.

나무껍질은 여러 가지 색이에요.

이 친구는 누구일까요?

(참가자들 두리번거리다 설명한 나무를 찾는다.)

잘 찾았어요. 바로 이 나무예요.

그럼 지금부터 여러분이 살펴본 것을 친구에게 설명하고

그게 뭔지 맞히는 놀이를 해볼 거예요.

이 놀이를 할 때는 자연물을 자세히 보는 게 중요해요.

그래야 친구에게 설명해줄 수 있겠지요?

각자 주변에서 어떤 것을 관찰할지 정하고, 그것을 자세히 보세요.

무슨 색깔인지, 모양은 뭘 닮았는지, 맛은 어떤지 등 여러 가지

방법으로 그 자연물을 알아봐요.

선생님이 지금부터 1분 정도 시간을 줄 거예요.

그 안에 자세히 보고 제자리로 돌아오세요.

20초 전부터 셀 테니까 잘 듣고 시간에 맞춰 와야 해요.

너무 멀리 가면 선생님 소리가 안 들리고, 나중에 친구들이

찾을 때도 어려우니까 주의하세요.

자, 출발!

(참가자들 각자 주변으로 흩어진다.)

스물, 열아홉, 열여덟….

(참가자들 시간 안에 자신이 정한 사물을 보고 돌아온다.)

두 사람씩 짝지어 가위바위보 하세요.

(참가자들 짝짓고 가위바위보 한다.)

이긴 사람이 진 사람에게 자기가 본 것을 설명하는 거예요.

다 들으면 진 사람이 이긴 사람에게 자기가 본 것을 설명하고요.

둘 다 잘 듣고 기억해야 찾을 수 있겠지요? 자, 시작!

(참가자들 서로 열심히 설명한다.)

설명을 다 들었으면 주변으로 찾으러 가도 좋아요.

찾아냈으면 짝을 불러서 맞는지 확인하세요.

누가 맞게 찾았고, 누가 틀렸는지 알아볼 거예요.

(참가자들 놀이 진행.)

다른 나뭇잎 찾기

서로 다른 나뭇잎을 찾으며 다양성과 관찰력을 키우는 놀이.

준비물

줄, 나무집게

진행 방법

- 공원이나 숲 산책로 주변에서 진행한다.
- 나무 두 그루를 찾아, 그 사이에 줄을 친다.
- 아이들에게 나뭇잎을 주워 가져오라고 한다.
- 나뭇잎은 집게로 줄에 매단다.
- 첫 번째 나뭇잎과 다른 나뭇잎을 줄에 매달아야 한다. 그런 방식으로 모두 다른 나뭇잎을 매달게 한다.
- 다 마치면 나뭇잎 숫자를 세어본다.

시나리오

가을이라 나뭇잎이 아주 많이 떨어졌어요.

어떤 나뭇잎이 있나 주워볼까요?

(참가자들이 나뭇잎을 줍는 동안 나무를 골라 줄을 친다.)

나뭇잎 많이 주웠어요?

(참가자들 대답.)

여기 보면 선생님이 줄을 묶고 나무집게를 달아놨어요.

주운 나뭇잎을 여기에 매달 거예요.

한 가지 규칙이 있어요. 앞에 걸린 나뭇잎과 다른 나뭇잎만
매달아야 해요. 같은 나뭇잎을 달았다면 나중에 매단 친구가
벌칙을 받을 거예요. 벌칙은 나뭇잎과 뽀뽀하기예요.
알겠지요?

(참가자들이 가져온 나뭇잎을 하나씩 매단다. 그러다가 같은 것인지
다른 것인지 숲해설가에게 묻는다.)

같은 것인지 다른 것인지 잘 살펴봐요. 어디를 보는 게 좋을까요?
크기, 전체 모양, 가시가 있는지 없는지, 털이 많은지 적은지,
잎자루가 긴지 짧은지… 비교하며 달아보세요.
같은 게 있다면 다시 가서 다른 걸 가져오면 돼요.

(어느 정도 진행되면 멈추고 다 모이게 한다.)

다 걸었나요? 와! 많이 달렸네요. 몇 장이나 되는지 세어볼까요?

(참가자들과 함께 센다.)

와! 열다섯 장이나 돼요. 이 근방에 열다섯 종류 나무가
살고 있다는 뜻이에요. 생각보다 많은 나무가 살지요?
숲속에는 우리가 아는 것보다 많은 생물이 살아요.
그런데 나무 박사도 아닌 여러분이 어떻게 다른 나뭇잎을
구분해서 달았을까요?

(참가자들 대답.)

맞아요, 선생님하고 나뭇잎 매달기 놀이를 하기 전에는
나뭇잎이 다 비슷비슷하다고 생각했지요?

(참가자들 대답.)

그런데 가만히 살펴보니까 조금씩 다르지요?

(참가자들 대답.)

숲에서 이렇게 관찰하면 숨은 곤충도 찾고,
맛난 열매도 발견할 수 있어요. 이런 것을 관찰력이 좋다고 하는데,

학교에 가서나 나중에 어른이 돼서도 관찰력이 중요해요.

우리가 아는 유명한 화가나 음악가, 작가는 대부분

관찰력이 좋은 사람들이래요.

자세히 보면 점점 관찰력이 늘겠지요?

(참가자들 대답.)

우리 모두 관찰력을 기르도록 노력해요.

자연물 가위바위보

서로 다른 자연물을 관찰하는 놀이.

준비물

보자기 2장

진행 방법

- 자연물을 하나씩 찾아 가져온다.
- 두 모둠으로 나눠 가위바위보 해서 번호를 정한다.
- 숲해설가가 번호를 부르면 해당하는 참가자는 숲해설가가 얘기하는 과제에 맞는 자연물을 가지고 나온다.
- 가위바위보 해서 이긴 사람이 상대 자연물을 딸 수 있다.

시나리오

지금부터 주변에 있는 나뭇가지, 나뭇잎, 돌, 버섯 등
마음에 드는 자연물을 한 가지씩 찾아 가져와서 여기 있는
보자기에 놓아보세요.
(참가자들 자연물을 찾으러 갔다 온다.)
모두 잘 찾았어요? 이제 자연물 가위바위보를 할 거예요.
두 모둠으로 나눠야 하니까 먼저 손으로 가위바위보 하세요.
(가위바위보 해서 이긴 팀과 진 팀으로 나누고 모둠 이름을 정한다.)
두 모둠은 지금부터 자연물 가위바위보를 할 거예요.

가져온 자연물을 자기 모둠 보자기에 놓아요.

(참가자들 자기 모둠 보자기에 자연물을 놓는다.)

자기 모둠 보자기를 잘 들여다보고 있다가 선생님이 말한 것에 가장 가까운 자연물을 한 개씩 찾으면 됩니다.

우선 누가 1번을 하고 2번을 할지 모둠별로 순서를 정해요.

(참가자들 순서를 정한다.)

다 정했어요?

(참가자들 대답.)

그럼 각 모둠 1번 준비하세요. 1번은 모둠의 보자기에 있는 자연물 중에서 가장 긴 것을 가지고 나오면 됩니다.

상대가 못 보게 숨기고 오면 좋겠지요?

(모둠 구성원과 의논해서 하나를 가지고 나온다.)

자, 가위바위보 하면 앞으로 꺼내는 거예요. 가위바위보!

(참가자들 자연물을 꺼내 보이고 누가 이겼는지 판단한다.)

더 긴 자연물을 가져온 사람이 상대방 자연물을 따는 거예요.

(이긴 모둠 환호성을 지른다.)

소나무 모둠 승리! 자, 이제 2번 준비. 2번은 자기 모둠의 자연물 중에 가장 무거운 것을 가지고 나오면 됩니다.

(모둠 구성원과 의논해서 하나를 가지고 나온다.)

자, 가위바위보!

(이런 방식으로 숲해설가가 주제를 제시하며 끝 번호까지 진행한다. 제시할 주제는 긴 것, 짧은 것, 무거운 것, 가벼운 것, 곤충이 많이 갉아 먹은 것, 여러 가지 색깔이 들어 있는 것, 동물과 가장 닮은 것 등 다양하다.)

어느 모둠이 이겼나요?

(각 모둠의 자연물 개수를 센다.)

와! 소나무 모둠이 이겼네요. 한 번 더 해볼까요?

지금 보자기에 있는 것으로 다시 할까요, 아니면 다른 자연물을 찾아와서 할까요?

(대부분 새로 찾아와서 하자고 한다. 이 경우 아이들은 처음과 달리 특징이 있는 자연물을 가져온다. 같은 요령으로 놀이를 진행한다.)

와! 이번에는 밤나무 모둠이 이겼네요. 일대일 동점이에요.

방금 우리가 한 놀이에서 이기려면 어떻게 해야 할까요?

(참가자들 대답.)

그래요, 어떤 특징이 있는지 잘 관찰해야 합니다.

자연을 볼 때는 그런 눈이 아주 중요해요.

자연뿐만 아니라 친구를 볼 때도 마찬가지예요.

잘 살펴보면 공부는 못해도 운동은 잘하는 친구가 있지요?

운동은 못해도 그림을 잘 그리는 친구가 있고,

노래를 잘하는 친구도 있고요.

잘 관찰하면 친구의 특징도 알고, 장점을 발견할 수 있어요.

한 가지만 보고 판단하지 말고, 자세히 보고 여러 가지 모습을 찾아내서 이해할 수 있는 사람이 되면 좋겠어요.

귀로 보기

청각을 이용해서 사물을 판단하는 놀이.

준비물

종이 상자, 고무 밴드나 테이프

진행 방법

- 종이 상자 한 개를 준비한다.
- 참가자들이 안 보는 사이에 자연물을 넣어둔다.
- 뚜껑이 열리지 않게 고무 밴드로 감는다.
- 소리를 들어보고 숲에서 상자 안의 내용물을 찾아 가져오게 한다.
- 내용물을 확인하고 맞힌 사람이 다음 문제를 낸다.
- 몇 번 반복해서 놀다가 마무리한다.

시나리오

참가자들에게 '숲속 빙고' 같은 놀이를 하거나 주변을 돌아다닐 만한 과제를 내주고, 그사이 주변에서 주운 열매를 하나 상자에 담는다. 이후 놀이를 진행한다.

이번에는 간단하면서도 조금 어려운 놀이를 해볼 거예요.

(상자를 꺼내 보이며) 이게 뭐지요?

(참가자들 : 종이 상자요.)

그래요, 종이 상자예요. 선생님이 상자에 넣어둔 것이 무엇인지 맞히는 놀이예요. 그런데 뚜껑을 열어보면 안 돼요.

어떻게 하면 안에 있는 게 무엇인지 맞힐 수 있을까요?

(참가자들 다양한 의견을 낸다. 흔들어본다는 의견이 많다.)

여러 가지 의견이 나왔지만, 가장 많은 의견대로 흔들어보면
소리를 듣고 대략 어떤 것인지 짐작할 수 있을 거예요.
지금부터 한 사람씩 상자를 흔들어보고 무엇이 들었는지
짐작해보는 거예요. 흔들어보고 답을 말하면 될까요, 안 될까요?

(참가자들 : 안 돼요.)

안 되지요? 내가 먼저 말하면 아직 상자를 흔들어보지 않은
친구는 재미없잖아요.
내가 말하면 다른 사람이 생각할 재미를 빼앗는 거예요.
그러니까 알아도 말하지 않기예요. 알았지요?

(초등학생 이상이면 상자를 그대로 줘도 좋으나, 그보다 어린아이는
아무리 주의를 줘도 상자를 열어보거나 떨어뜨려서 뚜껑이 열릴 수 있으니
고무 밴드로 묶거나 테이프로 붙인다.)

여기 친구부터 흔들어보고 다음 친구에게 전달하는 거예요.

(참가자들 차례로 흔들어본다. 인원이 많으면 같은 상자를
한 개 더 준비해서 너무 오래 기다리지 않게 한다.)

모두 흔들어봤죠? 뭔가 머릿속에 떠오르는 게 있어요?

(참가자들 대답.)

자, 이제부터 정답이라고 생각하는 것을 찾아 가져오세요.
가져올 때 다른 친구가 보는 게 좋을까요, 안 보는 게 좋을까요?

(참가자가 어릴수록 반복해서 주의를 줘야 한다.)

상자 안에 있으니까 아주 큰 건 아니에요. 작은 거니까 주먹에 쥐고
올 수도 있고, 주머니에 넣을 수도 있어요.
다른 친구가 보면 재미없으니까 몰래 가져오는 거예요.
먼저 찾아오는 친구부터 선생님 앞에 한 줄로 서고요.

어떻게 하는지 알겠지요? 그럼 다 같이 출발!

(참가자들 열심히 주변을 두리번거리며 자연물을 찾는다.

가져온 순서대로 한 줄로 선다.)

다 찾았나요?

(참가자들 : 네.)

좋아요, 선생님이 상자를 열고 안에 있는 걸 꺼낼 테니까

여러분도 가져온 것을 꺼내서 주먹에 쥐고 있어요.

자, 선생님이 잘 볼 수 있게 오른손으로 쥐고 앞으로 내밀어요.

'하나 둘 셋' 하면 선생님과 똑같이 펴보는 거예요.

상자 안을 열어볼까요?

(상자 뚜껑을 열고 안 보이게 손으로 집는다.)

오! 이 녀석이었구나.

자, 선생님 오른손에도 자연물이 있어요.

다 함께 펴봐요. 제일 비슷한 것을 가져온 친구가 우승이에요.

똑같은 걸 가져온 친구가 많을 때는 맨 앞에 있는 친구가 우승한

거예요. 그 친구가 선생님처럼 문제를 낼 수 있어요. 알겠지요?

(참가자들 : 네.)

자, 준비됐나요?

(참가자들 : 네.)

하나, 둘, 셋!

(모두 손을 펴서 확인한다. 이때 아이들이 다가오며 자기 것과

숲해설가의 것을 비교해볼 것이다. 그리고 누가 비슷하다,

누가 정답이다 웅성웅성한다.)

정답은 '도토리'예요. 누가 도토리를 가져왔나요?

(참가자들 : 저요, 저요, 제 것이 더 비슷해요.)

선생님이 문제를 냈으니까 선생님이 고를게요.

도토리를 가져온 친구가 세 명이나 돼요.

그중에 제일 비슷한 도토리를 찾은 친구가 민수예요.

깨지지도 않고 커다란 도토리를 잘 찾았어요.

자, 이제 민수가 다음 문제를 낼 수 있어요.

다른 친구들은 잠깐 눈을 감고 뒤돌아 있어요.

민수는 주변에서 상자에 넣고 싶은 걸 하나 찾아 넣으세요.

(이런 식으로 계속 놀이한다.)

좀 어려워도 재미있었지요?

(참가자들 : 네.)

신기하게 눈으로 보지도 않았는데 정답을 알 수 있었어요.

왜 그럴까요?

(참가자들 : 소리를 들어보면 크기와 모양을 대충 알 수 있어요.)

맞아요, 소리로 그 사물의 특징을 알아낼 수 있어요.

눈을 감고 있어도 어떤 친구가 말하는지 알 수 있지요?

꼭 눈으로 봐서 알아맞히는 게 아니고 귀로도 알 수 있고,

코로도 알 수 있고, 입으로도 알 수 있고, 손으로도 알 수 있어요.

그런 것을 모두 관찰력이라고 해요. 자꾸 관찰력을 키워야

나를 둘러싼 것이 어떤 이야기가 있는지 더 많이 알고,

느낄 수 있답니다. 동화 작가나 화가, 건축가, 발명가도

관찰력이 뛰어난 사람이에요. 여러분도 눈을 더 크게 뜨고,

귀도 더 기울이고, 냄새도 킁킁 더 잘 맡아봐요.

그럼 분명히 다른 사람들이 놓치는 것을 찾아낼 수 있을 거예요.

지금부터 저쪽으로 걸어갈 텐데, 가면서도 관찰해봅시다.

생각하기

세상에서 가장 힘이 센 게 생각이다. 생각이 세상을 바꾼다. 하지만 요즘 아이들은 생각할 시간이 부족하다. 부모나 선생님은 아이들에게 정답을 바로 알려주거나 다그치기 일쑤다.

아이들이 질문할 때 정답을 바로 알려주지 말아야 한다. 질문한 것을 칭찬하고 되물어 스스로 생각하게 하고, 기다려줘야 한다. 생각하는 것이 서툰 아이들을 기다려주고 말하지 않고 참는 일이 처음에는 어렵지만, 금방 익숙해져서 아이와 묻고 답하며 숲 생태놀이를 할 수 있다.

집중력을 기르기 위해서는 탑 쌓기, 중심 잡기 같은 놀이가 좋다. 놀이하다 보면 어느새 그 놀이에 푹 빠진 아이들을 발견한다. 아이들의 사고력과 집중력, 창의력, 즉 생각하는 힘도 부쩍부쩍 자랄 것이다.

물음표 쪽지 놀이

궁금증을 가지고 주변을 살펴본다.

준비물

줄, 나무집게, 쪽지, 필기도구

진행 방법

- 물음표를 그린 쪽지를 나눠준다.
- 물음표 쪽지를 들고 자연을 둘러보면서 정말 궁금한 것을 한 가지씩 뒷면에 적는다.
- 각자 물음표 쪽지를 줄에 매단다.
- 한 명씩 앞으로 나와 물음표 쪽지 하나를 골라 읽고, 자신이 생각하는 답을 말한다. 말이 끝나면 다른 사람들에게도 대답할 기회를 준다.
- 물음표 쪽지가 없어질 때까지 한다.

시나리오

여기 이 나무는 길쭉한 잎에 톱니 같은 게 있지요?
그런데 옆의 나무는 그런 게 없어요.
두 나무가 왜 이렇게 다를까요?
(참가자들 웅성웅성.)
자, 선생님이 쪽지를 하나씩 나눠줄 테니까 이 숲을 둘러보고
숲에서 가장 궁금한 것을 적어서 가져오는 거예요.

(글을 못 쓰는 아이에게는 생각해보라고 한다.)

이 근처만 둘러보다가 선생님이 "모여라" 하면 모이세요.

궁금한 것을 쓴 친구들은 선생님이 매놓은 줄에 자기 물음표 쪽지를

매달면 돼요. 알았죠?

(참가자들 : 네.)

지금부터 시작!

(참가자들 돌아다니며 주변을 살피고 쪽지에 궁금한 것을 적는다.

아이들이 모두 와서 매달면 수수께끼를 시작한다.)

자, 모두 써서 줄에 매달았나요?

(참가자들 : 네.)

여기 물음표가 많은데, 이 숲에 그만큼 수수께끼가 있는 거예요.

우리 한 가지씩 수수께끼를 풀어봐요.

맨 처음에 있는 쪽지는 누가 쓴 거지?

(참가자 대답.)

희진이 쪽지구나. 그럼 희진이가 나와서 자기 쪽지에 적힌

수수께끼를 친구들에게 큰 소리로 읽어줘요.

(참가자 : 밤송이에는 왜 가시가 있을까?)

아, 밤송이 문제구나. 왜 그런지 아는 친구는 손들어요.

(참가자들 : 저요, 저요.)

그래, 초롱이가 말해봐요.

(참가자 : 무섭게 보이려고요.)

왜 무섭게 보이려고 할까요?

(참가자 : 사람들이 무서워서 못 따 먹게 가시를 만든 거죠.

이런 식으로 아이들과 자유롭게 퀴즈 풀기를 하며

호기심 키우기와 해결하기 놀이를 진행한다.

이때 숲해설가는 되도록 답을 말해주지 말고 아이들 스스로 유추하게 한다.)

와! 오늘 여러 가지 수수께끼를 풀었어요.

자연에는 정말 궁금한 이야기가 많네요.

선생님이 안 가르쳐줘도 여러분 스스로 생각해서

답을 맞혔어요. 앞으로도 주변에 궁금한 게 뭐가 있는지

잘 생각하고, 스스로 문제를 풀어보세요.

아무리 생각해도 모르겠으면 지금처럼 친구들에게 물어보고,

그래도 모르면 선생님이나 엄마한테 여쭤보세요. 알겠죠?

도토리를 튕겨라

도토리 튕기기 놀이를 통해 집중력을 기른다.

준비물

없음

진행 방법

- 숲에서 도토리와 나뭇잎을 찾는다.
- 나뭇잎을 이용해서 도토리를 위로 튕겨본다.
- 누가 많이 하는지, 높이 하는지 겨룬다.

시나리오

여기 도토리가 있네. 여러분도 한번 찾아볼래요?

(참가자들 도토리를 찾는다.)

다 찾았어요? 두 개 찾은 친구는 못 찾은 친구한테 나눠주세요.

자, 이 도토리로 무엇을 할 수 있을까요?

(참가자들 : 다람쥐가 먹어요.)

그래요. 다람쥐가 겨울 식량으로 먹기도 하고, 우리가 도토리묵을
만들어 먹기도 해요.

지금 묵을 만들긴 어렵고, 우리가 다람쥐도 아니고….

잠깐 갖고 놀다가 제자리에 놓기로 해요.

여러분이 도토리를 줍는 동안 선생님이 좀 넓은 잎을 주웠어요.

이렇게 이파리 위에 도토리를 놓고 떨어지지 않게 걸어보세요.

도토리도 봐야 하고, 길도 봐야 하니 조심조심 걸어야겠지요?

선생님이 저쪽에 반환점을 만들게요.

(나무 한 그루를 반환점으로 정한다.)

자, 이 나무를 돌아서 처음 출발한 곳으로 오는 거예요.

너무 쉬운가요? 그래도 해봐요. 준비, 시~작!

(놀이를 진행한다. 떨어뜨리면 그 자리에서 다시 출발한다.)

와, 잘했어요. 이번엔 좀 더 어려운 걸 해봐요.

(도토리를 위로 튕기며) 이렇게 튕기는 거예요.

멈추지 않고 누가 많이 튕기는지 시합해요.

지금부터 튕기기 좋은 나뭇잎을 찾아 가져오세요.

(참가자들 나뭇잎 찾으러 출발.)

나뭇잎을 찾은 사람은 연습하고 있어요.

(참가자들 연습.)

자, 그럼 본격적으로 누가 잘하나 시합할 거예요.

다른 친구들은 몇 개나 하는지 세어보세요.

여기 두 명부터 할까요?

(참가자들 도토리 튕기기.)

잠깐, 아무리 간단한 놀이라도 규칙이 있어야죠?

도토리는 멈추지 않고 바로 튕겨서 올린다,

적어도 10센티미터 이상 튕겨 올린다.

이 두 가지는 꼭 지켜야 해요. 알았죠?

(참가자들 : 네.)

준비, 시~작!

(참가자들 도토리 튕기기 놀이.)

누가 제일 많이 튕겼나요?

(참가자들 대답.)

오! 잘했어요. 이번엔 누가 높이 튕기는지 시합해볼까요?

높이 올리기만 하는 게 아니라 그걸 받아서 다시 쳐야 하니까

반드시 두 번 이상 해야겠죠?

(놀이 진행 후 또 다른 방법으로 놀이를 할 수 있는지

참가자들에게 물어보고, 다른 방법으로 도토리 튕기기를 해본다.)

다른 방법 : 나뭇잎에 도토리 올리고 외나무다리 건너기, 두 모둠으로 나눠
서 나뭇잎으로 도토리 옮기기, 나뭇잎으로 도토리 번갈아 튕기기, 배드민
턴처럼 네트 치고 경기하기 등.

자연물 배열하기

합리적이고 창의적으로 생각하기 놀이.

흰 보자기(없어도 무방함)

- 자연물을 찾아 가져오게 한다.
- 자연물을 일정한 순서에 따라 배열한다.
- 어떤 순서로 배열했는지 알아맞힌다.

'자연물 찾기'나 '자연물 가위바위보' 등 자연물을 가지고 하는 놀이에 이어서 할수 있는 놀이다. 독립적으로 할 때는 인상 깊은 자연물을 한 가지씩 찾아 가져오게 한 뒤 진행한다.

지금부터 선생님이 잠깐 시간을 줄 테니까,
예쁜 나뭇잎이나 신기하게 생긴 것을 한 가지씩 찾아보세요.
너무 멀리 가지 말고, 선생님이 보이는 데까지 가야 해요.
(참가자들이 돌아다니면서 자연물 한 가지씩 가져온다.)
다 왔네. 친구들이 뭘 찾았는지 볼까요?
민수는 왜 그걸 가져왔어?

(참가자 : 여기 구멍 난 게 하트 같아서요.

이런 식으로 한 명씩 그 자연물을 가져온 이유를 들어본다.)

좋아요. 다들 정말 예쁘고 신기한 것을 잘 찾았어요.

그러면 친구들이 가져온 것을 여기 보자기에 놓아볼까요?

(보자기를 펴고 자연물을 놓게 한다.)

이제 선생님이 문제를 낼게요.

선생님이 머릿속으로 어떤 순서를 정해서 여기 있는 자연물을

한 줄로 놓을 거예요. 과연 선생님이 어떤 순서로 놓았는지

잘 생각해보세요. 자, 다 놓았어요. 어떤 순서일까요?

(참가자 : 키 순서요.)

두 번째 있는 게 좀 더 크니까 키 순서는 아니에요. 다른 친구?

(참가자 : 무거운 거부터 가벼운 거 순서요.)

맞았습니다. 그럼 이제 희진이가 문제를 내볼까요?

희진이가 낸 문제를 제일 먼저 맞힌 사람이 다음 문제를

낼 수 있어요. 알겠지요?

(지정한 아이가 문제를 내고, 다른 아이들이 맞힌다.

같은 방법으로 놀이를 진행하고 적당한 시간에 마친다.)

와! 그걸 어떻게 생각했을까? 선생님도 한참 고민했어요.

친구들이 여기 있는 자연물을 잘 관찰했어요.

배열하는 순서도 재밌는 방법을 많이 알아냈고요.

어떤 것을 오랫동안 바라보면 여러 가지 특징이 눈에 들어와요.

앞으로 보는 것도 다양한 모습으로 관찰하기 바랍니다.

씨앗은 왜 멀리 갈까?

씨앗이 멀리 가려는 이유를 알려주는 놀이.

없음

- 엄마 나무를 뽑는다.
- 나머지는 열매가 된다.
- 엄마 나무가 신호를 보내면 모두 멀리뛰기를 한다.
- 숲해설가가 병충해가 돼서 엄마 나무를 죽이고 열매를 잡으러 간다.
- 소감을 나누며 마무리한다.

씨앗 관련 수업을 통해 씨앗을 이해한 뒤 진행하면 좋다.

이곳에서 무슨 씨앗을 주웠지요?
(참가자들 : 도토리, 밤, 솔방울….)
모든 씨앗은 모양이 달라요. 왜 그럴까요?
(참가자들 : 나무가 다르니까요.)
맞아요, 나무가 달라서 씨앗이 달라요.
또 번식하는 방법이 다르니 모양이 다르지요.
도토리는 데굴데굴 굴러가려고 하고, 단풍 열매는 바람에 날아가려고 이렇게 날개가 달렸어요.

왜 이렇게 날개도 달고, 맛있게 만들기도 할까요?

(참가자들 : 멀리 가려고요.)

맞아요. 식물이 씨앗을 멀리 보내려고 하는 이유는 뭘까요?

(참가자들 : 엄마 나무 밑에 있으면 자라기 어렵잖아요.)

맞아요. 그런데 중요한 이유가 안 나왔어요.

그게 뭔지 놀면서 알아볼까요?

자, 우리 친구들 가운데 키가 제일 큰 사람이 누굴까요?

(참가자 중 키가 제일 큰 친구를 뽑는다.)

키가 제일 큰 친구가 엄마 나무예요. 자, 이쪽에 서 있어요.

(공간의 중간쯤 되는 곳에 세운다.)

나머지 친구들은 열매예요.

엄마 나무가 되면 열매를 만들 수 있어요.

열매는 엄마 나무 주변에 등을 대고 서요.

(참가자들이 앞으로 나와 엄마 나무 옆에 빙 둘러선다.)

엄마 나무가 "얘들아, 멀리멀리 가거라. 출발!" 하면

열매는 제자리에서 힘껏 멀리뛰기 하는 거예요. 알겠지요?

자, 엄마 나무가 말해보세요.

(엄마 나무 : 얘들아, 멀리멀리 가거라. 출발!

이 말이 떨어지면 열매는 앞으로 힘껏 멀리뛰기 한다.)

와! 열매가 멀리멀리 갔네요. 열매가 아기 나무가 됐어요.

그런데 어느 날 (숲해설가 자신을 가리키며) 여기 이 선생님을 닮은
병충해가 찾아왔어요.

(참가자들 웃는다.)

엄마 나무에게 가서 가위바위보를 하자고 합니다.

(엄마 나무와 숲해설가 가위바위보를 한다. 숲해설가가 이기면 좋겠지만

지더라도 이듬해 또 병충해가 찾아왔다고 다시 가위바위보 한다.

이길 때까지 가위바위보 한다.)

병충해가 엄마 나무를 이겼어요. 이제 엄마 나무는 죽습니다.

(엄마 나무 어깨를 가볍게 눌러 자리에 앉힌다.)

병충해는 가만있지 않고 옆으로 움직입니다.

이제 병충해의 손에 닿는 나무도 죽어요. 하나 둘 셋!

(멀리뛰기 해서 나무 한 그루를 아웃시킨다. 아웃된 아기 나무는

병충해가 된다.)

자, 병충해가 둘이 됐어요.

이제 아기 나무도 멀리뛰기를 할 수 있어요. 하나 둘 셋!

(모든 나무가 멀리뛰기 한다.)

이제 우리 병충해가 뛸 거예요. 하나 둘 셋!

(이때 아웃된 나무는 병충해가 된다.)

이렇게 병충해가 뛴 자리에서 손을 뻗어 닿는 나무는 죽습니다.

(같은 방식으로 나무를 차례로 쫓아가면서 아웃시킨다.

몇 그루는 너무 멀리 도망가서 잡지 못한다. 그런 경우 놀이를 마친다.)

자, 저렇게 멀리 가버린 나무는 병충해가 쫓아가기 어려워요.

병충해와 최대한 멀리 떨어져 있어야 나무에게 유리합니다.

모든 나무가 같은 자리에 모여 있으면 병충해가 왔을 때

한꺼번에 죽겠지요? 그래서 간격을 벌려놓는 거예요.

이제 나무가 왜 씨앗을 멀리 보내려고 하는지 알겠지요?

(참가자들 : 선생님 한 번만 더해요. 이번에는 제가 병충해 할래요.)

그래요, 이번에는 선생님이 빠질 테니까 여러분끼리 해봐요.

너구리 몸무게를 찾아라!

문제를 해결하기 위해 수학적 사고를 유도하는 놀이.

크기가 같은 주머니 2개, 무게를 재놓은 추, 양팔 저울을 만들 끈

- 나뭇가지를 이용해 양팔 저울을 만든다.
- 저울 양쪽에 크기가 같은 주머니를 달아둔다.
- 미리 재놓은 100그램짜리 추를 이용해서 너구리의 몸무게를 만들어보게 한다.
- 다 만들면 그 주머니를 안아본다.
- 마무리한다.

나뭇가지와 끈으로 양팔 저울을 만들고, 양쪽에 크기가 같은 주머니를 달아둔다.

이게 뭘까요?

(참가자들 : 양팔 저울이오.)

그래요, 저울이에요.

(주머니에서 저울로 무게를 재놓은 일상 용품 하나를 꺼낸다.)

지금 선생님이 주머니에서 꺼낸 돌멩이를 집에서 작은 저울로
재보니 딱 100그램 나갔어요. 이 돌멩이를 이용해서 너구리
몸무게를 만들 수 있겠어요?

(참가자들 : 너구리요? 몸무게를 모르는데요.)

너구리는 6킬로그램 정도 된대요.

어떻게 하면 6킬로그램을 만들 수 있을까요?

(참가자들 의논한다.)

시간을 충분히 줄 테니까 저울과 100그램짜리 돌멩이를 이용해

너구리 몸무게를 만들어보세요.

(참가자들이 의논하고 자연물을 주워 저울에 달면서 너구리 몸무게에

해당하는 자연물을 주머니에 가득 담는다.)

잘 찾았네요. 지금 6킬로그램을 잴 수 없어서 확인하기 어렵지만,

비슷하게 찾은 것 같아요. 어떤 방법으로 알아냈어요?

(참가자들 : 처음에 100그램과 같은 걸 찾았고요. 한쪽에 두 개를 모으면

200그램이 되잖아요. 그다음에…. 자신들이 알아낸 방법을 설명한다.)

와! 대단해요. 기막힌 방법으로 찾았어요.

그럼 이게 너구리 몸무게예요. 너구리 안아본 적 있는 사람?

(참가자들 : 너구리를 안아요? 그럴 리가요.)

없지요? 그럼 다들 너구리가 얼마나 무거운지 이거 들어볼래요?

(참가자들이 찾은 6킬로그램짜리 자연물 보따리를 들어본다.)

너구리가 생각보다 무겁지요?

6킬로그램이 별거 아닌 듯해도 막상 모아보면 꽤 무거워요.

집에서 개 기르는 사람? 거의 개 무게랑 비슷해요.

다람쥐 몸무게가 얼마나 될까요?

여기 있는 100그램짜리 물건에 해당하는 자연물을 다 찾아봤지요?

그게 바로 다람쥐 몸무게예요.

여러분이 찾은 너구리와 다람쥐 몸무게 한 번씩 들어볼까요?

(참가자들 돌아가며 자연물을 들어본다.)

우리는 너구리와 다람쥐를 보기도 하고, 그림도 그리고,

이야기는 많이 하지만 안아본 적은 없어요. 옛날 사람들은
안아봤을 거예요. 그때는 야생동물이 많았으니까요.
지금은 너무 드물어서 잡기 어렵기도 하고, 잡으면 안 돼요.
숲을 잘 보존해야 후손도 우리가 본 동물을 보고 만질 수 있을
거예요. 숲을 건강하게 보존해야겠지요?

(참가자들 : 네.)

한 가지 더! 선생님이 처음부터 6킬로그램짜리 물건을 넣어두고
너구리 몸무게를 찾아보라고 했으면 쉬웠을 거예요.
그런데 100그램짜리를 넣어놓고 6킬로그램을 찾아보라고 하니
힘들었지요? 작은 게 모여서 큰 것이 된다는 교훈도 있지만,
여러분이 어떤 문제를 해결할 때 지식이나 지혜를 총동원했으면
하는 생각에서 진행해본 놀이예요. 여럿이 지식과 지혜를 모으면
문제를 훨씬 쉽게 해결할 수 있어요.

되어보기

다른 대상이 되어보는 것이다. 조금은 단순하고 유치해 보여도 막상 마음을 열고 눈을 감고 그 대상이 됐다고 생각하는 순간, 커다란 변화가 일어난다.

거미가 징그럽다고 피하던 아이도 거미가 돼서 거미줄을 쳐보면 그것이 얼마나 힘든지, 얼마나 멋진 예술인지 깨닫는다. 그 뒤에는 거미줄이 간단해 보이지 않고, 그것을 만든 거미도 대단해 보인다. 되어보기는 다른 생명을 이해하고 존중하길 바라는 마음에서 하는 놀이다. 그것이야말로 '소통'의 시작이다.

청개구리 되어보기

청개구리가 돼서 자연과 친해지기.

없음

- 모두 청개구리가 돼보자고 한다.
- 청개구리처럼 반대로 하자고 한다.
- 숲해설가 말에 반대로 움직인다.
- 숲해설가가 빠지고 참가자들끼리 해본다.

시나리오

지금부터 선생님은 청개구리 엄마예요. 여러분은 청개구리고요.
엄마가 하는 말과 반대로 해보는 거예요. 알겠지요?
(참가자들 : 네.)
그런데 놀이가 끝난 뒤에도 반대로 하면 안 되니까
놀이 시작과 끝나는 신호를 정해요.
선생님이 '개굴개굴' 하면 놀이가 시작되고,
다시 한번 '개굴개굴' 하면 놀이가 끝난 거예요.
알겠지요?
(참가자들 : 네.)

선생님이 말한 대로 움직인 친구는 벌칙을 받는 것으로 해요.
벌칙은 뭘로 할까요?

(이때 참가자들이 제안하는 벌칙이 있으면 그것으로 결정.)

음, 개구리 놀이니까 걸린 사람은 제자리에서 개구리뜀을 두 번
하는 거예요. 알겠죠?

(참가자들 : 네.)

지금부터 시작할게요. 개굴개굴! 모두 일어서!

(참가자들 앉는다.)

모두 앉아!

(참가자들 일어선다. 이런 식으로 놀다 보면 꼭 틀리는 아이가 있다.
틀린 아이는 벌칙을 수행한다.)

옆 사람과 손잡아!

(안 잡는다.)

옆 사람과 손잡지 마!

(손잡는다.)

옆 사람 간지럼 태워!

(안 태운다.)

간지럼 태우지 마!

(간지럼 태우며 마구 웃는다.)

나무 껴안지 마!

(모두 가서 나무를 껴안는다.)

잘했어요. 이제 그만, 개굴개굴!

모두 수고했어요.

놀다 보니 친구와 손잡고, 나무도 껴안았어요.

친구들, 나무하고 더 가까워지라고 해본 놀이예요.

껴안았을 때 느낌이 어땠어요?

(참가자들 대답.)

그래요, 지금 아니면 언제 또 껴안을 수 있겠어요.

'청개구리 되어보기' 놀이를 안 해도 앞으로는 친구도, 나무도
친하게 지내면 좋겠어요.

아이들이 자연과 가까워지길 바라는 마음에서 하는 놀이다. 나뭇잎과 얼굴
비비기, 향기 맡기 등 평소에 하지 않을 것 같은 행동을 할 수 있게 유도하
는 활동이다. 그냥 하라고 하면 어색해서 망설이지만, 되어보기 놀이로 만
들어서 진행하면 곧잘 따라 한다.

거미 되어보기

거미가 돼서 거미줄을 쳐보는 놀이.

실타래(감긴 걸 풀면 30미터 이상 되는 길이)

진행 방법

- 실타래를 준비한다.
- 거미를 한 명 뽑는다.
- 거미는 실타래로 거미줄을 친다.
- 거미에 대한 이야기를 하고, 거미가 돼서 곤충 잡기 놀이로 이어갈 수 있다.

시나리오

여기 거미줄이 있어요. 거미도 한 마리 있고.

혹시 거미가 어떻게 거미줄을 치는지 아는 사람?

(참가자 : 똥꼬에서 줄을 내서 처음에 여기로 이렇게 하고,

그다음에 저쪽으로 하더라고요.)

그럼 누가 거미가 돼서 거미처럼 줄을 쳐볼까요?

(참가자 중 한 명을 뽑아서 준비한 실타래를 준다.)

자, 이것으로 원하는 곳에 치고 싶은 모양으로 쳐봐요.

(참가자 : 제 맘대로요?)

그래도 거미니까 모양과 크기를 잘 생각해서 쳐야겠지요?

(참가자가 거미줄을 칠 동안 관찰하며 기다린다.)

다른 친구들도 거미가 되면 어떻게 할까 생각하면서 지켜보세요.

(참가자가 다 치면 이야기한다.)

줄을 쳐보니 어때요? 즐거웠어요, 힘들었어요?

(참가자 : 생각보다 쉽지 않았어요. 모양도 좀 이상해요.)

그래요, 여러분도 이 모양을 한번 보세요.

여기 있는 거미줄하고 비교했을 때 누가 더 잘했어요?

(대부분 거미가 잘했다고 한다.)

맞아요. 우리는 손과 발이 있고 자유롭게 이동할 수 있는데,

거미는 우리 같은 손발도 아니면서 거미줄을 아주 잘 쳤지요?

적어도 줄 치는 데는 거미가 우리보다 나은 것 같아요.

다른 동물도 우리보다 잘하는 게 한 가지씩은 있대요.

그러니까 동물을 함부로 대하거나 징그러워하지 말아요.

(참가자들 : 그래도 지렁이는 징그러워요.)

처음에는 징그럽지만, 자꾸 보고 지렁이에 대해서 알면

덜 징그러울 거예요. 책을 보고 관찰하고 그림도 그리다 보면

지렁이가 귀여워지는 날이 올 거예요.

되어보기 항목에서 빼놓을 수 없는 게 '내가 해보니 생각보다 어렵다'는 점
이다. 그것을 알면 그 동물에 대해 쉽게 생각하지 않고, 존중하는 마음이
생긴다. 아이들이 숲에서 애벌레, 거미, 개미 등 작은 동물을 쉽게 죽이는
데, 생태 수업을 하다 보면 자연스러운 현상일 수도 있다. 아이들은 초기에
파괴 본능이 나타나 자기보다 약하다고 느끼는 것을 지배하고 억누르고 죽
이고 싶은 마음이 생긴다. 하지만 그 마음이 자주, 오래 이어지면 문제가
있다. 되어보기 놀이를 통해 그런 감성을 조절할 수 있게 해줘야 한다.

나뭇잎과 애벌레 가위바위보

식물과 곤충의 천적 관계를 이해하는 놀이.

없음

- 나뭇잎 한 명을 뽑고, 나머지는 애벌레가 된다.
- 나뭇잎과 애벌레가 가위바위보 한다.
- 역할을 바꿔서 나뭇잎을 먹은 애벌레가 나뭇잎이 된다.
- 소감을 이야기하며 마무리한다.

계단에서 하면 재미있지만, 계단이 아니어도 얼마든지 진행할 수 있다.

어, 여기 계단이네?

(아이들은 계단이 나오면 가위바위보 놀이를 하자고 한다.)

그럼 가위바위보 놀이를 해볼까요?

이기면 계단을 올라가고, 지면 그 자리에 있는 거예요.

누가 빨리 올라가나 둘씩 짝지어서 해봐요.

(아이들 신나게 가위바위보 놀이를 한다.)

이번에는 조금 다른 가위바위보 놀이를 해볼까요?

(참가자들 : 네.)

선생님하고 여러분이 가위바위보 해서 여러분이 이기면
한 칸 올라오고, 지면 한 칸 내려가고, 비기면 그 자리에
있는 거예요. 알겠지요?

(참가자들 : 네.)

선생님은 나뭇잎이고, 여러분은 나뭇잎을 먹는 애벌레입니다.

(참가자들은 "으악! 애벌레…" 하면서도 좋아한다.)

어떤 애벌레가 좋을까요?

(참가자들 나비, 나방, 딱정벌레 등 아는 애벌레를 댄다.)

각자 그 애벌레가 돼서 선생님이 있는 이곳까지 오세요.
가위바위보는 열 번 할 거예요.

(횟수는 얼마든지 조절 가능하다.)

선생님은 애벌레에게 먹히지 않으려고 열심히 할 거예요.
열 번 하는 동안 선생님 있는 데까지 오는 친구가 나뭇잎을
갉아 먹은 애벌레입니다.

갉아 먹으면 굶지 않고, 못 먹으면 오늘 점심을 굶는 거예요.
그러니까 선생님을 꼭 이기세요.

(가위바위보 진행, 먹힐 때까지 한다. 숲해설가를 갉아 먹은 참가자는
곧바로 나뭇잎이 돼서 나머지 참가자들과 가위바위보 한다.)

어때요, 즐거웠어요? 애벌레가 올 때마다 나뭇잎들이
꼼짝없이 당하면 어떻게 될까요? 모든 나뭇잎에 구멍이 숭숭 뚫리고,
애벌레가 잔뜩 붙어 있겠지요?

그런데 나뭇잎도 가만있지 않아요. 맛을 이상하게 만들거나,
고약한 냄새를 풍기거나, 가시가 난 것도 있어요.
애벌레를 막기 위해 여러 가지 작전을 쓰지요.

여기 산초나무가 있어요.

(산초나무가 없어도 되지만, 있는 곳이면 효과가 더 좋다.)

산초나무는 열매로 기름을 짜고 후추 같은 향신료도 만들어요.

선생님이 잎을 문질러볼 테니 냄새를 맡아보세요.

(참가자들 : 향기가 나요.)

왜 이런 향기가 날까요? 방금 우리가 한 것처럼 진한 향을 만들어서 애벌레들이 못 먹게 하는 거예요.

그런데 이걸 먹는 녀석도 있어요. 바로 호랑나비 애벌레예요.

지난번에 보니까 자나방 애벌레도 먹더라고요.

이렇게 방어해도 먹는 곤충이 있는 게 참 신기하지요?

벚나무와 개미

자연에서 펼쳐지는 협동에 대해 알아보는 놀이.

손수건 2장

- 개미 두 명, 애벌레 두 명을 뽑고 나머지는 벚나무가 된다.
- 애벌레는 벚나무 잎을 갉아 먹을 수 있으니 벚나무를 쫓아다닌다.
- 애벌레는 개미에게 잡힐 수 있으니 개미가 나타나면 도망간다.
- 놀이를 시작하면 무슨 일이 벌어지는지 알아본다.

이 나무는 벚나무예요. 벚나무 열매 이름이 뭔지 아는 사람?

(참가자 대답.)

먹어본 사람?

(먹어본 사람이 있으면 맛이 어떤지 물어본다.)

버찌가 열리는 나무가 벚나무예요. 그런데 여기 잎을 봐요.

잎자루에 조그맣고 동그란 게 달렸지요?

(참가자들 : 네, 작은 점 같은 게 있어요.)

이게 뭘까요?

(참가자들 자유롭게 의견 발표.)

선생님과 재미난 놀이를 하면서 이게 뭔지 더 생각해볼까요?

이 놀이를 하려면 개미, 애벌레, 벚나무가 필요해요.

개미 역할을 하고 싶은 사람!

(참가자 중에 두 명을 뽑는다.)

지운이, 용연이가 가장 빨리 손들었어요. 지금부터 두 사람은 개미예요. 이 손수건은 개미에게 묶어줄 거고요.

자, 이번에는 애벌레 역할을 하고 싶은 사람!

(참가자 중에 두 명을 뽑는다.)

윤주하고 민정이가 애벌레를 하고, 나머지 친구들은 벚나무가 될 거예요. 애벌레는 벚나무 잎을 갉아 먹어야 하니까 벚나무를 잡으러 다녀요. 한 사람도 못 잡으면 애벌레는 굶어 죽어요. 열심히 뛰어다녀야겠지요? 벚나무도 애벌레에게 먹히지 않으려면 열심히 도망쳐야 해요. 개미는 애벌레를 잡아먹을 수 있어요. 그러니까 애벌레는 개미를 보면 도망쳐야 해요.

개미는 애벌레를 잡으면 선생님 있는 곳에 먹이를 저장하듯이 잡아놓는 거예요. 다른 애벌레는 개미가 없을 때 와서 잡힌 애벌레를 구해줄 수 있어요. 알겠지요?

(참가자들이 놀이를 이해할 수 있게 설명.)

여기 경사진 곳이 몇 군데 있어요. 너무 빨리 달리면 넘어질 수도 있고, 가시에 찔릴 수도 있으니 조심해야 해요. 알겠지요? 도망칠 때는 선생님이 보이는 곳까지 가는 거예요.

선생님이 "그만"이라고 외칠 때까지 하는데, 선생님 목소리가 들려야겠지요? 그러니까 너무 멀리 가지 말아요.

지금이 3시 10분이니까 3시 30분까지 해요. 준비됐나요? 시~작!

(놀이 진행한다. 놀이를 마치고 싶을 때 크게 얘기한다.)

자, 그만!

(참가자들 모인다.)

다친 사람 없어요? 개미들, 애벌레 많이 잡았어요?

(참가자들 대답.)

애벌레들도 벚나무 잎 많이 갉아 먹었어요?

(참가자들 : 네.)

그럼 아까 선생님이 낸 문제의 정답을 찾아볼까요?

나뭇잎을 잘 보면 개미가 이 부분을 건드리고 있지요?

여기에서 꿀이 나오는데, 이곳을 꿀샘이라고 해요.

벚나무 말고 복사나무도 꿀샘이 있어요. 꿀샘이 왜 있을까요?

(참가자 : 꽃가루받이하려고요.)

그건 꽃이고. 이건 잎이잖아요.

(참가자 : 아, 맞다. 개미를 부르려고?)

맞아요, 개미를 불러들이려고 벚나무가 머리를 쓴 거예요.

개미를 왜 부를까요?

(참가자 : 애벌레가 못 오게 하려고요.)

맞아요, 개미가 있으면 애벌레가 무서워서 못 오겠죠?

방금 여러분이 한 놀이와 같아요. 개미 때문에 애벌레가

벚나무 잎을 갉아 먹기 어려웠을 거예요.

참 신기하지요? 말도 못 하고 움직이지도 못하는 벚나무가

개미를 불러들여서 애벌레를 막는 작전을 쓰니 말이에요.

혼자 하기 어려운 일은 다른 사람의 힘을 빌려서 해결할 수 있어요.

친구끼리 돕다 보면 어려운 일도 문제없이 할 수 있을 거예요.

벚나무처럼 작은 것을 희생하고 큰 것을 얻는 지혜도 필요해요.

우리는 벚나무를 보고도 살아가는 지혜를 얻을 수 있어요.

자연에는 이런 지혜가 담긴 것이 아주 많답니다.

한 개 열렸습니다

나무가 되어 목표를 세워서 열매를 만드는 체험하기.

준비물

없음

진행 방법

- 원을 그리고 앉는다.
- 나무가 돼서 열매를 만들어본다.
- 한 사람부터 모든 사람이 일어날 때까지 해본다.
- 소감을 이야기하며 마무리한다.

시나리오

이 놀이는 한 모둠도 좋지만, 두 모둠 이상일 때 옆 모둠과 경쟁하며 더 흥미롭게 진행할 수 있다.

지금이 무슨 계절이지요?
(참가자들 : 여름이오.)
그래요, 지금은 늦은 봄이나 초여름이라고 할 수 있어요.
여름이란 말은 어디에서 나왔을까요?
(참가자들 : 글쎄요….)
여름에 열매가 달리기 시작한다고 '열음'에서 여름이 된 거예요.

주변을 둘러봐요. 뭐가 보이죠?

(참가자들 : 나무요.)

그래요, 많은 식물이 보이지요?

식물은 이맘때면 열매를 만드느라 바빠요.

이 풀에도 열매가 달려 익어가고 있어요.

열매와 씨앗은 식물이 살아가는 최종 목표예요.

지구상의 모든 생명체는 태어난 이유가 있고,

그 이유에 맞게 살아가기 위해서는 목표가 필요해요.

식물은 그 목표가 씨앗을 많이 퍼뜨리는 거예요.

여러분도 나무가 돼서 튼실한 열매를 만드는 놀이를 해볼까요?

아까 두 모둠으로 나눴지요? 모둠별로 모이세요.

(참가자들 참나무 모둠과 소나무 모둠으로 모인다.)

자, 모둠 구성원끼리 마주 보며 원으로 앉아보세요.

한 사람이 일어나면서 "한 개 열렸습니다"라고 외치고,

다음엔 두 사람이 동시에 일어나면서 "두 개 열렸습니다"라고

외칩니다. 이런 방법으로 모두 일어나면 되는 거예요.

한 모둠이 일곱 명씩이니까 "일곱 개 열렸습니다" 하면 끝나지요.

박자가 안 맞거나 인원이 틀리면 처음부터 다시 시작해요.

알겠지요? 두 모둠이 동시에 해야 하니까 선생님이 시작할게요.

준비, 시~작!

(참가자들 열심히 한다. 하다 보면 목소리가 커지고, 동작도 빨라진다.

숲해설가는 두 모둠을 살피면서 틀릴 때 지적하고 다시 하게 한다.

어려워서 참가자들은 성공하면 아주 좋아한다.)

아주 잘했어요. 해보니까 어때요?

(참가자들 : 다리 아파요.)

다리 아프죠? 맞아요.

나무도 열매를 맺기 위해 열심히 양분을 만들어요.

그래서 봄에 키가 다 자라고 여름부터는 안 자라요.

열매에 양분을 집중해야 하니까 키 크는 데 양분을 쓰지 않죠.

그만큼 열매가 소중하기 때문이에요.

나무가 가만히 있는 것 같아도 그 안에서 열심히 움직인답니다.

나무 마음을 조금은 알겠지요?

씨앗 안에 다 있네

함께 모여서 씨앗 하나가 되어보는 놀이.

밧줄, 도토리

- 숲에서 나무 열매를 주워 씨앗에 무엇이 들었을까 상상하며 이야기를 나눈다.
- 식물의 기관(꽃, 열매, 잎, 줄기, 뿌리)에 따라 다섯 모둠을 만든다. 이때 모둠별 구성원 수는 같지 않아도 되니 참가자들이 원하는 것을 선택하게 한다.
- 바닥에 밧줄로 원을 만들고, 호명한 모둠만 들어가게 한다. 밧줄을 건드리거나 밖으로 나오면 탈락이다.
- 마지막에 다섯 모둠을 모두 호명해 작은 원에 다 들어가게 한다.

나무는 식물일까요, 동물일까요?

(참가자들 : 당연히 식물이죠.)

그럼 선생님은 식물일까요, 동물일까요?

(참가자들 : 당연히 동물이죠.)

나무는 식물이고 우리는 동물이에요.

우리 몸은 머리, 몸통, 팔, 다리, 눈, 코, 입 등으로 구성되는데,

식물은 몸을 어떻게 나눌 수 있을까요?

(참가자들 : 잎, 열매, 뿌리, 줄기….)

방금 친구들이 말한 것 중에 답이 있어요.

식물은 겉모양으로 볼 때 꽃, 열매, 잎, 줄기, 뿌리로 구성되지요.

이제부터 우리가 식물의 각 부분이 될 텐데, '나는 뭐가 되면
좋을까?' 생각해봐요.

땅속에 단단하게 박혀서 쓰러지지 않게 하고 물도 빨아들여서
나무가 잘 살 수 있게 하는 뿌리가 될까, 탄탄하게 위로 솟은 줄기가
될까, 햇빛을 받아 양분을 만드는 잎이 될까, 꿀을 만들어 벌이나
나비를 불러와서 꽃가루를 멀리 보내는 꽃이 될까, 씨앗을 만들어
동물이 먹거나 바람에 날려서 또다시 나를 만들어내는 열매가 될까.

다 생각했어요? 한 가지만 골라야 해요.

선생님이 식물의 몸을 구성하는 한 가지를 말하면
자기가 되고 싶은 것이 나왔을 때 얼른 제자리에 앉으세요.

그리고 그걸 잘 기억해야 해요. 알겠지요?

(참가자들 : 네! 그런데 두 개 하면 안 돼요?)

꼭 한 가지만 해야 해요. 자, 먼저 뿌리!

(참가자들 앉는다.)

늦게 앉으면 아닌 걸로 할 테니 정확히 앉아야 해요.

자, 이번엔 줄기!

(참가자들 앉는다.)

이번엔 잎!

(참가자들 앉는다.)

이번엔 꽃!

(참가자들 앉는다.)

자, 나머지는 모두 열매!

이제 모두 일어서요. 자기가 무엇인지 다 알죠?

(참가자들 : 네.)

선생님이 밧줄로 동그라미를 만들 거예요.

(밧줄을 바닥에 동그랗게 놓는다.)

지금부터 선생님이 "꽃" 하면 꽃 모둠 사람들은 동그라미 안에 들어가면 돼요. 알겠죠?

(참가자들 : 네.)

동그라미 밖으로 나오거나 못 들어가는 사람은 탈락이에요.

자, 꽃!

(꽃 모둠이 원에 들어간다.)

다른 걸 부르면 그때 나오는 거예요. 불린 모둠은 들어가고.

자, 이번엔 줄기!

(꽃 모둠이 나오고 줄기 모둠이 들어간다.)

이번엔 뿌리!

(줄기 모둠이 나오고 뿌리 모둠이 들어간다.)

이번엔 열매!

(뿌리 모둠이 나오고 열매 모둠이 들어간다.)

이번엔 잎!

(열매 모둠이 나오고 잎 모둠이 들어간다.)

아주 잘했어요. 아직 한 명도 탈락하지 않았어요.

조금씩 어려워질 거예요. 뿌리, 줄기!

(뿌리와 줄기 모둠이 들어간다.)

오! 잘했어요. 잎, 열매, 꽃!

(뿌리와 줄기 모둠이 나오고 잎과 열매, 꽃 모둠이 들어간다.)

잘했어요. 좀 더 어렵게 해볼까요?

자, 기대하시라~ 뿌리, 줄기, 잎, 꽃, 열매!

(모든 참가자가 원에 들어가야 한다. 하다가 부딪힐 수도 있다.)

갑자기 몰려들면 못 들어가는 친구도 있겠죠?

다 함께 들어가려면 자리를 잘 잡고 옆 친구 손도 잡아줘야 해요.

(다 함께 원에 들어간다.)

어때요?

(참가자들 : 힘들어요, 넘어지겠어요….)

그래도 탈락한 사람 없이 다 들어갔네요. 이제 밖으로 나오세요.

(참가자 모두 밖으로 나온다.)

(주머니에서 도토리를 꺼내며) 선생님이 들고 있는 게 뭘까요?

(참가자들 : 도토리요.)

이 도토리 안에 뿌리, 줄기, 잎, 열매, 꽃이 다 들어 있어요.

도토리를 심으면 아주 큰 참나무가 한 그루 나오지요?

작은 도토리 안에 많은 것을 담아둔 거예요. 씨앗은 이렇게 작지만,

나중에 아주 커다란 나무로 자랄 수 있어요. 신기하죠?

(참가자들 : 네.)

여러분도 아주 작은 씨앗에서 시작됐어요. 지금은 어린나무라고

생각하면 돼요. 나이를 먹고 어른이 되면서 점점 더 커지죠.

몸만 커지는 게 아니고 꿈도 커져요.

하고 싶은 일을 잘 생각했다가 어른이 되면 그 꿈이

이뤄지도록 해봐요. 알겠죠?

개구리 먹이 사냥

개구리가 돼서 개구리를 이해하는 놀이.

없음

- 솔방울을 하나씩 줍는다.
- 개구리가 돼서 솔방울 던지고 받기 놀이를 한다.
- 점점 어려운 것에 도전해본다.
- 소감을 이야기하고 마무리한다.

개구리 본 적 있는 친구?

(참가자들 손든다.)

그럼 개구리가 돼본 적이 있는 친구?

(참가자들 고개를 갸우뚱한다.)

오늘은 개구리가 돼보면 어떨까요? 개구리는 폴짝폴짝 뛰지요?

우리 모두 개구리처럼 뛰어봐요.

(참가자들과 제자리에서 개구리뜀을 한다.)

자, 이번엔 개구리가 돼서 맛난 먹이를 먹어볼까요?

개구리는 뭘 먹을까요?

(참가자들 : 파리요. 모기요. 잠자리요.)

맞아요. 파리나 모기 같은 곤충을 먹어요.

파리나 모기를 잡긴 어려우니까 솔방울을 한 개씩 주워볼까요?

(참가자들 솔방울을 줍는다.)

다 주웠으면 내가 개구리, 내 손은 개구리의 혀라고 생각하세요.

손에 든 솔방울은 파리고요. 솔방울을 높이 던지고 떨어질 때

잡아보세요. 처음에는 두 손으로 잡아요.

자, 준비됐나요? 하나 둘 셋!

(다 같이 솔방울을 높이 던지고 받는다. 잡은 참가자도 있고,

못 잡은 참가자도 있다.)

와! 잘 잡았어요. 못 잡은 친구도 있지요? 다시 해봐요.

(다 잡을 때까지 한다.)

이번에는 한 손으로 잡아볼 거예요. 준비됐나요? 하나 둘 셋!

(솔방울을 던지고 한 손으로 잡아본다. 이후에는 두 사람이 던지고 받거나,

원을 그리고 서서 옆 사람의 솔방울을 던지고 받기 놀이를 해본다.)

정말 잘했어요. 조금씩 다르게 하니까 생각보다 어렵죠?

(참가자들 : 네, 어려워요.)

개구리는 살아서 움직이는 곤충을 혀로 낚아채니 대단하죠?

자연에는 개구리 말고도 뛰어난 능력이 있는 동물이 많아요.

마라톤에서 달리는 거리가 얼마인지 알아요?

(참가자들 : 42.195킬로미터요.)

맞아요, 42.195킬로미터. 소나무비단벌레는 48.3킬로미터

떨어진 곳에서 불이 난 것도 알아챌 수 있다고 해요.

나무가 불타고 나면 거기에 알을 낳는대요.

폭탄먼지벌레는 꽁무니에서 끓는 화학물질을 1초에

300번이나 내뿜어요. 과학자들이 비행 도중에 꺼진 제트엔진을

다시 점화하는 기술을 개발하기 위해 폭탄먼지벌레를
연구한다고 해요. 나미브사막에 사는 거저리딱정벌레는
등에 있는 작은 혹과 홈을 이용해서 공기 중의 수분을 모아
입으로 보낼 수 있대요.

이런 동물을 보면 초능력자 같지요?

그러니까 작다고 무시하지 말고 동물이 살아남기 위해
멋진 전략을 만들어냈구나, 정말 뛰어나구나, 저 기술을 연구하면
뭔가 훌륭한 것을 개발할 수도 있겠구나 생각하면 좋겠어요.

교감하기

숲 체험 교육에서 지식과 교훈을 주기보다 먼저 할 일이 자연과 친해지게 돕는 것이다. 나무나 풀 한 포기와 친구가 되고, 숲에 들어설 때 숲속 생물과 인사하고, 자주 보며 변하는 모습을 관찰하고 익히는 것이 친해지는 데 가장 좋은 교감이다.

자연과 인간뿐만 아니라 함께 놀이에 참여하는 이들과도 교감할 필요가 있다. 교감에 가장 도움이 되는 것이 스킨십이다. 숲에서 스킨십 놀이를 많이 하는 것도 이 때문이다.

숲속 초대장

숲속에 들어가기, 숲과 하나 되기, 숲에 겸손하기.

줄, 나무집게

진행 방법

- 참가자들이 오기 전에 줄을 쳐놓는다.
- 못 가게 막고 초대장을 달라고 한다.
- 초대장은 자연물도 되고, 직접 만든 카드도 가능하다.
- 초대장을 낸 친구는 숲에 들어갈 수 있다.

시나리오

숲과 숲이 아닌 지점의 경계에 참가자들 가슴 높이로 줄을 쳐놓는다.

자! 여기부터는 들어갈 수 없어요.

(참가자들 : 왜요?)

이제 숲이 시작되는데, 숲에 들어가려면 초대장을 내야 하거든요.

(참가자들 : 무슨 초대장을 내요?)

숲에 어울리는 초대장을 내야지요.

지금이 가을이니까 예쁜 단풍잎을 하나씩 가져오세요.

숲속 초대장은 자기가 생각하는 제일 예쁜 단풍잎이에요.

초대장을 가져오면 선생님이 여기 줄에 집게로 달아줄 거예요.

(참가자들 : 주변을 두리번거리며 단풍이 든 잎을 찾는다.

이때 숲해설가는 나무집게를 줄에 달아놓는다.)

자, 한 명씩 이리로 오세요.

(참가자들 모이기 시작한다.)

여기에 집게로 단풍잎 초대장을 매달 거예요.

초대장을 낸 친구는 숲속으로 들어가도 좋아요.

(참가자들은 숲에 들어가면서 줄을 통과하기 위해 고개를 숙인다.)

여기를 지나면 정말 멋진 숲이 시작될 거예요.

숲에는 손님처럼 조용히 들어갔다가 조용히 나와야 해요.

알겠죠?

내 친구를 소개할게

자연에 이름을 지어주며 친구가 되는 놀이.

종이테이프, 필기도구

- 참가자들이 숲의 일정 구역에 흩어져 친구 나무를 고른다.
- 고른 나무에 이름을 지어준다.
- 각자 지은 나무 이름을 종이테이프에 써서 붙인다.
- 참가자들이 숲을 뛰어다니며 다른 친구의 나무 이름을 보고 외운다.
- 마지막에 참가자들이 얼마나 많은 이름을 기억하는지 테스트한다.

숲에 막 들어섰는데, 주변을 잘 둘러봐요. 나무가 아주 많지요?
지금부터 주위에서 유난히 눈에 띄거나 마음에 드는 나무가
있는지 살펴보세요. 그런 나무를 찾았나요?
(참가자들 : 네.)
그 나무에게 가봐요.
(참가자들 나무를 찾아 뛰어간다.)
나무에 올라가도 좋고, 껴안아도 좋고, 기대서도 좋아요.
잠깐 그 나무와 이야기해보세요. 조용히 속삭여도 되지만,

다른 친구들에게 방해되지 않도록 눈 감고 속으로 안부를 물어요.

(참가자들 나무와 이야기한다.)

왜 하필이면 그 나무를 보고 마음이 움직였을까요?

(참가자들 의견 듣기.)

선생님 생각에는 나무가 여러분에게 "나랑 친구가 되어줘" 하고
말을 걸지 않았나 싶어요. 숲길을 걷다 보면 나무나 바위가
말을 걸어서 내가 쳐다보고, 손으로 짚기도 하는 거라고 생각해요.
지금 나무가 여러분에게 "나랑 친구가 되어줘" 하고 말을 걸었어요.
그 말에 여러분이 응해서 친구가 되겠다고 다가간 거고요.
친구들은 이름이 있지요? 그럼 각자 친구 이름을 지어줄까요?

(참가자들 : 나무한테 이름을 지어줘요?)

그래요, 이왕이면 잘 어울리는 이름으로 지어줘요.
두 사람이 같은 나무를 친구로 정했다면 어떤 이름이 좋을지
의논해서 하나로 정하세요. 이름을 정한 친구는 손을 들어요.

(이름을 다 지은 참가자들이 손든다.)

이름을 뭐라고 지었나요?

(참가자 : 튼튼이요.)

와! 멋진 이름을 지었네요.

(종이테이프에 이름을 써서 나무에 붙인다.)

자, 이렇게 이름표를 붙여주는 거예요. 다른 친구!

(계속해서 같은 방법으로 이름표를 붙인다.)

이름표를 붙인 사람은 돌아다니며 다른 친구의 이름을 구경해요.

(이름표를 모두 붙인다.)

이제 모두 이름도 짓고, 이름표도 붙였지요?
나무 친구들 이름을 다 알아요?
자, 이제 각자 이름표를 떼어 선생님한테 주세요.

(참가자들이 친구 나무에게 가서 이름표를 떼어 가져온다.
받은 이름표는 그루터기나 바위 등 한곳에 붙인다.)

나무 친구 이름이 한곳에 모였어요. 지금부터 선생님이
이름을 부르는 나무 친구에게 얼른 가서 껴안고 있어야 해요.
선생님이 쫓아가서 잡을 텐데, 나무를 껴안기 전에 잡히면
술래가 되는 거예요. 그러니까 이름을 잘 알아야겠죠?
이름을 몰라도 선생님을 피해서 빨리 도망치면 돼요.
자, 준비됐나요? 누구를 부를까?

(이름표를 보고 하나를 골라 외친다.)

튼튼이!

(참가자들 "와~" 하고 달려가서 나무에게 붙는다.)

잡았다! 이제 잡힌 친구가 술래예요.
술래는 방금 선생님처럼 하세요. 얼른 달려가서 아직 나무를
못 껴안은 친구를 잡는 거예요. 알겠지요?

(놀이 진행.)

그만 해요. 이제 나무 친구들 이름을 모두 알겠어요?

(참가자들 : 네.)

방금 놀이하면서 나무 친구들 이름을 지어주고 외웠어요.
우리가 지어준 이름이 진짜 이름일 수도 있고, 아닐 수도 있어요.
다음에 이곳에 와서도 오늘 지어준 이름을 불러줘요.
알았지요?

아이들은 나중에 다시 숲에 오면 친구가 된 나무를 꼭 살펴본다.

꽃가루 가위바위보

가위바위보 하며 꽃과 곤충의 관계를 이해하고, 참가자들끼리 교감한다.

준비물

없음

진행 방법

- 두 명씩 꽃가루가 돼서 가위바위보!
- 가위는 '안녕하세요 꽃', 바위는 '반갑습니다 꽃', 보는 '사랑합니다 꽃'이다.
- 같은 것을 내면 꽃가루받이에 성공한 것이다.
- 손가락 숫자가 다르면 실패한 것이므로 다른 꽃을 찾아 다시 가위바위보 한다.

시나리오

주변을 보니까 꽃도 많이 피었고, 곤충도 많지요?

(참가자들 : 네.)

꽃이 왜 피고, 곤충이 왜 오는지 잘 알 거예요.

그럼 지금부터 텔레파시 놀이를 해볼까요?

(참가자들 : 그게 뭔데요?)

꽃가루받이가 되려면 벌이 같은 종류 꽃에 앉아야 하잖아요.

진달래꽃에 앉았던 벌이 다시 다른 진달래꽃에 앉아야죠.

즉 같은 꽃끼리 꽃가루받이가 되는 거예요.

(참가자들 : 당연하잖아요.)

각자 꽃이 되어 같은 꽃인지 아닌지 알아보는 놀이입니다.

(참가자들 : 어떻게 해요?)

잘 들어보세요. 여러분은 모두 꽃가루예요.

어떤 꽃가루인지는 몰라요. 벌의 다리에 묻어서 이동하고 있어요.

그러다가 벌이 어떤 꽃에 앉았는데, 그 꽃이 몸에 묻힌 꽃의

꽃가루인지 아닌지는 몰라요. 여러분이 가위바위보 해서

다른 걸 내면 다른 꽃이란 뜻이에요.

같은 것을 내면 같은 꽃이고요. 무슨 말인지 알겠지요?

(참가자들 : 같은 것을 내야겠네요?)

맞아요. 같은 것을 내면 두 사람은 통한 거예요.

둘 다 가위를 내면 '안녕하세요 꽃'이 돼서 인사해요.

둘 다 바위를 내면 '반갑습니다 꽃'이 돼서 악수하고요.

둘 다 보를 내면 '사랑합니다 꽃'이 돼서 안아줘요.

다른 것을 내면 빠이빠이 하고요.

(참가자들 : 다시 알려주세요.)

가위는 인사하기, 바위는 악수하기, 보는 안아주기. 알았지요?

(참가자들 : 네.)

시~작!

(참가자들 놀이 진행. 인원이 적으면 한 사람과 여러 번 해도 된다.)

이제 그만! 꽃가루받이 많이 했어요?

(참가자들 : 네.)

'안녕하세요 꽃' 꽃가루받이한 사람?

(참가자들 대답.)

그럼 '반갑습니다 꽃' 꽃가루받이한 사람?

(참가자들 대답.)

그럼 '사랑합니다 꽃' 꽃가루받이한 사람?

(참가자들 대답.)

꽃가루받이가 많이 됐네요. 친구들이랑 텔레파시도 잘 통했나요?

(참가자들 대답.)

꽃은 곤충이 와야 꽃가루받이가 돼서 열매를 만들 수 있어요.

곤충은 꽃이 있어야 꿀을 먹고, 꽃가루도 딸 수 있지요.

이렇게 자연에서는 도움을 주고받는 것이 많아요.

도꼬마리는 멧돼지가 있어야 멀리 갈 수 있고,

벗나무는 새가 있어야 멀리 갈 수 있고,

딱따구리는 죽은 나무가 있어야 벌레를 잡아먹을 수 있어요.

여러분도 서로 도와가며 잘 지내기 바랍니다.

청소년은 안아주기를 꺼린다. 이때 하이파이브를 하면 놀이가 좀 더 자연
스럽게 진행될 수 있다.

자리를 바꿔라!

통나무 위에서 자리 바꾸며 스킨십하기.

과제 쪽지('키 순서로 서시오' '이름 가나다순으로 서시오' '생일 순서로 서시오' 등)

- 통나무에 모두 올라간다.
- 과제를 하나 줘서 자리 바꾸기를 한다.
- 여러 가지 과제를 하며 자리 바꾸기 놀이로 가까워진다.

시나리오

쓰러진 나무나 통나무가 있는 곳에서 할 수 있는 놀이다.

여기 이 나무는 왜 쓰러졌을까요?
(참가자들 : 태풍에 쓰러진 거 아닐까요?)
맞아요. 작년 여름에 태풍이 왔을 때 넘어졌나 봐요.
태풍이 왔을 때 나무들이 쓰러지고, 홍수가 나서 집이나 동물이
강물에 둥둥 떠내려가는 걸 TV에서 본 적이 있어요.
여러분도 봤나요?
(참가자들 : 집은 봤는데 동물은 못 봤어요.)
홍수가 난 곳은 우리나라가 아니었는데, 강물이 넘치면서

주변에 있던 악어도 그쪽으로 온대요. 우리 악어 놀이 해볼까요?

(참가자들 : 어떻게 하는 건데요?)

선생님이 악어가 될 테니, 여러분은 강물에 떠내려온 돼지나 염소가

되는 거예요. 선생님한테 잡히면 탈락이에요.

준비, 시~작!

(숲해설가가 악어가 돼서 참가자들과 잡기 놀이를 한다.

숲해설가는 잡는 시늉만 해서 참가자들이 실컷 뛸 수 있게 유도한다.)

아이고, 힘들다. 왜 이렇게 잘 달리니….

이제부터 봐주지 않을 거예요. 빨리 달려서 꼭 잡아야지.

그런데 저기 쓰러진 나무에 올라가면 악어가 공격을 못 해요.

안전하게 대피할 수 있는 거지요. 자, 준비됐나요? 시~작!

(놀이하다 보면 참가자들은 모두 통나무에 올라간다.)

어휴! 통나무에 다 올라가서 악어가 침만 흘리겠다.

안 되겠어요. 악어가 꾀를 냈어요. 여기 과제 쪽지가 있는데,

하나를 뽑아서 적힌 대로 하는 거예요. 대신 통나무에서 내려오면

안 돼요. 내려오면 바로 악어한테 잡아먹힐 테니까.

자, 과제 쪽지를 꺼내볼까요?

(준비한 쪽지 세 장을 꺼낸다. 쪽지 대신 아이스바 막대기에 과제를 적어서

뽑아도 좋다.)

이 중에서 하나 뽑아보세요.

(참가자 한 명이 쪽지를 뽑는다.)

짜잔! 뭘까요? '이름 가나다순으로 서시오.'

ㄱㄴ 순서 알지요? ㅏㅑㅓㅕ도 알고요?

지금부터 통나무에서 내려오지 않고 이름이 가나다순으로 되게

자리를 바꿔가며 서는 거예요.

(참가자들 의견을 나누며 통나무 위에서 자리를 바꾸기 시작한다.

이 놀이의 목적은 친구들끼리 서로 도우며 스킨십을 하는 데 있다.)

아주 잘했어요. 이러다가 악어 굶어 죽겠다.

이 놀이는 통나무 위에서 균형 감각을 키우는 놀이인데,

다른 의미도 있어요. 같은 반 친구들이 함께하다 보니

이름도 알고 스킨십하는 것도 덜 어색했지요?

오늘 처음 보는 친구들이라면 시간이 더 걸렸을까요,

덜 걸렸을까요?

(참가자들 : 더 걸려요.)

맞아요, 잘 아는 친구라도 내 몸에 손대거나 내게 도움을 청할 때

거절하면 과제를 이행하기 쉬울까요, 어려울까요?

(참가자들 : 어려워요.)

그래요, 우리가 살아가는 데 이해하고 도와야 할 일이 많아요.

여러분은 서로 돕고 깊이 이해하는 친구가 되기 바랍니다.

숲속의 현자

큰 나무에게 질문하며 교감하는 놀이.

준비물

밧줄, 쪽지, 필기도구

진행 방법

- 숲에서 제일 큰 나무를 찾는다.
- 나무에 밧줄을 묶는다.
- 궁금한 것을 쪽지에 적어서 밧줄에 묶는다.
- 나무 대신 나무의 생각을 쪽지에 답으로 적는다.
- 서로 이야기하며 마무리한다.

시나리오

이 숲에서 나이가 가장 많은 생물은 누구일까요?

(참가자들 : 바위요.)

바위가 살아 있진 않지요. 살아 있는 것 중에 나이가

가장 많은 것은 누구일까요?

(참가자들 : 나무요.)

그럼 이 근처에서 나이가 가장 많아 보이는 나무를 찾아볼까요?

(참가자들 두리번거리다가 찾아낸다.)

와! 정말 오래된 나무예요. 이 나무는 몇 살이나 됐을까요?

(참가자 : 100살이오.)

나무는 베어서 나이테를 세어보지 않으면 정확한 나이를

알기 어려워요. 그래도 대략 짐작하는 방법이 있어요.

나무줄기에서 사람 가슴 높이의 굵기를 재보는 방법이에요.

나무의 지름이 30센티미터 정도면 서른 살쯤 된 거지요.

이 나무는 지름이 얼마나 될까요?

(참가자들 의견.)

60센티미터는 되겠지요? 그럼 예순 살 이상 먹은 거네요.

여기 예순 살 이상 되신 분?

아무도 없네요. 선생님을 포함해서 여기 있는 사람 중에

이 나무보다 나이가 많은 사람은 없어요. 이 나무가 우리 선배죠?

우리 선배에게 조언을 구해볼까요?

각자 고민이나 걱정, 궁금한 게 있으면 선배님에게 물어보세요.

(참가자들 : 어떻게요?)

먼저 여기 밧줄을 묶어놓을게요.

(준비한 밧줄을 헐렁하게 묶는다.)

각자 쪽지에 고민이나 궁금한 것을 하나씩 적어보세요.

장난스럽게 하면 장난스런 답이 오니까 진지하게 적어요.

(쪽지와 필기도구는 숲해설가가 나눠준다. 참가자들 1~3분이면 적는다.)

다 적었으면 쪽지를 길게 접어서 여기 밧줄에 묶거나 끼워요.

나중에 자기 것을 알아야 하니까 쪽지 바깥에 표시하세요.

하트도 좋고, 별도 좋고 자기만 알 수 있게요.

(참가자들이 모두 쪽지를 밧줄에 끼우면 잠시 시간을 두거나

다른 활동을 한다.)

나무가 생각할 동안 우리는 저쪽에 가서 다른 활동을 할까요?

(활동할 거리가 없다면 곧바로 진행한다.)

아까 적어놓은 쪽지에 나무가 답할 거예요. 나무는 손이 없어서
펜을 못 잡아요. 여러분이 도와줘야 해요.

지금부터 자기 쪽지 말고 다른 사람 쪽지를 보세요.

(참가자들 : 다른 사람 걸 봐요?)

네, 다른 사람이 쓴 내용을 읽고 답을 생각해봐요.

자기 생각을 바로 적지 말고, 눈을 감고 나무가 주는 정답을
텔레파시로 받는 거예요. 최대한 나무의 생각을 적어보세요.

다 적었어요?

(참가자들 : 아니요, 생각이 잘 안 나요.)

나무를 꼭 안아보세요. 그럼 텔레파시가 잘 통할지도 모르니까요.

(시간이 지나 모든 참가자가 적었다면 다시 접어서 묶게 한다.)

다 적었으면 처음처럼 접어서 가져온 자리에 다시 묶어요.

(참가자들 : 꼭 같은 모양으로 접어야 해요?)

모양은 달라도 밖에 표시한 것은 보이도록 묶어야지요.

자, 이제 자기 고민을 적은 쪽지를 찾아볼까요?

친구가 대신 써준 것이지만, 나무가 한 말이니 천천히 읽어보세요.

아마 좋은 답이 있을 거예요.

혹시 친구들에게 읽어주고 싶은 답이 있어요?

(참가자들 손들고 발표한다.)

정말 좋은 답이네요. 나무가 대답해줬을까요, 친구가 써준 걸까요?

그건 아무도 몰라요. 정말 나무가 그 친구에게 텔레파시를 보내서
친구가 대신 써준 것일 수도 있어요.

오늘 이 기회를 통해 나무와 좀 더 가까워지면 좋겠어요.

어려운 일이 있을 때 찾아와서 나무에게 고민을 상담하고,

마음이 어지러울 때는 가만히 기대고 있다가 내려가도 돼요.

그렇게 나무와 친구처럼 지내면 좋겠어요.

나를 닮은 자연

자연에서 자기와 닮은 것을 찾으며 교감하기.

없음

진행 방법

- 모두 자리에 앉는다.
- 자기 자신에 대해 생각해본다.
- 자연물 중에 자기와 닮은 것을 찾는다.
- 왜 그것을 가져왔는지 이야기 나누며 마친다.

시나리오

우리 마주 보고 동그랗게 앉아볼까요?

(참가자들 동그랗게 앉는다.)

이렇게 앉으면 우리 친구들 얼굴을 다 볼 수 있지요?

내 눈에는 다른 친구들이 보이지만 내 얼굴은 잘 안 보여요.

다른 친구들은 내 얼굴이나 내가 입은 옷을 보고,

내가 하는 행동을 보면서 나에 대해 생각해요.

'쟤는 까불이야' '쟤는 얌전해' '쟤는 노래를 잘해'….

이렇게 우리는 친구들을 보고 어떤 친구인지 알아볼 수 있고,

성격이 어떤지 짐작할 수 있어요.

우리 반에서 누가 달리기를 잘할까요?

(참가자들 : 쟤요.)

그럼 키가 가장 큰 친구는 누구일까요?

(참가자들 : 쟤요.)

이렇게 우리는 친구들을 잘 관찰하고 같이 놀면서 지내요.

그런데 나는 과연 어떤 사람일까요?

나는 노래를 잘할까요? 겁쟁이일까요? 용감한 사람일까요?

내가 생각하는 나는 어떤 사람인가요?

(참가자들 웅성웅성 이야기하고 떠든다.)

자, 우리 지금부터 조용히 생각해봐요.

자기의 성격도 좋고, 외모도 좋아요. 다 생각해보고 주변에서

자연물 중에 나랑 닮은 친구를 찾아 가져오는 거예요.

자연물 중에도 나처럼 성격 좋아 보이는 친구가 있을 수도 있고,

나처럼 용감해 보이는 친구가 있을 수도 있어요.

일어나서 자기하고 닮은 자연물 친구는 누구인지 찾아봐요.

발견한 친구는 선생님한테 가져오세요.

(참가자들 각자 다니면서 자연물 찾아보기.)

이제 모여서 동그랗게 앉아보세요.

(참가자들 모여서 바닥에 앉는다.)

선생님도 한 개 찾았어요. 선생님은 운동을 좋아하고 힘도 세서

튼튼하다는 이야기를 많이 들어요. 정말 힘든 일도 잘 견디고,

무거운 것도 잘 들고, 잘 아프지도 않고, 잘 먹고 튼튼해요.

이 돌처럼 단단하지요. 아까 이 돌이 눈에 딱 띄는데,

갑자기 가여운 생각이 들었어요. 주변을 보니까 이 돌만

여기 있는 거예요. 선생님도 단단한 돌멩이처럼 튼튼한 것 같지만,

가족과 떨어져 지내서 조금은 외로워요.

이 돌이 선생님 같았어요. 이제 선생님 오른쪽에 앉은 친구부터
자연물이 왜 자기를 닮았다고 생각하는지 이야기해보세요.
(참가자들 돌아가면서 이야기한다.)
잘 들었어요. 얘기를 듣고 보니 더 닮은 것 같아요.
자연물이지만 우리가 진심으로 바라보면 정말 그런 느낌이 들어요.
나를 닮은 자연물뿐만 아니라 내 기분을 닮은 자연물,
내 동생을 닮은 자연물, 마음이 따뜻해 보이는 자연물 등
다양하게 바라볼 수 있어요. 그렇게 마음으로 다가가면
좀 더 친해지는 것 같고, 마음도 조금씩 정리가 돼요.
이런 놀이가 아니라도 자연을 친하고 가깝게 느끼면 좋겠어요.

함께하기

자연에는 서로 도우며 사는 생물이 많다. 숲에 와서 많은 동식물의 관계를 보고, 함께 참여한 이들과 주어진 과제를 해결하다 보면 자기도 모르게 도움을 주고받는다.

요즘 교육은 개별적인 능력 향상에 치중하지, 협동하는 놀이나 과제는 많지 않다. 그렇기에 숲 생태놀이를 하는 동안 여럿이 놀 수 있도록 해주는 게 좋다. 협동을 강요하지 말고 여럿이 할 수 있는 과제를 내주면 자연스럽게 협동의 필요성을 느끼고 행한다.

나를 믿어

동물이 돼서 동물의 말로 친구 안내하기.

준비물

눈가리개

진행 방법

- 두 명씩 짝짓는다.
- 동물을 하나 정한다.
- 한 사람은 눈을 가리고, 한 사람은 동물의 소리로 안내한다.

시나리오

동물은 말을 할까요, 안 할까요?

새는 여기저기에서 지저귀는데 서로 알아들을까요?

우리가 동물이 돼서 이야기해볼까요? 두 명씩 짝을 지어요.

(참가자들 두 명씩 짝짓는다.)

짝과 함께 어떤 동물로 할지 생각해봐요.

(참가자들 동물 이름을 정한다.)

이 팀은 어떤 동물인가요?

(모든 팀의 이름을 한 번씩 확인해준다.)

이제 한 사람은 눈을 가리고 다른 사람이 길을 안내할 거예요.

(참가자들 : 길을 안내해요?)

네, 저기 보이는 나무를 돌아오는 거예요.

누가 눈을 가리고 누가 안내할지 정해주세요.

(참가자들 의논해서 정한다.)

먼저 길 안내하는 말을 생각해야 해요.

동물이니까 동물의 말로 해야겠죠?

(참가자들 : 동물의 말이라고요? 어떻게요?)

이 팀은 까치라고 했지요? 그럼 까치 소리로 안내하는 거예요.

두 사람이 의논할 시간을 5분 드릴게요.

(참가자들 5분 동안 각자 안내할 말을 정해서 연습한다.)

자, 충분히 연습했지요? 이제 눈을 가리세요.

(준비한 눈가리개를 나눠준다. 눈가리개가 많지 않으면 한두 팀을
먼저 해보게 하는 것도 좋다.)

여기가 출발선이에요. 준비됐지요?

(모두 출발선에 선다.)

이제부터 규칙을 설명할 테니 잘 들으세요.

첫째, 사람의 말을 하지 않고 동물의 말을 한다.

둘째, 안내하는 사람은 눈 가린 사람 앞으로 가지 않는다.

셋째, 안내하는 사람이 눈 가린 사람에게 손을 대거나
지나가다가 다른 장애물에 닿으면 감점한다.

잘 알았죠? 규칙을 잘 지키면서 안내해야 해요.

나무와 돌이 있으니까 서두르다 넘어지거나 부딪혀서
다치지 않게 조심하세요. 준비, 시~작!

(참가자들 놀이를 한다.)

모두 잘했어요. 해보니 어때요?

(참가자들 : 무섭지만 재밌어요.)

눈이 안 보이니까 답답하고 무섭지요?

그래도 뒤에서 안내하는 사람을 믿고 둘이 짠 대로 잘했어요.

선생님이 동물의 말로 연습하라고 몇 분을 줬지요?

(참가자들 : 5분이오.)

시간을 5분밖에 안 줬는데도 길 안내를 잘했어요.

새나 동물은 수만 년 동안 동족과 이야기했으니 우리가 방금 짠

말보다 훨씬 많은 말을 하고 지낼 거예요.

어떤 과학자가 연구한 결과에 따르면, 새도 최소한 열여섯 가지

내용으로 의사소통할 수 있대요. 생각보다 많지요?

동물도 이야기를 주고받는다는 걸 알았을 거예요.

의사소통뿐만 아니라 사랑도 하고, 새끼를 낳아서 잘 기르고

가르쳐요. 우리가 배울 점이 아주 많아요.

TV에서 보니까 몽구스 가족이 리카온(아프리카들개)에게 포위되어

잡아먹힐 위기에 처했는데, 몽구스들이 바깥을 보고 꼬리를 맞댄 채

대항하더라고요. 갑자기 가장 큰 몽구스가 뛰어나가자,

리카온들이 그 한 마리를 쫓아갔어요.

그때 나머지 몽구스들이 쏜살같이 굴속으로 대피했지요.

가족을 위해 자기 혼자 희생한 거예요.

물론 그 몽구스도 재빨리 리카온들 틈을 빠져나와서 달아났어요.

참 대단하죠? 동물도 사람과 크게 다르지 않다는 걸 느꼈어요.

숲에 있는 동물이나 식물도 생각을 한다는 걸

잊지 말았으면 좋겠어요.

너구리가 심은 나무

놀이를 통해 식물과 동물의 관계를 이해한다.

없음

- 모두 너구리가 돼서 열매를 먹는다.
- 먹은 열매는 소화돼 항문까지 왔다.
- 너구리 화장실로 간다.
- 소감을 이야기하고 마무리한다.

벚나무나 고욤나무 등 너구리가 먹고 배설한 곳에서 돋아났을 가능성이 큰 나무를 많이 볼 수 있다. 그 나무가 있는 근처에서 진행하고 실제 나무를 보여주면 훨씬 효과가 좋다.

도토리는 데굴데굴 굴러서 멀리 간다고 했지요? 단풍나무는?
(참가자들 : 바람을 타고 멀리 날아가요.)
맞아요. 너구리의 도움을 받아서 멀리 가는 씨앗도 있지요?
(참가자들 : 네!)
너구리가 어떻게 도와주는지 놀이하면서 알아볼까요?
(참가자들 : 네!)

먼저 열매를 주워야 해요. 숲에서 작은 솔방울 한 개씩 가져오세요.

(참가자들 솔방울 한 개씩 들고 온다.)

사람은 체격이 커서 씨앗이 아주 작게 느껴지지만,

동물에게는 크게 느껴져요. 여러분이 들고 있는 솔방울을

너구리가 좋아하는 고욤이라고 생각해봐요.

너구리에게는 고욤이 솔방울처럼 크게 느껴질 거예요.

(실제 고욤을 보여주고 크기를 비교해도 좋다.)

우리는 이제부터 너구리예요. 배가 고파서 숲을 어슬렁거리다가

먹음직스런 고욤을 발견했어요. 와! 고욤이다. 냠냠….

(숲해설가가 먹는 시늉을 한다.)

여러분도 너구리니까 열매를 먹어야지요. 냠냠….

(참가자들 따라 한다.)

꿀꺽! 맛나게 삼킨 고욤이 어디쯤 갔을까요?

(참가자들 : 목구멍이오.)

맞아요. 목구멍으로 들어갔어요. 너구리는 친구와 놀면서

숲을 거닐었지요. 한 시간이 지났어요. 이제 어디에 있을까요?

(참가자들 : 배 속?)

맞아요, 위장에서 소화되고 있어요.

친구랑 뒹굴뒹굴하고, 가위바위보도 하고, 잡기 놀이도 해요.

(이때 참가자들도 놀이한다.)

어느새 저녁이 됐어요. 이제 고욤은 어디 있을까요?

(참가자들 : 아랫배?)

맞아요, 아랫배에 왔어요. 다 소화되고 씨앗만 창자에 있어요.

하룻밤 자고 나니 배가 고파요. 어제 먹은 고욤이 어디에 있나요?

(참가자들 : 똥꼬요.)

그래요, 똥꼬까지 왔어요. 이제 막 나오려고 해요.

자, 여러분이 주운 솔방울을 똥꼬에 끼워요.

저기 나뭇가지로 네모나게 만든 곳이 화장실이에요.

거기까지 똥을 참고 가서 네모 안에 정확히 응가해야 합니다.

아까 두 모둠으로 나눴지요? 먼저 각 모둠에서 한 명씩

응가하고 올 거예요. 돌아와서 다음 친구에게 손바닥을 쳐줘야

이어서 출발할 수 있어요.

어느 모둠이 먼저 응가하는지, 화장실에 잘 누었는지 볼 거예요.

가다가 땅바닥에서 응가하면 출발선에서 다시 출발해야 해요.

그러니까 조심조심해서 가야겠지요? 준비, 출발!

(놀이 진행.)

먼저 오기는 이쪽 소나무 모둠이 이겼지만, 솔방울 응가가 화장실에

다 들어가지 않고 몇 사람은 밖에 떨어졌어요.

화장실에 잘 누기는 하나도 안 떨어뜨린 느티나무 모둠이 이겼어요.

소나무 모둠과 느티나무 모둠이 동점이네요.

그런데 너구리가 심은 나무가 정말로 숲속에 있을까요?

(참가자들 : 글쎄요… 있을 거 같기도 해요.)

우리 어떤 게 너구리가 심은 나무인지 찾아볼까요?

(참가자들 숲을 다니며 찾아낸다. 찾으면 숲해설가를 불러 확인하려고 한다.
일일이 가서 확인해준다.)

와! 여기 봐요. 민수가 찾아낸 나무는 벚나무예요.

너구리가 벚나무 열매인 버찌도 아주 좋아해요.

주변에 벚나무가 없는데 여기에만 있는 걸 보면 너구리나

다른 동물이 응가한 데서 돋아난 게 분명해요.

선생님이 보니까 저쪽에 너구리가 심은 나무가 한 그루 더 있어요.

같이 가서 볼까요?

(참가자들과 이동.)

여기 봐요. 이 나무도 주변에 없는데 여기에만 있죠?

이 나무의 열매는 바람을 타는 모양이 아니니까

동물이 먹고 배설해서 자라는 게 분명해요.

누가 먹고 응가했는지는 잘 모르겠어요.

새가 응가했을 수도 있고, 너구리가 응가했을 수도 있어요.

식물은 바람, 물, 동물 등 여러 가지 작전을 써서

씨앗을 멀리 보내는데, 모두 혼자보다는 다른 존재의 도움을 받아

움직일 수 있어요. 우리도 이 세상을 혼자 살 순 없어요.

우리가 밥을 먹기까지 아주 많은 사람의 도움이 필요해요.

농부 아저씨, 정미소 아저씨, 숟가락 만드는 아저씨,

쇠를 광산에서 캐는 사람, 밥솥 만드는 사람….

수많은 사람이 밥 한 공기를 먹는 데 관련이 있지요.

다른 것도 마찬가지예요.

옛날에는 스스로 뭔가 만들고 다른 사람들과 바꿔서 생활했지만,

현대인은 스스로 만들어 쓸 수 있는 게 많지 않아요.

이런 사회일수록 주변 사람들과 나누는 마음이 필요해요.

어린이 여러분도 혼자만 챙기거나 잘난 체하지 말고

다른 사람들과 서로 도우면서 사이좋게 지내기 바랍니다.

둥지를 만들자

새가 돼서 둥지를 만들며 새의 생태를 이해한다.

없음

- 새집을 관찰한다.
- 새가 돼서 둥지를 만들어본다.
- 각자 만든 둥지를 보여준다.
- 소감을 이야기하며 마무리한다.

새에 관련한 수업을 할 때 지식적인 면에 치중하는 경우가 많다. 숲에서는 자연물을 만지고 던지고 땅을 파고 누우며 오감을 자극하는 놀이가 좋다. 아이들이 나뭇가지를 만지고 둥지를 짓는 즐거움에 빠지도록 유도해보자.

쉿! 잠깐 조용히 해봐요. 무슨 소리가 들리죠?
(참가자들 : 새소리요.)
맞아요, 여기 오니까 새소리가 많이 들리네요.
저 위에 까치집이 보이죠? 우리도 까치처럼 둥지를 지어볼까요?
(참가자들 : 어떻게 만들어요?)
먼저 둥지를 어떤 모양으로 만들지 생각해보세요.

그리고 주변에서 둥지 만드는 데 사용할 재료를 구해야지요.

돌멩이, 나뭇가지, 나뭇잎 같은 것이 많이 필요해요.

제비는 논에 있는 진흙으로 도자기 빚듯이 둥지를 만들어요.

붉은머리오목눈이는 거미줄이나 이끼로 둥지를 짓고요.

여러분은 어떤 것으로 둥지를 만들고 싶어요?

(참가자들 : 나뭇가지요.)

그럼 지금부터 재료를 구해서 둥지를 만들어보세요.

(참가자들 신이 나서 둥지를 만든다. 30분쯤 걸린다.)

와! 어느새 멋진 둥지가 완성됐네요. 이제 둥지 안에 가볼까요?

(참가자 둥지에 들어간다.)

둥지에 들어가니까 느낌이 어때요?

(참가자들과 둥지 바닥에 둘러앉아 소감을 묻거나 이야기를 나눈다.)

저기 까치집 보이지요? 저 까치집을 지을 때 까치가

과연 나뭇가지를 몇 개나 사용했을까요?

(참가자들 이런저런 의견을 낸다.)

우리가 둥지를 만드는 데 사용한 나무는 몇 개쯤 될까요?

(참가자들 : 100개도 넘어요.)

맞아요, 선생님이 봐도 100개 남짓 될 것 같아요.

새를 연구하는 어떤 아저씨가 까치집에 나뭇가지가 몇 개나

들었는지 세어봤대요. 과연 몇 개일까요?

(참가자 : 500개? 1000개?)

정답은 '그때그때 다르다'입니다.

(참가자들 : 에이, 뭐예요.)

그거야 까치 마음이지요. 정확한 건 모르지만 몇 개를 조사해서

평균을 내보니 2000개쯤 됐대요.

(참가자들 : 와! 많다.)

새는 날아서 이동할 때 에너지를 대부분 사용해요.

한 번 날아오르기가 쉬운 일이 아니라는 얘기지요.

2000개를 나르려면 갈 때 올 때 최소한 4000번을 날아야 해요.

암수가 함께 만드니까 한 마리가 2000번을 나는 셈이에요.

무척 힘들었겠지요? 이렇게 힘든데 까치는 왜 둥지를 만들까요?

(참가자들 : 잠자려고요, 가족끼리 잘 살려고요, 알 낳으려고요.)

맞아요, 알을 낳고 그 알이 깨어나서 새끼들이 다 자랄 때까지

돌보기 위해 둥지를 틀어요.

새는 알에서 깨어 몇 달만 지나면 어른 새가 될 수 있어요.

잠깐 알을 낳고 새끼를 키우기 위해서 힘들게 둥지를 짓는 거예요.

새끼에 대한 까치의 사랑이 대단하지요?

그런데 까치만 그럴까요?

많은 동물이 그래요. 사람도 마찬가지고요.

어린이 친구들은 어디에서 살지요?

(참가자들 : 집이오. 아파트요.)

그래요, 우리는 아파트 같은 집에서 살아요.

그 집은 부모님께서 여러분을 잘 키우기 위해 마련했어요.

지금도 부모님은 밖에서 여러분을 위해 열심히 일하세요.

그런데 우리는 고맙다는 말도 제대로 안 하지요?

지금이라도 큰 소리로 부모님께 감사 인사를 해볼까요?

하나 둘 셋!

(참가자들 : 고맙습니다!)

집에 돌아가서도 잘 키워주셔서 감사하다는 인사를 꼭 드리세요.

도토리야 굴러라

협동심을 기르는 놀이.

준비물

'도토리를 굴려라' 교구(혹은 보자기와 도토리)

진행 방법

• 보자기를 준비한다.
• 참가자들이 보자기 끝을 잡는다.
• 도토리를 놓고 원하는 위치에 보내는 놀이를 한다.
• 소감을 나누고 마무리한다.

시나리오

시판하는 '도토리를 굴려라' 교구가 있으나, 직접 만들어서 해도 좋다. 큰 보자기 한구석에 참나무 새싹을 그리고, 반대쪽 끝에 출발점을 표시한다. 크기가 다양한 동물을 여기저기 그린다. 그림 그리기가 서투르거나 어려우면 동그라미 안에 동물 이름을 써도 좋다.

여기 어린 참나무가 있네요. 막 돋아났나 봐요.
(참가자들 모여서 어린 참나무를 관찰한다.)
어린나무도 봤으니 어린나무 놀이를 할까요?
(참가자들 : 네.)
좋아요, 이 보자기를 다 같이 펼쳐요.

(참가자들 : 어? 그림이 있네요.)

그래요, 무슨 동물일까요?

(참가자들 대답.)

맞아요. (주머니에서 도토리를 꺼내며) 이게 뭘까요?

(참가자들 : 도토리요.)

맞아요. 도토리는 누가 먹지요?

(참가자들 : 다람쥐요.)

우리 도토리를 보자기 위에서 굴려 다람쥐 쪽으로 보내볼까요?

(도토리를 굴려서 다람쥐에게 보낸다.)

잘했어요. 그런데 도토리를 다람쥐만 먹는 건 아니에요.

여기 있는 동물이 모두 도토리를 먹어요.

(나머지 동물이 어떻게 도토리를 먹는지 간단히 이야기해준다.)

이 도토리가 잘 굴러가 땅에 묻혀야 싹이 나겠지요?

(참가자들 : 네!)

아까 그 나무처럼 싹이 나려면 잘 굴러가서 땅에 묻히거나,

다람쥐나 청서가 겨울에 먹으려고 저장했다가 어디 뒀는지

깜빡해서 이듬해 싹이 돋아야 해요.

자, 여기부터 굴려서 저 동그라미 안에 넣으면 돼요.

그림에 닿으면 다시 해야 하고요. 알겠지요?

과연 몇 번 만에 성공하는지 볼게요.

(도토리 굴리기 놀이를 진행한다.)

생각보다 어렵지요? 씨앗 하나가 싹이 나고 자라서

나무가 되는 게 쉬운 일이 아니에요.

그런데도 우리 주변에는 나무가 아주 많아요.

어려움을 이기고 나무로 자라났으니 얼마나 소중한지 알겠지요?

(참가자들 : 네.)

나무만 소중할까요?

(잠시 뜸 들인다.)

여러분도 소중해요. 공부를 못해도, 운동을 못해도
건강하게 자라서 살아 있다는 이유만으로 아주 소중하지요.
자신을 함부로 대하지 말고 사랑하기 바랍니다.

나무를 세워라

막대기 놀이를 통해 협동심 배우기.

없음

진행 방법

- 각자 막대기를 하나씩 찾아 가져온다.
- 가장 큰 막대기를 고른다.
- 다른 나뭇가지로 가장 큰 막대기를 세운다.
- 생각을 나누며 마무리한다.

시나리오

각자 막대기 하나씩 들고 있지요? 아까 나눈 모둠대로 서볼까요?
모둠에서 가장 큰 막대기를 똑바로 세워보세요.
손으로 잡지 말고, 다른 나뭇가지를 이용해 세워야 해요.
어느 모둠이 빨리 성공하는지 볼까요? 준비, 시~작!
(참가자들 나무 세우기 시작.)
모두 잘했어요. 소나무 모둠이 조금 빨리 세웠네요.
우리가 손으로 잡지 않아도 자기들끼리 잘 기대고 서 있지요?
여러분이 가져온 나무 모양은 달라도 이렇게 하나가 되어
선생님이 낸 과제를 잘 해결했어요. 다른 일도 비슷해요.

각자 뛰어난 재능이 있지 않아도 모이면 큰일을 해낼 수 있어요.

세워진 나무가 무엇을 닮은 것 같아요?

(모닥불, 천막 등 다양한 답이 나올 것이다.)

다 맞는 말이에요. 우리 주변에 있는 나무를 한번 볼까요?

저렇게 하늘 높이 뻗었지만, 땅속에 뿌리가 없다면

다 쓰러질 거예요.

가장 큰 막대기가 나무라면 옆에서 받치는 나무는 뭘까요?

(참가자들 : 뿌리요.)

맞아요, 뿌리는 땅속에서 흙을 단단하게 잡고 있어요.

사방으로 뻗어서 나무가 쓰러지지 않게 하죠.

나무는 물과 무기 양분을 오로지 뿌리를 통해서 흡수해요.

그러니 뿌리가 없다면 나무가 살기 어렵겠지요.

뿌리가 이렇게 중요하지만, 눈에 보이지 않아 지나치기 쉬워요.

꽃이 예쁘고 열매가 맛있으니 거기에만 눈길이 가지요.

하지만 땅속에 있어서 보이지 않는 뿌리도 나무가 살아가는 데

중요한 역할을 한다는 걸 잊지 말아야 해요.

잘 생각해보면 공기처럼 눈에 띄지 않지만 중요한 역할을 하는 게

우리 주변에 아주 많아요.

친구 중에도 큰 선물이나 맛난 것을 사주지 않아도 나를 아끼고

신경 써주는 친구가 있어요.

이렇게 누가 알아주거나 알아주지 않거나 묵묵히 자기가 할 일을

하는 사람이 뿌리 같은 사람이에요.

여러분이 뿌리 같은 사람이 되면 좋겠어요.

우리는 무슨 관계일까?

'짝짓기 놀이'를 통해 이야기 만들기.

준비물

엽서 크기 종이, 굵고 진한 필기도구

진행 방법

- 종이에 생각나는 숲속 생물 이름을 적는다.
- 각자 어떤 생물을 적었는지 확인하고 놀이 시작!
- 진행자가 "두 명" "세 명" 외치는 숫자만큼 짝을 짓는다.
- 짝지은 사람들은 종이에 적은 생물의 관계에 대해 이야기한다.
- 점점 모둠을 키워 전체가 이야기를 통해 하나의 생태계를 완성하도록 유도한다.

시나리오

오늘 숲 체험 즐거웠어요?

(참가자들 : 네!)

즐거웠다니 다행이에요. 그럼 마무리 놀이를 할까요?

(참가자들 : 어떤 놀이인데요?)

지금부터 종이를 한 장씩 나눠줄 테니까 각자 생각나는

동물이나 식물을 한 가지 적어보세요.

(종이와 필기도구를 나눠주고, 상대방이 볼 수 있게 적으라고 한다.)

다 적었으면 명찰에 넣고 목에 걸어요.

(참가자들 적은 종이를 명찰에 끼워서 목에 건다. 적으면서, 목에 걸면서 많이 웃을 것이다.)

생물 목걸이 다 걸었나요?

(참가자들 : 네!)

동그랗게 서서 주변 친구들이 어떤 생물인지 한번 둘러보세요.

친구들 목에 걸린 이름 중에 모르는 게 있는 사람?

(참가자 : 고라니가 뭐예요?)

고라니가 뭘까요? 직접 얘기해줄래요?

(목에 건 친구가 얘기해준다.)

잘 설명했어요. 고라니는 노루와 비슷한데 좀 작아요.

어금니 같은 게 있어서 노루와 구별할 수 있고요.

다른 것은 모두 아는 생물이지요?

(참가자들 : 네!)

좋아요. 지금부터 선생님이 말하는 숫자만큼 모이세요.

그런데 그냥 모이는 게 아니고 도움을 주고받거나, 어떤 사연으로

연결돼야 해요. "너구리도 포유류고 다람쥐도 포유류니까

공통점이 있어요" 하면 안 돼요.

공통점이 아니라 너구리와 다람쥐가 어떤 관계인지,

둘 사이에 어떤 이야기가 있는지 설명해야 해요. 알겠지요?

(참가자들 : 네!)

그럼 준비하시고, 두 명! 꼭 관계가 있는 생물이어야 해요.

(참가자들 웅성거리며 짝을 찾는다.)

다 뭉쳤네요. 좋아요. 관계를 설명하지 못하면 실패한 거예요.

자, 여기 너구리하고 벚나무는 무슨 관계인가요?

(참가자 : 너구리가 벚나무 열매를 먹고 배설해서 씨앗을 멀리 보내줘요.)

오! 좋아요. 여기 참나무와 매미는요?

(참가자들 설명한다.)

여름에 매미가 참나무 수액을 빨아 먹었군요. 좋아요.

여기 두 사람은 무슨 관계일까요?

(참가자들 설명한다.)

음, 이 모둠은 설명이 부족해요. 다른 사람이 도와줄 수 있나요?

여기 ○○○과 ○○○은 무슨 관계일까요?

(참가자 설명한다.)

아, 그러네요. 이 모둠은 설명을 못 했으니 실패예요.

방금 설명한 사람에게 생물 목걸이 종이를 주세요.

생물 목걸이 종이를 받은 사람은 적절하게 활용하면 돼요.

이번엔 네 명! 네 가지 생물이 관계가 있어야 해요.

(참가자들 넷이 모이고 이야기를 만들어낸다. 30초 정도 시간을 준다.)

이제 확인해볼까요?

소나무, 개구리, 무당거미, 아까시나무는 어떤 관계일까요?

(참가자들 설명한다. 이와 같은 방법으로 진행하다가 마지막에는
전체 인원이 참여할 만한 숫자를 이야기한다. 인원이 많으면
두 모둠으로 나눠서 진행해도 된다. 전체 인원이 20명일 경우
10명씩 모여서 이야기를 만들어보게 한다. 인원이 늘어갈수록
이야기가 풍성해지고, 숲속에서 일어나는 일을 더 깊고 다양하게
상상해서 이야기를 만들어내는 경우가 많다.)

이 모둠은 소나무, 개구리, 무당거미, 쑥, 신갈나무, 매미, 이끼,
너구리, 도토리, 민들레 이렇게 열 가지인데, 무슨 관계가 있는지
이야기를 들어볼까요?

(참가사 : 어느 숲속에 소나무하고 신갈나무가 살았는데요,
그 신갈나무 밑에는 이끼랑 쑥도 자라고 있었어요. 어느 날 무당거미가
오더니 신갈나무랑 소나무 사이에 줄을 치기 시작했어요. 그 줄에 날아가던

매미가 걸려서 발버둥 치다가 날개에 줄이 묻어서 땅으로 떨어졌어요.
소나무하고 신갈나무 밑에 있는 이끼 덕분에 많이 다치지는 않았지요.
그러나 민들레 뒤에 숨어 있던 개구리가 나타나서 매미를 공격했어요.
그때 신갈나무에서 도토리 하나가 개구리 머리에 쿵 하고 떨어졌어요.
개구리가 놀라서 달아났는데, 너구리가 도토리를 먹으러 왔다가
매미를 발견하고 매미도 잡아먹었대요.)

오! 아주 잘했어요.

친구들이 숲속 생물로 동화를 썼네요. 정말 멋져요.

이런 일이 실제로 숲에서 일어날까요, 안 일어날까요?

(참가자들 : 안 일어나요, 일어날 수도 있어요.)

맞아요, 이런 일이 일어날 수도 있어요.

숲에는 다양한 생물이 관계를 맺으며 살기 때문에

관계가 잘못되면 다른 일이 일어날 수 있어요. 다른 생물에게

영향을 미치면서 사는 것이지요.

우리의 말이나 행동도 다른 사람과 관계가 있고,

다른 사람에게 영향을 미쳐요.

그런 사실을 잘 기억했다가 기운이 빠질 때나

자신이 한심하게 느껴질 때 다시 한번 생각해봐요.

나도 분명 어딘가에 연관이 있고 할 일이 있을 거예요.

발산하기

교사나 숲해설가나 가장 어려워하는 점이 산만한 아이들을 다루는 것이다. 아이들이 산만하게 행동하는 원인이 모두 같진 않으나, 확실한 것은 그 수업을 듣기 싫어서다. 그때 모든 아이가 하나가 돼서 노는 방법이 '발산하기'다.

발산은 에너지를 밖으로 꺼내는 것이다. 요즘은 위축되거나 응어리진 아이들이 많다. 크게 소리 지르거나, 무거운 것을 들거나, 나무토막을 힘껏 던지거나, 힘차게 뛰는 것을 싫어하는 아이는 없다. 오히려 그러지 못해 스트레스가 쌓여서 산만하게 군다.

응어리를 풀어주는 방법이 발산하기다. 숲에서 마음껏 뛰놀고 외치게 해야 스트레스가 풀린다. 아이들이 행복해지는 게 숲 생태놀이의 최고 가치다.

쑥쑥 자라자

이어 멀리뛰기로 기운 발산하기.

없음

진행 방법

- 두 모둠이 각각 한 줄로 출발점에 선다.
- 첫 사람이 멀리뛰기를 하면 그 자리에서 두 번째 사람이 뛴다.
- 마지막 사람까지 멀리뛰기를 하고 어느 모둠이 이겼는지 알아본다.
- 나무의 잔가지 길이가 저마다 다른 까닭을 설명한다.

시나리오

선생님은 올해 초에 키를 쟀는데 작년하고 똑같았어요.

선생님은 어른이니까 많이 먹어도 키가 더 자라지 않아요.

여러분은 작년에 잰 키와 올해 잰 키가 같아요, 달라요?

(참가자들 : 달라요.)

그래요, 우리 어린이들은 계속 자랄 거예요.

이 나무는 키가 자랄까요, 자라지 않을까요?

(참가자들 : 다 커서 안 자랄 것 같아요.)

나무는 어른이 돼도 계속 자라요.

지구상에서 키가 가장 큰 생명체는 나무라고 해요.

가장 큰 나무는 100미터도 넘는대요.

(참가자들 : 와! 100미터가 넘어요?)

우리도 나무가 돼서 누가 크게 자라는지 알아볼까요?

(참가자들 : 네!)

(주변에서 막대기를 주워다 놓고) 여기가 출발점이에요.

여기가 땅이라고 생각하면 되겠지요? 탑처럼 쌓으면 좋겠지만

어려우니까 우린 멀리뛰기를 하면서 크게 자라볼 거예요.

두 모둠으로 나눠서 누가 이기나 해볼까요?

(인원이 열 명이 안 되면 나누지 않고 해도 좋다.)

이 모둠은 무슨 나무라고 할까요?

(참가자들 : 소나무요.)

그럼 저 모둠은?

(참가자들 : 저희는 참나무요.)

좋아요. 이제 나무가 돼서 멀리뛰기를 할 텐데, 누가 먼저 뛸지

차례를 정해주세요.

앞에 있는 친구부터 멀리뛰기를 할 거예요. 알겠죠?

앞에 뛴 친구가 어디까지 뛰었는지 잘 봐야 해요.

표시하기 위해서 작은 막대기 하나를 그 자리에 놓을 거예요.

(이때 땅에 닿는 맨 뒷부분이 기록된다는 것을 알려준다.)

금을 밟지 말고 뛰어야 하고, 손을 뒤로 짚으면 손이 닿은 부분이

기록이 되는 거예요. 잘 뛰어야겠지요?

그럼 지금부터 해볼까요?

먼저 소나무 모둠 1번, 준비하고 뛰세요!

(1번이 뛴다.)

여기 발뒤꿈치가 닿은 부분에 작은 막대기를 놓아요.

이번에는 참나무 모둠 1번, 준비! 뛰세요.

(다른 모둠 1번이 뛴다.)

거의 비슷해요. 여기에도 막대기 하나를 놓아요.

(준비한 작은 막대기를 놓아 표시한다.)

2번은 여기 작은 막대기를 놓은 데서 뛰는 거예요.

(같은 방법으로 마지막 참가자까지 차례로 뛴다.)

다 뛰었어요. 결과는 어떤 나무가 더 크게 자랐나요?

(참가자들 : 소나무요.)

그래요, 나무는 종류마다 자라는 속도가 달라요.

어떤 나무는 아주 빨리 자라서 심은 지 얼마 안 됐는데

우리보다 훨씬 크게 자라기도 하고, 10년이 넘었는데 허리에도

못 미치게 작은 나무도 있어요.

같은 나무라도 자라는 환경이나 섭취한 영양분이 달라서

자란 길이가 다르기도 해요.

여러분이 방금 뛴 자리에 나뭇가지 간격이 조금씩 다르죠?

실제 나무도 마찬가지예요.

자, 이 나뭇가지를 보세요. 가지에 주름 같은 게 있지요?

(갈참나무처럼 고정 생장을 하는 나무들의 줄기를 보면

자란 흔적이 나타난다.)

그리고 여기는 나뭇가지 색깔이 다르죠?

(올해 새로 자란 가지는 종전 가지보다 연한 색이나 녹색을 띤다.)

갈색은 작년에 자란 가지고, 녹색은 올해 자란 가지예요.

이렇게 나무는 해마다 조금씩 자라요.

여기 이 부분이 이 부분보다 길게 자랐지요?

같은 나무도 자라는 길이가 조금씩 달라요. 왜 그럴까요?

(참가자들 : 햇빛을 못 받아서? 빗물을 많이 못 먹어서? 어디가 아파서?)

맞아요. 햇빛도 영향을 미치고, 땅속에서 빨아들이는 물이나

양분도 다르고, 곤충이나 동물이 상처를 냈을 수도 있어요.

맨 처음 겨울눈이 만들어졌을 때 그 안에 모인 힘도 조금씩 달라서 자라고 보면 길이 차이가 나지요.

나무가 쑥쑥 자라려면 어떻게 하는 게 좋을까요?

(참가자 : 햇빛도 잘 받고, 물도 많이 먹어야 해요.)

맞아요. 햇빛도 잘 받고, 튼튼한 뿌리로 땅속의 물이나 양분도 잘 흡수하고, 원래 나무의 기운도 좋아야 해요.

나무만 그런 게 아니고 우리도 똑같아요.

여러분도 몸에 좋은 음식을 골고루 많이 먹고, 운동도 열심히 해야 건강하게 자라요.

작은 것이 좋아

돌멩이 던지기로 기운을 발산하기.

없음

- 각자 돌멩이를 하나씩 들고 3미터 뒤에 모둠별로 줄을 선다.
- 큰 돌을 주워 돌탑을 쌓는다.
- 손에 든 돌을 던져 가장 큰 돌을 맞히면 10점, 중간 크기 돌을 맞히면 50점, 가장 작은 돌을 맞히면 100점이다.
- 모둠별로 순서를 정해 한 번씩 던지고, 마지막에 합산한 점수가 높은 모둠이 이긴다.

여기 돌이 많은데 우리 돌멩이를 가지고 놀아볼까요?

(참가자들 : 어떻게 놀아요?)

먼저 던지기 좋은 돌을 한 개씩 골라보세요.

(참가자들 돌멩이를 줍는다.)

다 주웠으면 우리 친구들은 매가 되는 거예요. 매 알지요?

(참가자들 : 어떤 매요? 하늘을 날아다니는 매요?)

그래요, 매는 하늘을 날다가 엄청난 속도로 내려와서

땅에 있는 병아리를 휙 채 간대요.

여러분도 매가 돼서 멀리 있는 것을 맞혀볼 거예요.

먼저 맞힐 탑을 쌓아야 해요.

(참가자들이 모인 곳에서 3미터 정도 떨어진 곳에 크기가 다른 돌로

삼층탑을 쌓는다. 제일 큰 돌을 밑에 두고, 좀 작은 돌을 위에 올리고,

더 작은 돌을 맨 위에 올린다.)

자, 이제부터 맨 위에 있는 돌을 맞히면 100점,

중간에 있는 돌을 맞히면 50점, 맨 아래 돌을 맞히면 10점이에요.

물론 돌을 못 맞히면 빵점이고요.

지금 선생님이 여기 있는데 던지면 안 되겠지요?

돌을 던지고 나서 자기 돌을 주우면 안 돼요.

모두 던지고 나면 한꺼번에 주울 거예요. 알겠지요?

(참가자들 : 네!)

여기 막대기를 놓은 곳에서 한 명씩 매가 돼서 돌을 던져보세요.

자기 점수를 잘 기억해야 해요.

(참가자들 던지기 놀이를 한다. 자꾸 다시 하자고 하면

던지는 횟수를 정해도 좋다.)

우리가 돌멩이를 세 번씩 던졌지요? 100점 맞힌 사람?

(참가자들 : 저요.)

와, 잘했어요. 그럼 50점 맞힌 사람?

(참가자들 손든다.)

오, 좀 더 많네요? 이번엔 10점 맞힌 사람?

(참가자들 손든다. 보통 낮은 점수로 갈수록 맞힌 숫자가 많다.)

10점이 제일 많네요. 그런데 왜 100점 맞힌 사람은 적고,

10점 맞힌 사람은 많을까요?

(참가자들 : 100점은 돌멩이가 작아요.)

맞아요, 100점짜리는 너무 작아서 맞히기 어렵지요?

10점짜리는 크니까 맞히기 쉽고요.

여러분이 매라면 생쥐와 닭 가운데 어느 게 높은 하늘에서 발견하고 공격하기 쉬울까요?

(참가자들 : 닭이오.)

그래요. 생쥐는 눈에 잘 안 띄어서 공격하기 어렵겠죠?

닭은 쥐보다 크니까 높은 데서 좀 더 잘 보일 거예요.

이번에는 다른 문제를 내볼게요.

지구에 사는 생물체 가운데 호랑이나 기린처럼 사람보다

큰 동물이 많을까요, 다람쥐나 지렁이처럼 사람보다

작은 동물이 많을까요? 개체 수가 아니라 종류를 묻는 거예요.

(참가자 : 비슷할 것 같아요. 아니, 작은 게 많을 것 같아요.)

엄지손가락보다 큰 동물이 많을까요, 작은 동물이 많을까요?

(참가자들 : 큰 동물이 훨씬 많아요.)

그렇지 않아요. 엄지손가락보다 작은 동물이 많대요.

우리는 동물이라고 하면 사자, 호랑이, 낙타, 말, 소, 하마,

악어, 상어, 고래처럼 우리보다 큰 동물을 떠올리지만

곤충이 지구상의 동물 중 80퍼센트를 차지한다고 해요.

곤충은 엄지손가락보다 작은 것이 많죠?

장수풍뎅이나 사슴벌레 같은 딱정벌레 종류가 크지만,

작은 곤충이 훨씬 많아요.

(참가자들 : 왜 작은 게 많아요?)

선생님도 궁금해서 알아보니까 작은 게 유리한 측면이

있기 때문이래요. 그게 뭘까요?

(참가자들 : 잘 숨을 수 있어요. 눈에도 잘 안 보이고.)

맞아요. 작아서 눈에 잘 안 띄고, 숨기도 유리하고,

먹이를 조금만 먹어도 되니 작은 동물이 사는 데 유리하대요.

작은 동물은 대부분 곤충인데, 곤충은 날개도 있잖아요.

너무 커서 무거우면 날기 어렵겠지요?

사람도 키나 체격이 큰 사람이 있고, 작은 사람이 있어요.

모두 키가 커야 하는 것도 아니고, 작아야 하는 것도 아니에요.

각자 자기 소질과 개성에 따라 살아가면 되지요.

주변에 키가 좀 작은 친구가 있어도 놀리거나 괴롭히지 마세요.

키 작은 사람은 작은 대로 장점이 있게 마련이에요.

키가 작다고 생각하는 친구들은 너무 실망하지 말고

다른 잘하는 것을 찾아보면 돼요. 무슨 말인지 알겠지요?

나무를 심는 사람

나무 심는 놀이를 통해 생태 철학을 이해한다.

준비물

없음

진행 방법

- 두 명을 뽑아 한 명은 '나무를 베는 사람', 한 명은 '나무를 심는 사람'이라고 한다.
- 나머지도 둘로 나눠서 한쪽은 베인 나무, 다른 쪽은 심은 나무 역할을 준다.
- 숲해설가가 "시작" 하면 나무 베는 사람은 나무를 베고, 심는 사람은 나무를 심는다.
- "그만!"이라고 외친 다음 베인 나무와 심은 나무 중 어느 쪽이 많은지 세어본다.

시나리오

민둥산이 뭔지 알아요?

(참가자들 : 민둥산요?)

민소매, 민머리라는 말 들어봤지요?

단어 앞에 붙은 '민'이란 말은 '없다'는 뜻이에요.

민소매는 소매가 없는 옷이고, 민둥산은 나무가 없는 산이죠.

우리나라에 전쟁도 있었고, 난방이나 요리할 때 나무를 때서

산에 나무가 남아나지 않았어요. 그 민둥산에 나무를 심기 시작해서

지금처럼 숲이 우거졌지요.

오늘은 식목일이 아니지만, 나무 심기 놀이를 해보려고요.

(참가자들 : 나무가 없잖아요?)

진짜 나무를 심는 게 아니고 사람이 나무가 되는 거예요.

먼저 나무 심는 사람을 뽑아야 해요. 누가 할까요?

(참가자 : 저요.)

그래요, 제일 먼저 손든 선우가 나무를 심는 사람이에요.

나무를 베는 사람은 누가 해볼까요?

(참가자 : 저요.)

그래요, 민준이가 나무를 베는 사람이에요.

나머지 여러분은 모두 나무가 될 거예요.

(참가자들 좋아한다.)

다 같이 나무처럼 서볼까요?

(참가자들 나무 흉내 내기.)

나무 중 반은 베인 나무예요. 여기부터 반은 자리에 앉으세요.

(전체 인원 가운데 정확히 반에 해당하는 숫자를 앉힌다.)

선우가 나무를 심는 사람이라고 했죠?

나무를 심을 땐 앉아 있는 친구를 일으켜 세워야 해요.

베인 나무(앉아 있는 친구) 어깨에 두 손을 대면 나무가 일어나요.

민준이가 나무를 벨 때도 심은 나무(서 있는 친구) 어깨에

두 손을 대면 나무가 앉아요. 이해했죠?

(참가자들 : 네.)

선생님이 "그만"이라고 외치면 나무는 그대로 멈춰요.

그래야 누가 이겼는지 알 수 있겠죠?

나무는 심거나 베는 사람이 손도 안 댔는데 앉거나 일어나면

안 돼요. 이제 시작합니다. 준비, 시작!

(놀이를 진행하다가 적당한 시기에 "그만"이라고 외친다.)

그만!

(참가자들 동작을 멈춘다. 결과를 보고 이야기한다.)

자, 결과를 볼까요? 세어봅니다. 서 있는 친구가 네 명이고,

앉아 있는 친구가 여섯 명이에요. 베는 사람이 이겼어요.

(참가자들 : 아, 숲 다 망가졌다. 한 번 더 해요.)

나무를 베는 사람이 심는 사람보다 빨라서 많이 베었어요.

나무를 베는 게 안타까워서 하나도 안 베어야 할까요?

(참가자들 : 나무를 안 베면 숲이 건강해지고 좋잖아요.)

나무를 안 베면 좋겠지만 집을 지을 때도 나무가 필요하고,

책상이나 장롱 같은 가구, 종이를 만들 때도 나무가 필요하죠.

우리는 그렇게 나무를 베면서 살아왔어요.

나무를 베는 사람이 심는 사람보다 빨라서 더 많이 베면

안 되겠지만, 두 사람의 속도가 비슷하면 숲은 유지될 거예요.

지금은 베는 사람이 심는 사람보다 빠른 것이죠.

그러니 조금 줄이고 아껴서 나무를 덜 베어야겠어요.

종이를 함부로 찢어버리지 말고 정성스럽게 사용할 수 있지요?

이번에는 나무를 베는 사람과 심는 사람을 바꿔서 해볼까요?

(참가자들 : 제가 베는 사람 할래요.)

좋아요, 다시 해봐요.

씨앗을 받아라

씨앗 받기 놀이를 통해 씨앗의 번식 전략을 이해한다.

보자기, 솔방울

- 두 모둠으로 나눈다.
- 보자기를 주고 솔방울 받기 놀이를 한다.
- 모둠별로 세 번씩 기회를 주고, 어느 모둠이 멀리 가서 받는지 알아본다.
- 놀이를 마치고 이야기를 나눈다.

이게 뭘까요?

(참가자들 : 솔방울이오.)

맞아요, 이 솔방울은 어디에서 왔을까요?

(참가자들은 주변을 둘러보고 소나무를 가리킬 것이다.)

그래요, 저 위 소나무에서 떨어졌어요.

(숲해설가가 솔방울을 발견한 뒤에 놀아도 좋지만,

참가자들이 솔방울을 발견하고 질문하면 자연스럽게 진행한다.)

도토리는 참나무의 씨앗인데, 그럼 소나무의 씨앗은 뭘까요?

(참가자들 : 솔방울이오.)

음… 솔방울을 그대로 땅에 심으면 소나무가 자랄까요?

(참가자들 : 그렇지 않아요?)

여러분 사과 먹어봤죠? 사과 씨앗을 본 사람?

(참가자들 손든다.)

사과에 까만 씨앗이 있죠?

사과를 통째로 심는 게 아니라 그 안에 있는 씨앗을 심어요.

사과는 열매라 하고, 그 안에 있는 것이 씨앗이에요.

열매와 씨앗이 하나인 것도 있지만, 둘이 다른 것도 있어요.

소나무도 열매와 씨앗이 달라요.

우리가 들고 있는 게 소나무의 열매 솔방울이고,

이 작은 날개 틈에 얇고 가벼운 날개를 단 씨앗이 있어요.

(참가자들 살핀다.)

지금은 모두 날아가고 없어요. 바람을 타고 멀리멀리 날아갔지요.

씨앗은 멀리 가려고 하죠? 소나무 씨앗이 멀리 날아가라는

마음을 담아서 '솔방울 던지고 받기' 놀이를 해볼까요?

(참가자들 : 어떻게 하는 건데요?)

아까 나눈 모둠별로 모이세요.

(참가자들 모둠끼리 모인다.)

짜잔! (보자기를 꺼내며) 큰 보자기예요.

한 사람이 솔방울을 던지고, 나머지 모둠 구성원은 보자기를

잡고 있다가 받는 거예요.

어느 모둠이 멀리까지 던지고 받는지 알아보는 놀이입니다.

씨가 강물에 빠지면 안 되겠지요?

보자기는 씨가 자라기 좋은 땅이에요. 잘 받아야겠지요?

두 모둠이 번갈아 할 텐데, 세 번씩 기회가 있어요.

여기가 금이에요.

(바닥에 금을 긋거나 나무토막을 놓아 표시한다.)

가위바위보로 어느 모둠이 먼저 할지 정해요.

이긴 모둠이 결정하는 거예요.

(참가자들 가위바위보. 대부분 이긴 모둠이 나중에 하겠다고 한다.)

그럼 첫 번째 모둠부터 시작해요.

무조건 멀리 던져야 좋은 게 아니에요. 기회는 세 번이니까

모둠 구성원이 잘 받을 수 있게 던져야 해요. 준비됐나요?

(참가자들 : 잠깐만요.)

이제 됐어요?

(참가자들 : 네.)

좋아요. 자, 던지세요.

(한 사람이 던지고 나머지는 보자기로 받는다.)

이 금에서 가장 가까운 사람 발이 기록되는 거예요.

거기에 막대기를 놓아 표시해요. 다음 모둠은 어떤지 볼까요?

(이렇게 어느 모둠이 멀리 갔는지 시합하는 놀이다. 세 번씩 마쳤으면

표시를 보고 비교한 뒤 마무리한다.)

첫 번째 모둠이 두 번째 시도에서 세운 기록이 제일 먼 거리예요.

오늘 우승은 첫 번째 모둠!

(다 같이 박수.)

솔방울 던지고 받기 놀이를 해봤는데 어땠어요?

(참가자들 의견.)

솔방울뿐만 아니라 다른 씨앗도 멀리 가려고 하는데,

무조건 멀리 간다고 좋은 게 아니에요.

아스팔트에 떨어지거나 물속에 빠질 수도 있거든요.

그곳보다는 숲속이 좋겠지요?

숲속에서도 햇빛이 잘 들고 양분이 많은 곳이면 더욱 좋고요.

수많은 씨앗이 엄마 나무 곁을 떠나 멀리멀리 이동하지만,
모든 씨앗이 싹이 나고 나무가 되는 건 아니에요.
몇 개만 운이 좋아서 우리가 보는 나무처럼 자라죠.
이렇게 큰 나무가 되기는 참 어려운 일이에요.
그러니까 우리가 만나는 나무를 한 번씩 쓰다듬어주면서
"고생했다" "잘했다" "고맙다" 말해야 해요.
앞으로 그렇게 할 수 있지요?

소원을 말해봐

자연물을 힘껏 던지며 에너지 발산하기.

준비물

없음

진행 방법

- 자연물을 하나씩 줍는다.
- 나무 한 그루를 골라서 가지 사이로 던진다.
- 나뭇가지를 통과하면 소원이 이뤄진다고 설정한다.

시나리오

여러분, 새해 첫날 소원을 빌었어요?

(참가자들 : 네!)

소원이 모두 이뤄졌나요?

(참가자들 : 네, 아니요.)

선생님도 하고 싶은 일이 많아서 세 가지 소원을 빌었어요.

그중 한 가지는 이뤘는데, 아직 두 가지는 못 이뤘지요.

아직 올해가 다 가지 않았으니까 다시 한번 소원을 빌어볼까요?

(참가자들 : 어떻게요?)

새해는 아니지만 숲에 왔으니 자연에 소원을 빌어봐요.

저 앞에 보이는 나무가 이상하게 생겼지요?

362

(참가자들 : 안 이상한데요?)

'ㅅ'을 거꾸로 놓은 거 같지 않아요? 알파벳 'Y' 같기도 하고.

(참가자들 : 네.)

저 나뭇가지 사이로 이걸 통과시킬 거예요.

(이때 주머니에서 솔방울을 한 개 꺼낸다.)

솔방울이에요. 여러분도 가서 솔방울을 주워 오세요.

(참가자들 솔방울을 들고 온다.)

자, 선생님 하는 거 잘 보세요.

"나무님, 자전거 여행을 할 수 있게 해주세요." 에잇!

(솔방울을 던져서 나뭇가지 사이로 통과시킨다. 어른에게는 멀지 않은
거리라 쉽게 성공한다. 아이들은 "와!" 하면서 자기도 던지고 싶어 한다.)

통과했으니 선생님 소원은 이뤄질 거 같아요.

여러분도 각자 소원을 말하고 힘껏 던져보는 거예요.

소원이 비밀이면 속으로 생각하고 던져도 돼요.

(참가자들 한 명씩 던진다. 또 던지고 싶어 하면 마음껏 던지게 한다.)

우리 친구들 소원이 다 이뤄질 것 같아요?

(참가자들 : 네.)

그래요, 간절히 바라는 일은 꼭 이뤄진대요.

솔방울이 저 나뭇가지 사이로 통과하지 못했을 때

아쉽지만 또 던지고 싶고, 다시 던지니 성공했지요?

다른 일도 포기하지 않고 노력하면 이뤄진답니다.

- 이 놀이는 소원을 이루는 아이들이 맘껏 던져보게 하는 데 초점이 있다.
- 사람들이 지나가지 않는 곳에서 하는 게 좋다.
- 나무가 다치지 않게 돌멩이보다 솔방울이나 나무토막으로 한다.

봄 겨울 개구리뜀

개구리가 돼서 힘껏 뛰어보기.

준비물

없음

진행 방법

- 겨울과 봄을 뽑는다.
- 나머지는 개구리가 된다.
- 출발점에서 연못까지 가는 놀이다.
- 겨울에 닿으면 멈추고, 봄에 닿으면 다시 움직일 수 있다.

시나리오

3월인데 아직 춥네요. 지금은 겨울일까요, 봄일까요?

(참가자들 : 봄이어야 하는데 겨울이에요.)

왜 그렇게 생각해요?

(참가자들 : 아직 추워서 겨울옷을 입고 있잖아요.)

추우면 사람이나 숲속 친구들이나 밖에 잘 나오지 않아요.
겨울잠 자는 동물이 누구인지 알아요?

(참가자들 : 개구리요, 뱀이오, 곰이오.)

다람쥐와 곰도 겨울잠을 자지만, 뱀이나 개구리처럼 죽은 듯이
꼼짝 않고 자는 동물이 있어요. 우리 다 같이 개구리가 돼볼까요?

(참가자들 : 네.)

개구리는 어떻게 움직여요?

(참가자들 : 팔짝팔짝 뛰어요.)

맞아요, 앉았다가 폴짝폴짝 높이 올라가서 멀리 뛰어요.

다 같이 해볼까요?

(다 같이 개구리처럼 폴짝폴짝 뛰어본다.)

아주 잘했어요. 개구리는 겨울에 자고 봄이면 깨어나요.

그래서 겨울이 될 사람과 봄이 될 사람을 뽑아야 해요.

누가 할까요?

(원하는 참가자 중에 두 사람을 뽑는다.)

민수가 겨울, 희진이가 봄을 하기로 해요.

겨울(민수)은 움직이는 개구리 어깨를 "겨울" 하면서 건드려요.

그러면 개구리는 겨울잠 자듯이 제자리에 멈춰야 해요.

봄(희진)은 멈춰 있는 개구리 어깨를 "봄" 하고 건드려요.

얼음 땡 놀이 알지요?

(참가자들 : 네.)

그 놀이와 비슷해요. 겨울이 얼음이고, 봄이 땡이에요.

얼음 땡은 자기들이 외치지요? 이 놀이는 겨울이 와서 "겨울",

봄이 와서 "봄"이라고 하는 거예요.

개구리는 그냥 폴짝폴짝 뛰면 돼요. 알겠지요?

(참가자들 : 네! 그런데 어디까지 뛰어요?)

개구리는 봄이면 연못에서 짝짓기 하고 알을 낳으려고 해요.

(막대기를 주워 바닥에 놓고) 여기가 출발점이에요.

(20~30미터 거리에 도착점을 표시하며) 여기는 연못이고요.

연못까지 누가 제일 빨리 오는지 시합할 거예요. 자, 준비됐나요?

(참가자들 : 네!)

봄, 겨울도 준비됐지요? 그럼 시작!

(참가자들 놀이를 진행하며 모두 연못에 도착하면 마친다.)

이제 그만! 뛰니까 따뜻해졌지요? 우리는 뛰지 않아도

몸이 따뜻하지만, 개구리는 주변 온도에 따라

체온이 변한답니다. 겨울이 되면 체온이 영하로 떨어져

땅속에서 잠을 자요. 겨울잠을 잘 때는 죽은 것처럼

활동하지 않고, 신체 기능도 아주 적은 부분만 살아 있어요.

정말 신기하죠? 더 신기한 것은 개구리가 땅속에서

봄이 왔는지 어떻게 아느냐는 점이에요.

그 비밀을 아직 잘 모른대요.

여러분이 자연의 수수께끼에 관심을 기울이고 알아내면 좋겠어요.

그럼 겨울잠 자는 개구리처럼 냉동 인간도 만들 수 있을지 몰라요.

(참가자들 : 와!)

저쪽에는 또 뭐가 있는지 가볼까요?

땅을 밟지 마라

균형 감각을 기르고, 에너지를 발산하게 도와주는 놀이.

없음

- 출발점과 도착점을 정한다.
- 땅바닥을 밟지 않고 가보게 한다.
- 어려운 코스는 좀 쉽게, 쉬운 코스는 좀 어렵게 바꿔가며 논다.

여기 그루터기가 있는데 징검다리 놀이를 해볼까요?

(참가자들 : 네.)

지금부터 자기 몸에 집중해서 균형을 잘 잡아야 해요.

자, 여기 그루터기가 있어요. 쓰러진 통나무도 보이지요?

통나무만 밟고 여기에서 저기까지 이동하는 놀이예요.

중간에 내려오거나 미끄러져서 발이 땅에 닿으면 탈락이에요.

탈락한 사람은 맨 뒤로 가서 차례를 기다렸다가 다시 해요.

다들 알겠지요?

(참가자들 : 여기에서 출발해요?)

그래요, 거기에서 여기까지 오는 거예요.

(중간에 큰 돌멩이도 징검다리처럼 밟을 수 있게 배치한다.)

누가 맨 처음 도착했어요?

(참가자 : 저요.)

오, 민준이가 1등 했네요. 다들 잘했어요. 여기는 좀 짧지요?
더 멀리 가볼까요? 여러분이 징검다리가 되도록 통나무나 돌멩이를
이어가면서 길을 만들어보세요.

(참가자들이 스스로 코스를 만들 수 있게 유도한다.)

아까보다 훨씬 길고 복잡해졌네요. 이번에는 누가 처음 도착할까요?
한 줄로 서서 차례차례 시작해요.

(숲해설가는 참가자들이 다치지 않게 주변에 서 있으면 된다.)

해보니까 어때요? 땅을 밟지 않고 이동하기가 쉬워요?

(참가자들 : 좀 어려워요.)

그래요, 재밌지만 쉽지 않지요?

지구상에는 땅을 밟지 않고 사는 동물이 거의 없대요.

우리도 땅에서 나온 음식을 먹지 않으면 살 수 없어요.

그러니 땅의 도움을 받아야지요.

땅이 건강하려면 숲이 건강해야 해요.

건강한 숲속 토양이 건강한 땅이 되거든요.

소중한 땅을 잘 가꾸고 보존하려면 어떻게 해야 할까요?

(참가자들 : 나무를 많이 심어요.)

좋아요, 생각해보면 다른 방법도 많을 거예요.

집에 돌아가서 더 생각해보세요.

감탄하기

사람은 창조적인 일을 할 때 가장 행복하다고 한다. 예술을 할 때 가장 행복하다는 말이다. 사람들은 예술가를 특별한 존재로 여기지만, 보통 사람과 예술가는 크게 다르지 않다. 아이들은 자연에서 놀다 보면 저절로 예술가가 되고, 예술이 그리 멀리 있지 않다는 것을 깨닫는다. 아이들이 숲에서 놀며 예술적 감수성을 키운다면 예술을 쉽고 가깝게 느낄 것이다.

무엇을 닮았나

자연을 관찰하며 연상력을 키우는 놀이.

쪽지, 필기도구

- 숲해설가가 나무껍질 하나를 줍는다.
- 참가자들에게 무엇을 닮았는지 묻는다.
- 모두 나무껍질 중에서 뭔가 닮은 것을 찾아 가져오라고 한다.
- 서로 문제를 내고 맞히면서 연상력을 키운다.

소나무나 버즘나무, 느티나무 등 나무껍질이 잘 벗겨지는 수종이 있는 지역에서 한다.

(나무껍질을 하나 주워) 무엇과 닮았다고 생각해요?
(참가자 : 너구리 같아요, 사슴 같아요, 거북이 같아요.)
진우처럼 선생님도 이것을 보고 거북이를 생각했어요.
여기는 등이고 여기는 입, 비슷하지요?
여러분도 나무껍질을 주워 무엇과 닮았는지 생각해봐요.
생각나면 자기 쪽지에 정답을 쓰는 거예요. 정답이 다른 친구에게 보이지 않도록 해야겠지요? 지금부터 찾아보세요.

(참가자들이 여기저기 다니면서 바닥에 떨어진 나무껍질을 줍고,
무엇과 닮았는지 적는다. 글을 못 쓰는 아이들은 숲해설가한테 귓속말로
무엇과 닮았는지 얘기한다. 간혹 친구들이 정답을 맞혔는데도 끝까지
아니라고 우기는 경우가 있으니 이런 과정을 거치는 게 좋다.)

다 찾았죠? 친구들은 어떤 것을 찾았는지 맞혀봅시다.

(한 명씩 나무껍질을 보여주고 나머지가 맞힌다.)

진우부터 앞으로 나오세요. 진우가 찾은 것이 무엇과 닮았나요?

(여러 가지 의견이 나온다. 문제를 낸 사람은 답이 나오면 맞았다고 한다.)

은진이가 맞혔네요. 여기 보니 정말 자동차 같아요.

이번에는 은진이가 문제를 내볼까요?

(같은 방식으로 전체 참가자들이 문제를 낼 수 있게 유도한다.)

나무껍질이 여러 가지 모양을 만들어낸 게 참 신기하지요?

자연에는 이처럼 여러 가지 모양이 있어요.

자세히 보면 더 재미나고 멋진 게 많을 거예요.

여러분, 나무껍질은 왜 벗겨질까요?

(참가자들 : 아파서요, 사람들이 벗겨서요, 옷을 갈아입는 거예요.)

나무들은 1년에 하나씩 나이테를 만들면서 자라요.

그런데 바깥에도 이렇게 나무껍질이 한 겹씩 생긴답니다.

붙어 있지 않고 밀려나서 나무껍질이 벗겨지는 거예요.

다른 나무들은 어떤 모양으로 벗겨지는지 저쪽에 가서 볼까요?

아이들이 찾은 나무껍질로 동물원이나 어항 등을 만들어도 좋다.

숲속 전시회

나만의 액자로 숲속 전시회를 해본다.

종이 액자

진행 방법

- 아이들에게 종이 액자를 하나씩 나눠준다.
- 주변에서 아주 예쁘거나 신기한 것을 찾아 그 위에 액자를 놓아본다.
- 참가자들의 작품을 감상한다.

시나리오

선생님이 들고 있는 건 액자입니다. 여러분 집에도 액자가 있죠?

(참가자들 : 네.)

액자에 주로 뭘 넣어요?

(참가자들 : 사진도 넣고 그림도 넣어요.)

맞아요, 예쁘거나 신기해서 계속 보고 싶은 것을 액자에 넣지요.
자연에는 예쁘고 신기한 것이 아주 많아요. 혼자 보기 아까워서
친구들에게도 보여주고 싶은 것을 찾아 그 위에 액자를 놓아보세요.

(종이 액자를 하나씩 나눠준다.)

액자에 멋진 자연물이 들어갈 수 있게요. 어떻게 하는지 알겠죠?

(참가자들 : 네.)

너무 멀리 가지 마세요. 선생님이 "모여라" 하는 소리가

들려야겠지요? 멀리 가지 않아도 예쁜 걸 발견할 수 있을 거예요.

발견한 친구는 액자를 놓고 여기 선생님 앞으로 오면 돼요.

(참가자들 두리번거리며 액자 놓을 장소를 찾는다.)

모여라!

(참가자들 모인다.)

다 모였나요? 친구들이 열 명이니까 액자도 열 개예요.

지금부터 얼마나 멋진 게 들었는지 함께 보러 다녀요.

(참가자들과 다니면서 액자를 발견하고 감상하고 이야기한다.)

이끼가 담긴 이 액자, 정말 예쁘죠? 이거 누가 찾았어요?

(참가자 : 저요.)

아주 잘 찾았어요. 액자를 놓기 전에 이끼가 없었나요?

(참가자 : 있었어요.)

그럼 친구들이 여기 오기 전에는 없었나요?

(참가자 : 있었어요.)

맞아요, 여러분이 찾아낸 자연물은 이 자리에 죽 있었어요.

아주 멋지고 아름다운데, 못 보고 지나쳤다면 안타까울 거예요.

지금부터 저기까지 가면서 액자 없이도 멋진 장면을 찾아봐요.

- 액자 크기나 색깔은 달라도 된다.
- 액자에 포스트잇으로 제목을 붙이면 더욱 멋있다.
- 참가자와 각자 찾은 액자를 기념사진으로 찍어도 좋다.
- 다른 사람이 내 것을 보고 아름답다고 감탄하는 순간을 느끼게 한다.

어디쯤 왔을까?

통나무를 두드리며 악기의 기원을 알아본다.

준비물

통나무와 막대기(현장에서 구한다), 종이테이프

진행 방법

- 해설가가 나뭇가지 하나를 들고 쓰러진 나무를 부위별로 천천히 두드린다.
- 참가자들과 함께 들으면서 소리가 달라지는 위치를 종이테이프로 표시한다.
- 놀이 시작! 참가자들은 차례로 눈을 감거나 뒤돌아서 소리를 듣다가 표시된 부분에 왔다고 느끼면 "멈춰!"라고 외친다.
- 각자 "멈춰!"라고 외친 지점에 이름을 적은 종이테이프를 붙인다.
- 원래 표시와 가장 가까운 참가자가 이긴다.

시나리오

(쓰러진 통나무를 발견하고 진행한다.)

이 통나무는 쓰러진 지 얼마나 됐을까요?

(참가자들 : 한참 된 거 같은데요? 뭐 하시게요?)

(작은 막대기를 주워서) 이걸로 두드리면 어떤 소리가 날까요?

(몇 번 두드리며 소리가 달라지는 지점을 찾아본다.)

어, 여긴 소리가 아주 맑네?

(몇 번 더 두드린다.) 여기를 표시해둘 거예요.

(그 부위에 종이테이프를 붙인다.)

선생님이 여기저기 두드리다가 여기 표시한 지점을 두드리면
"멈춰!"라고 말하는 거예요. (두드린다.)

(참가자 : 멈춰!

아직 눈을 감지 않았으니까 다 잘한다.)

잘했어요. 그런데 보면서 하니까 시시하죠?

이제는 보지 않고 해볼 거예요.

(참가자들 : 네? 안 보고요?)

한 명씩 해볼게요. 맨 앞 친구 뒤로 돌아주세요.

(눈가리개를 해도 된다.)

선생님이 아까처럼 여러 군데를 두드릴 거예요.

(종이테이프 붙인 데를 두드리며) 그러다가 이 소리가 나면

"멈춰!"라고 외쳐요. 알겠죠?

(통나무 끝부분부터 종이테이프로 표시한 데까지 천천히 두드린다.

참가자가 "멈춰!"라고 외치면 정확히 멈춘다.)

오! 비슷하게 왔어요. 하지만 정확하진 않아요.

가장 가까이 맞히는 사람이 우승하는 거예요. 현재 1등!

(참가자들 웃음.)

이름을 여기 적어줄게요.

(종이테이프에 방금 마친 아이의 이름을 적는다. 방금 마친 아이가

막대기로 두드리고, 다음 아이가 뒤돌아서 맞힌다.)

먼저 테이프로 표시한 부분을 한 번 두드리고 시작해요.

(두 번째 아이가 "멈춰!" 하면 멈추고, 그 아이의 이름을 테이프에 적는다.

같은 식으로 끝까지 진행한다.)

모두 해봤지요? 대부분 표시한 곳에 가까이 왔어요.

오! 민수가 정확히 맞혔네요. 청각이 좋은가 봐요.

아니면 우연인가요?

(참가자들 웃음.)

우리가 여기를 두드리는데 어떻게 가까이 맞힐 수 있을까요?

(참가자들 : 거기가 다른 데하고 소리가 좀 달라요.)

이 부분을 잘 보면 나무가 썩어서 속이 비었어요.

그래서 소리가 다른 거예요.

수만 년 전으로 돌아가서 우리가 원시인이라고 생각해봐요.

그때 피아노와 기타, 바이올린 같은 악기가 있었을까요?

(참가자들 : 아니요.)

그럼 그때는 뭐가 악기였을까요?

(참가자들 : 통나무요, 나뭇가지요, 돌멩이요.)

맞아요. 자연에서 얻은 나무 같은 게 악기였을 거예요.

두드리다 보니 다른 소리가 났겠지요.

속이 비었다는 사실을 알고 나중에 나무를 깎아서 속을 비우고
두드리니 소리가 더 잘 났을 거예요.

거기에 동물 가죽을 붙이니 북이 됐겠지요.

사냥하다가 활시위가 튕기는 소리도 활마다 달랐을 거예요.

그래서 여러 줄을 달아 튕기다 보니 악기가 됐겠지요.

이렇듯 악기는 생활에서, 주변의 자연에서 나왔어요.

악기뿐만 아니에요. 의식주는 물론 지금 우리가 누리는 예술,
문화 등이 자연에서 비롯됐지요.

우리가 자연에서 살고, 우리도 자연의 일부니까요.

그러니 자연을 함부로 하거나 무시해선 안 되겠지요?

숲속 연주회

연주자가 되어 숲속에서 연주하기.

악기 카드, 자연물 악기, 지휘봉(막대기)

- 각자 숲속 악기를 만든다.
- 지휘자가 지휘 요령을 간단히 설명한다.
- 지휘에 맞춰 연주한다.

시나리오

지금부터 숲속 음악회를 시작할 거예요.

그런데 원시시대 연주회랍니다.

(원시시대라는 말에 참가자들 당황하거나 웃는다.)

원시시대에는 악기가 있었을까요, 없었을까요?

(참가자들 : 있었어요.)

맞아요. 지금과 다르지만 그때도 악기가 있었어요.

우리가 연주하는 악기는 그때 악기가 발전한 거예요.

처음에는 흙, 나무, 돌, 동물의 가죽 같은 자연물을 이용해서

악기를 만들었어요. 이 숲에서 구할 수 있는 재료지요.

가죽은 좀 어렵겠지만, 나머지 재료를 이용해서 각자

멋진 악기를 만들어봐요.

(참가자들 : 아, 돌로 어떻게 피아노를 만들어요. 어려워요.)

지금 있는 악기 말고 자기만의 악기를 만들면 돼요.

이름도 마음대로 붙이고요.

(시간을 충분히 준다. 악기 연주법과 이름도 각자 생각하게 한다.)

다 만들었어요? 악기 이름과 연주법을 알아볼까요?

(참가자 : 제 악기 이름은 '칭칭이'고, 연주는 이렇게 해요.

한 명씩 악기 이름을 말하고 연주법을 설명한다.)

와! 멋진 소리네요. 정말 잘 만들었어요.

그럼 연주회를 시작할게요. 노래하면서 할까요?

무슨 노래 부를까요?

(여러 의견 중 많은 참가자가 원하는 곡으로 정한다.)

좋아요, '개구리'로 해요.

그냥 해도 재밌겠지만 선생님이 지휘할게요.

(막대기를 들고 지휘자처럼 참가자들 앞에 선다.)

지휘봉을 든 손이 빠르게 움직이면 빨리 연주해야 해요.

천천히 움직이면 천천히 연주하고요. 크게 하면 큰 소리로,

작게 하면 작은 소리로 하는 거예요. 자, 시작할게요.

(지휘에 맞춰 재밌게 연주회를 한다.)

다 같이 박수! 아주 잘했어요.

각각 다른 악기인데도 노래를 정하니 멋진 연주가 됐어요.

학교나 집에서도 자기가 맡은 일을 열심히 하면 잘 어울리는

연주처럼 멋진 가족, 친구가 될 수 있을 거예요.

숲속 패션쇼

디자이너가 되어 숲속에서 옷 만들어보기.

준비물

종이, 가위나 칼, 필기도구, 목공 풀이나 양면테이프, 줄, 나무집게

진행 방법

- 숲해설가가 나눠준 종이를 반으로 접는다.
- 종이 앞면에 입은 사람을 그린다.
- 옷 부분만 가위나 칼로 오려낸다.
- 뒷장에 자연물을 붙여서 멋지게 옷을 디자인한다.
- 뒷장을 떼어 친구들끼리 옷을 갈아입힌다.

시나리오

여러분 모두 꿈이 있지요?

(참가자들 : 네.)

선생님은 어릴 때 꿈이 대통령이었는데, 과학자가 됐다가
외교관이 됐다가 지금은 이렇게 숲해설가가 됐어요.
꿈은 시간이 지나면서 조금씩 바뀌니까 지금 꿈이 없다고
실망하지 마세요. 지금의 꿈을 계속 간직했다가 이뤄도 좋고,
다른 꿈으로 바꿔도 좋아요. 일단 지금 하고 싶은 일을 생각해봐요.
여러분 중에 화가나 음악가, 시인, 디자이너처럼

예술가가 되고 싶은 사람 있어요?

(몇몇 참가자 손든다.)

그래요, 예술가는 다른 사람보다 자연에 대해서 많이 알아야 해요.

(참가자들 : 왜요?)

자연이 많은 힌트를 주거든요.

어떤 힌트를 주는지 간단하게 옷을 만들면서 알아볼까요?

(참가자들 : 네.)

선생님이 종이를 한 장씩 나눠줄 테니까 반으로 접으세요.

(받은 종이를 반으로 접는다.)

앞쪽에 옷 입은 사람을 그릴 거예요.

(필기도구를 나눠주며) 종이에 꽉 차게 그려봅시다.

(참가자 : 얼굴에 눈, 코, 입도 그려요?)

얼굴이랑 눈, 코, 입도 그려요. 옷은 오려낼 거니까 그냥 두세요.

(참가자들 : 오려요?)

칼이나 가위로 옷 부분만 오려낼 거예요. 이렇게 쓱싹쓱싹!

(시범을 보이며) 이렇게 하면 옷 부분만 구멍이 나지요?

여기에 방금 주운 나뭇잎을 대면 멋진 옷이 완성돼요.

(참가자들 : 와!)

숲에는 나뭇잎, 이끼, 나무껍질, 꽃 등 다양한 것이 있지요?
지금부터 자기 옷에 어울릴 만한 자연물을 찾아서 오려낸 부분
뒷면에 붙여요. 옷처럼 보이게 꾸미는 거예요.

살아 있는 나무의 잎이나 꽃을 꺾거나 따지 말고, 바닥에 떨어진
나뭇잎이나 나뭇가지로 디자인해봐요.

기막힌 아이디어로 아무도 상상 못 한 옷을 만들어보세요.

(참가자들 : 그런데 뭘로 붙여요?)

아, 깜빡했네요. 여기 목공 풀과 양면테이프가 있어요.

목공 풀로 붙인 사람은 마를 때까지 기다려야 해요.

(주변에서 자연물을 찾아 꾸미기를 한다. 상황이 허락되면 줄과 나무집게를
준비해서 나무와 나무 사이에 줄을 쳐놓고 간단하게 전시를 준비한다.)

자, 완성된 친구부터 가지고 나오세요. 여기에 전시할 거예요.

(참가자들 작품을 완성된 순서대로 하나씩 줄에 걸어 관람한다.)

야, 정말 아이디어 좋다. 이건 이대로 옷을 만들어도 되겠어요.

(참가자 : 선생님, 이건 어때요?)

멋져요. 이런 티셔츠가 나오면 선생님은 꼭 살 거예요.

(참가자 : 선생님, 누가 제일 잘했어요?)

다 잘했어요. 그래도 가장 멋진 옷을 뽑아볼까요?

(참가자들에게 의견을 물어서 제일 멋진 옷을 선정한다. 간단한 자연물
액세서리가 있으면 선물로 준다. 준비된 게 없으면 주지 않아도 무방하다.)

이제 옷을 갈아입힐까요?

(참가자들 : 네?)

종이를 반 접어서 사용했으니까 앞면과 뒷면을 떼어
친구와 바꿔보세요. 그러면 어떤 옷이 나올까요?

(뒷면을 떼어 교환하고 옷을 갈아입힌다.)

와! 이렇게 해도 멋지네요. 자연에는 다양한 무늬가 있어서
유명 디자이너들이 옷을 디자인할 때 많이 참고한대요.
옷 말고도 자연에서 얻은 힌트가 녹아 있는 일상 용품이 많아요.
오늘 패션 디자이너가 되어 멋진 옷을 디자인해보니까 어때요?

(참가자들 : 재밌어요.)

위대한 음악가와 미술가, 건축가 등 많은 예술가가 자연에서
영감을 얻는대요. 디자이너도 식물이나 동물의 문양에서
많은 힌트를 얻는다니까 숲에 오면 근사한 문양을 찾아보세요.

숲속 작곡가

숲속에서 직접 작사·작곡해보는 놀이.

자연물(솔방울, 막대기), 쪽지, 필기도구, 계이름 적은 쪽지, 리코더

진행 방법

- 계단이 있는 곳에서 하는 게 좋다.
- 인원수에 맞게 노랫말을 만든다.
  - 예) 여덟 명이면 여덟 글자로 된 가사('숲에 오니 즐거워요')
- 계단 맨 앞 칸부터 '도', 다음 칸은 '레'… 이렇게 높은 '도'까지 정한다.
- 각자 주운 솔방울을 던지면서 자기에게 해당하는 음을 알아본다.
- 가사에 음을 붙여 리코더로 연주하고, 따라 불러본다.

시나리오

모차르트나 베토벤처럼 훌륭한 음악가 잘 알지요?

(참가자들 : 네.)

우리는 그들을 천재라고 부르지만, 그들도 아무 노력 없이
음악을 잘한 것은 아니에요. 화가도 마찬가지고요.
악기를 잘 다루거나 물감을 잘 사용하려면 연습이 필요해요.
몸에 익히기 위해선 남모르는 노력을 해야죠.
그들은 우리보다 음악이나 미술을 사랑하고, 예술과 늘 함께해서

더 멋진 작품을 만들 수 있는 게 아닐까 싶어요.

우리도 그럴 수 있다는 거지요. 한번 해볼까요?

(참가자들 : 고개를 갸우뚱한다.)

지금부터 다 같이 글을 써볼 거예요.

여기 모두 열네 명이지요? 열네 글자로 된 문장을 만들어보세요.

의논해서 열네 글자로 된 글을 짓는 거예요.

(참가자들 의견을 교환하지만, 쉽지 않다.)

지금 이 계절과 장소에 맞는 글로 지어도 좋아요.

'바람은 산들산들 나무는 살랑살랑' 하면 열네 글자가 되지요?

(참가자 : 어느 정도 의논하고 문장을 만든다. "우리 모두 숲에 와서

신나게 놀아요"라고 정했어요.)

좋아요. 글은 자기 느낌을 적는 거니까 지금 이 순간 느끼는 것을

적으면 돼요. 방금 여러분이 한 것이 작사입니다.

우리 이 가사로 멋진 노래를 만들 거예요.

(참가자들 : 어떻게 노래를 만들어요?)

열네 명이 1번부터 14번까지 번호를 정하고 번호에 맞춰서

1번은 첫 번째 글자, 2번은 두 번째 글자…

이런 식으로 14번 글자까지 각각 작곡해볼 거예요.

(참가자들 : 작곡을 한다고요?)

(긴 막대나 잎줄기를 주워) 이렇게 긴 것을 주워 다섯 줄로 놓으면

오선이 되지요. 작곡할 때 오선지가 필요하잖아요.

우리는 땅바닥에 해봐요.

(바닥에 막대기로 오선지를 만든다.)

오선지를 다 만들었으면 자기 번호에 해당하는 글자를 쪽지에

한 글자씩 적어보세요. 쪽지는 주머니에 넣고, 작곡을 해볼 거예요.

아주 간단해요.

(솔방울을 보여주며) 이 솔방울로 작곡할 거예요.

(계단을 가리키며) 여기 계단이 있지요? 계단에 이 솔방울을 던져서 간단히 작곡할 수 있어요. 먼저 글자 순서에 따라 한 줄로 서세요.

(참가자들 차례로 선다.)

맨 아래 계단이 '도'예요. 그리고 두 번째가 '레', 세 번째가 '미'… 이렇게 순서대로 높은 '도'까지 있어요.

(이때 외우기 어려우므로 준비한 계이름 쪽지를 깔아놓으면 좋다.)

솔방울을 던져서 솔방울이 멈춘 계단이 자기 음이에요. 알겠죠?

(참가자들 : 네.)

1번 준비됐어요? 던지세요.

(1번 참가자 솔방울을 던진다.)

'미'가 나왔네요. 그러면 오선지에 자기가 갖고 있던 쪽지를 놓고 방금 알아낸 계이름을 음표로 표시해요.

(참가자 : 음표가 없는데요? 그려요?)

뭘로 표시하면 좋을까요?

(참가자들 : 솔방울이오, 나뭇잎이오, 나뭇가지요.)

다 좋은 의견인데요, 여기 아까시나무가 많아요.

아까시나무 잎으로 음표를 만들어볼게요.

(긴 줄기에 잎을 한 개만 남겨서 음표 모양으로 만든다.)

자, 이렇게 음표를 만들었습니다. 아까 '미'였지요?

'미'에 놓을게요. 첫 번째 글자 '우'의 계이름이 '미'예요.

이런 요령으로 두 번째, 세 번째 글자도 해봐요.

(참가자들 솔방울 던지며 작곡을 하고 오선지도 꾸민다.)

이제 모두 던졌죠? 멋진 악보가 나왔어요.

어떤 음악일까요? 절대음감인 사람이 바로 불러줘도 되는데….

(참가자들 조용하다.)

좋아요, 이럴 줄 알고 선생님이 리코더를 준비했습니다.

실력은 별로지만 불어볼 테니 잘 듣고 해당하는 글자에 맞는 음이

뭔지 기억하세요.

(천천히 리코더를 불어 소리를 들려주고 몇 번 반복한다.

스마트폰 피아노 앱이나 기타 앱, 녹음 기능을 이용해도 좋다.)

이제 노래를 불러봅시다.

(참가자들 노래한다.)

어때요, 좋아요?

(참가자들 : 좀 이상해요.)

어느 부분이 이상해요?

(참가자들 대답.)

아, 여기 음을 좀 높일까요? 그럼 '미'를 '솔'로 해봐요.

다시 불러볼까요?

(다 같이 고친 악보로 노래 부른다.)

이제 괜찮아요?

(참가자들 대답.)

박자가 같으니 좀 심심하다고요? 그럼 어디를 짧게 하고,

어디를 길게 할까요?

(참가자들 의견에 맞춰 조절한다.)

다시 한번 불러볼까요?

(참가자들 다 같이 노래한다.)

한결 좋아졌네요. 작곡, 어렵지 않죠?

우리도 쉽게 할 수 있어요. 물론 더 깊이 있게 음악을 하려면

공부하고 연습도 많이 해야지요. 그래도 음악이 멀리 있다고

생각하지 않았으면 좋겠어요. 좀 더 관심을 기울이고 열심히 하면

여러분도 훌륭한 작곡가가 될 수 있어요.

나도 시인

시인이 되어 시를 써보는 놀이.

쪽지, 필기도구

진행 방법

- 참가자들에게 쪽지를 나눠준다.
- 자기 마음 상태를 적어본다.
- 마음 상태에 해당하는 자연물을 찾는다.
- 글에 자연물을 넣어 문장을 만들어본다.
- 시 쓰기에 관한 이야기를 하며 마친다.

시나리오

숲에 오니 기분이 좋지요?

(참가자들 : 네.)

숲에 오면 왜 기분이 좋을까요?

(참가자들 : 공기가 좋고요, 차 소리도 안 들려서 좋아요.)

그렇게 좋은 느낌을 글로 써볼 수 있겠어요?

(참가자들 : 쓸 수 있지만 잘 쓸 자신은 없어요.)

선생님은 여러분이 감정을 잘 표현했으면 좋겠어요.

그런 것도 자꾸 해봐야 늘지, 안 하면 잘 못 해요.

예술가는 그런 걸 자꾸 해서 잘하는 사람이지요.

그럼 이번에는 '마음을 자연물로 표현하기' 놀이를 해볼까요?

(참가자들 : 자연물로 마음을 표현한다고요?)

먼저 마음 연습을 위해서 간단한 것부터 해봐요.

선생님이 아라비아숫자를 이야기하면 듣는 순간 연상되는

색깔을 말해보세요. 시작합니다. 1!

(참가자들 각자 다른 대답.)

이번에는 2!

(같은 방식으로 4, 5까지 한다.)

숫자를 듣고 색깔을 연상한다면 이상하게 들릴 수 있지만,

신기하게도 숫자를 들으면 연상되는 색깔이 있어요.

이런 걸 공감각적 심상이라고 하지요.

'짠 바람' '파란 슬픔' 같은 표현처럼 바람은 맛보는 게 아닌데

맛으로 표현하고, 색깔이 없는데 색깔로 나타내는 거예요.

이걸 시적 표현이라고 해요.

방금 여러분이 한 것도 예술이라고 할 수 있어요.

사람은 누구나 예술적 감수성이 있지만, 표현하거나 연습하지

않아서 잘 못 할 뿐이에요. 지금부터 본격적으로 해봐요.

선생님이 말한 대로 솔직하고 편안하게 하면 돼요.

먼저 쪽지를 나눠줄게요.

(쪽지 한 장씩 나눠준다. 필기도구가 없으면 함께 나눠준다.)

쪽지에 지금 자기 마음 상태를 적어보세요.

(참가자들 : 마음 상태요?)

'지금 이 순간 내 마음은 ○○○○하다'라고 쓰세요.

솔직하게 써야 도움이 될 거예요.

이제 '○○○○하다'라고 쓴 부분에 밑줄을 그어요.

밑줄 친 말과 가장 잘 어울리는 자연물을 찾아보세요.

(참가자 : 너무 커서 못 들고 오면 어떡해요?)

들고 올 수 없는 건 그리거나 이름을 적어도 좋아요.

(참가자들 숲에 다니며 맞는 자연물을 찾는다.)

다 했나요? 이제 '○○○○하다' 부분에 그 자연물을 놓고

다시 문장을 읽어보세요. 금방 가져온 사물을 그대로 읽는 거예요.

(참가자들 : 그대로 읽으라고요? 어떻게요?)

나뭇잎을 가져온 사람은 "지금 이 순간 내 마음은 나뭇잎 같다"고

말하면 돼요. 어떻게 하는지 알겠지요?

(참가자들 각자 자기 것을 읽어본다. 숲해설가가 왔다 갔다 하면서

참가자들의 시를 감상하고 함께 이야기해준다.)

방금 여러분은 시를 썼어요.

시인은 일상에서 만나는 것을 자기만의 언어로 표현해요.

방금 여러분이 한 것도 시 쓰기라고 할 수 있지요.

예술은 이렇게 가까이 있어요.

생각나는 게 있으면 글로 쓰거나 그림으로 그려요.

자꾸 하다 보면 누구나 잘할 수 있거든요.